# 昨日世界

古生物學家帶你逆行遊獵五億年前的世界，
16個滅絕生態系之旅

# OTHERLANDS

*A World in the Making*

Thomas Halliday

湯瑪斯·哈利迪 ——— 著　林麗雪 ——— 譯

# 各界讚譽

「托馬斯・哈利迪（Thomas Halliday）的處女作是萬花筒般、令人回味的深入時間之旅。他以安靜的化石紀錄和複雜的科學研究，將它們帶入生動、多彩、三維的世界。4100 萬年前，您會發現自己在森林茂密的南極洲與兩公尺高的巨型企鵝相鄰，或者在大約 4 億年前的南非聽到冰山的歌聲。也許最重要的是，他及時提醒我們這個星球的無常，以及我們可以從過去學到什麼。」

——安德里亞・伍爾夫，《自然的發明》一書的作者

「深度時間很難捕捉——甚至難以想像——但哈利迪在這本引人入勝的書中做到了這點。」

——比爾・麥基本

# 推薦文
# 昨日世界、昨日台灣

蔡政修（台灣大學生態學和演化生物學研究所助理教授）

「誰沒有過去呢？」，這一句時常被掛在嘴上的話來形容每一個人有點不堪、或不太想被提起的往事，但每一個事件或是發生的過往都是造就了現在自己的歷史脈絡，缺少了其中一個元素，可能就會走到了大家自我想像中的平行時空的另一個自我？不只人類自己本身，常常會被遺忘的是我們所生存的整個世界面貌、我們賴以維生的生物多樣性都有其不太為人所知的過去──這本《昨日世界》就嘗試著帶領大家一路從現今走回幾乎是無法想像、跟現在我們所認識的世界相比是完全面目全非的五億多年前，而這大尺度地形地貌、氣候環境、生物組成等變化歷程，將會不只讓我們對於目前感到不安、擔心將會發生的所謂第六次大滅絕有點生物哲學上的慰藉，也可以提供我們對於當下的生物保育、環境政策制定的不同思維，讓我們有機會可以「看見」未來發展的可能性，而這也就是進入 21 世紀後剛萌芽的保育古生物學（conservation paleobiology）這一個研究領域。

《昨日世界》雖然沒有提到或使用保育古生物學這個名詞，但內容與其隱含的概念，基本上就是在推廣保育古生物學的思維──花點時間思考一下，要全面瞭解我們當下生物多樣性與其整體環境，從而

訂定適合的相關國家或甚至是全球性的政策來避免大滅絕發生、讓我們人類自身也能存活下來時，如果只有研究眼前、活生生的物種和其環境的互動，但完全不瞭解生物及環境變遷的歷史背景時，很有可能最後只會徒勞無功，甚至出現本末倒置的情況。這本《昨日世界》有別於常見的古生物書籍，並沒有特別著墨於恐龍相關的化石或其演化史，但在書中也適時地提醒大家，鳥類不是與恐龍的親緣關係很接近，而是鳥類就是恐龍（就好像我們不會說我們人類本身和哺乳動物或靈長類很接近，而是我們人類自己就是哺乳動物或靈長類中的一份子）。鳥類就是恐龍這個認知，不只完全刷新了我們的世界觀，背後也有著極大的保育古生物學意義——因為當我們不知道鳥類就是恐龍時，最令人熟知的白堊紀末期時的大滅絕事件的解讀，就是所有恐龍都滅絕了。但當全世界有系統地挖掘、探索了遠古世界超過兩百多年，我們現在可以確切地說鳥類就是恐龍時，這代表恐龍沒有在白堊紀的大滅絕中完全消失，而問題就會變成為什麼身為恐龍的一份子（我們現在稱為鳥類的恐龍）可以存活過這一個大滅絕？解開這個大謎題，也將會提供我們進一步的思考，並且面對可能是進行式中的第六次大滅絕事件。

以大家不陌生的話來說，保育古生物學的研究領域基本上就是大尺度知古鑑今的實踐。但除了上述提到的白堊紀末期全球生命史中第五次大滅絕事件之外，如《昨日世界》書中每一章節都以一個特定的時空來引領大家進入那陌生但似乎又有點似曾相識的遠古世界——時間軸上涵蓋了從有冰河時期的更新世到寒武紀大爆發進入到顯生宙前夕的元古宙（埃迪卡拉時期），地理空間上則橫跨歐、亞、非大陸及南、北美洲，甚至包含完全一別於現今冰天雪地面貌的南極大陸。走

了世界一圈、搭了時光機回到了久遠的過去，台灣的讀者會很自然地浮上心頭、思考台灣過往的場景是怎樣的樣貌，又是如何演變成我們眼前的生物多樣性與環境結構嗎？

　　溫度超過了攝氏三十度、一個炎熱的夏日下午，「明天過後」似的冰河時期已完全結束，當下的整體環境初步一看和我們目前的間冰期似乎沒有太大的差異。半開闊草原遠處的一棵樹下趴著三隻懶洋洋的生物，仔細觀察一下，似乎是一隻成年的劍齒虎個體帶著兩隻看似還嗷嗷待哺的小寶貝。望向另一邊，一小群的犀牛族群正漫步前往攝取點水分，有一兩隻看來是較老年的個體走在最後面，除了腳步有點慢之外，從外觀看來也有點體力不支、少了點往年風姿、可能也正在被一些病痛折磨著身軀。成年的劍齒虎站了起來、稍微往草原的方向前進走了幾步，評估著當下的情勢——就當我們還在觀察著這樣的局面，一轉眼之間，就看見了那一隻劍齒虎穩健的步伐奔向了犀牛群。同時，除了身為旁觀者的我們的神經突然間緊繃了起來、專心注目這一場景後續的發展，卻沒有想到從另一個方向也有劍齒虎衝了出來、往犀牛的方向奔跑。

　　上述這一小段想像場景的描述，大概沒有人會認為這是在台灣這塊土地上曾發生過的大型捕食者與巨大獵物的互動——因為光是有劍齒虎這一類的生物，大概就會先將台灣從這個復原景象可能發生地點的名單上給刪除掉。台灣的古生物學、尤其是大型脊椎動物的古生物學研究領域長期以來被忽略，也因此我們對於遠古時期曾出現、存在過的生物幾乎一無所知，當然也就難以建立起不同時期的生態系統，從而能夠有機會理解我們這一個當下形成的起源，以及對於更長久未來的視野（再次強調，亦即保育古生物學希望能建構出的知識體系）。

即使還未正式刊登於國際研究期刊，但我們最新的研究成果已經發現並證實台灣的生命史當中確實有劍齒虎這一類的大型掠食者、大幅改寫了「昨日台灣」的面貌（該研究文章已在英國古生物協會的研究期刊被接受刊登，目前正在進行排版作業中。另外就是劍齒虎家族包含了許多種類，台灣目前發現的是哪一種劍齒虎，等研究文章正式發表後大家就會知道，但上述描述也留下一點線索可以讓大家去猜測可能是哪一種劍齒虎）。這一部分的後續與其更深入的探索，將會隨著台灣首次正式發表的劍齒虎與其整體生態系統的研究成果，一點一滴地重建起來。但要更完整地瞭解台灣的遠古面貌、從而將其演化意義與古生態架構放進全球尺度的話，除了希望藉由這本《昨日世界》的新書與這篇短短的推薦文來讓大家瞭解古生物研究的重要和價值之外，也需要我們長期、持續地投入心力與資源，來揭開那幾乎不為人知的「昨日台灣」。最後，有了扎實的古生物研究成果和其想像力，再過不久，我相信我們也可以補上全球生命史中另一個未知、但極為迷人的篇幅，而如果要呼應本書的敘事手法，或許可以題名為：

**揭開**

台灣，歐亞大陸東緣

更新世 – 50 萬年前

# 回到昨日世界的時光機

黃貞祥（清華大學生命科學院 分子與細胞生物研究所助理教授）

博物館裡的化石，總是給人無窮盡的想像。

2012 年的分子生物與演化學會年會，大會安排在美國芝加哥菲爾德自然史博物館舉辦晚宴，我們就坐在世界上最著名的恐龍化石——暴龍化石「蘇」（Sue）的旁邊用餐。我一邊吃飯，一邊望著蘇，想像如果牠活過來上演《侏羅紀公園》的各種場景……我們恐怕就像餐盤中的牛排一樣任牠宰割吧。

其實，真正的古生物宅，在這些化石中看到的才不是遠古留下來的殘骸，而是這些動植物在遠古的環境中，與其他動植物和微生物等等一些生活的樣貌——它們的本來面目就在心中活靈活現地展開。

地球，在過去久遠的歲月，一直變化無常。而我們人類，現在甚至還加速了氣候的改變。現在大家都很清楚地懂得地球有四十五億年古老，現在看來不動如山的大陸，過去也都曾經滄海桑田；在遙遠的過去，環境氣候和現在大相徑庭，生活著現在會動不動讓人大驚小怪的動植物和微生物。如果真的有時光機能穿越到古生代、中生代，在沒有適當的科技裝備下，我們也恐怕活不了多久吧？

雖然生物的滅絕在人類世中加了速，然而現生的所有生物，也只

是地球上曾存在的冰山一角。因此，對生物學家來說，古生物的世界甚至可以比現生生物充滿著更多驚喜，儘管它們之中很多沒能活到現今，我們也僅是其中少數幸運兒的後代。地球環境的劇烈變動，讓大量生物一批又一批地快速滅絕，但也為倖存者開啟一個又一個新時間，讓它們輻射適應地演化出更多物種。

要呈現古生物的世界，可能沒人比湯瑪斯・哈利迪（Thomas Halliday）更適合了吧？在這本《昨日世界——古生物學家帶你逆行遊獵五億年前的世界，16 個滅絕生態系之旅》中，這位任教於英國伯明翰大學的著名古生物學家，用極為生動活潑的筆觸，從較近的中新世（Miocene）開始到埃迪卡拉紀（Ediacaran）的五億多年前，一路帶我們穿越時空，回到十六個地質時期。

在各篇宛如史詩散文的篇章中，所有博物館中的化石都活過來了，就像是看英國廣播公司（BBC）或國家地理頻道的紀錄片一樣，讓我們腦海中浮現出各種當時的生態環境，細看各種令人嘖嘖稱奇的有趣動植物和微生物。一篇又一篇散文，裡頭的場景時而令人熟悉，因為主角就是博物館中的常客，卻又時而陌生疏離，因為後者常常被忽略。

這本書中所呈現的景象，是結合了生物學、生態學、地質學、大氣科學等等學科跨領域的知識拼湊出來，哈利迪這位博學多聞的科學家，也完美地結合了科學的嚴謹和文學的想像，如果你想知道那些博物館中的化石，如何活過來回到遠古的家鄉，並且認識到那些生物面臨的環境變化挑戰，事後諸葛地為它們未來的命運惋惜，絕不能錯過這本好書。

回想起當年，我大一放寒假時，各大媒體突然有了件頭條新聞，就是系上的李家維教授和中國科學院南京地質古生物研究所的陳均遠

教授，在瓮安磷礦發現了前寒武紀最古老的動物化石，那些海綿化石有著清晰的骨針，同時也發現了很多礦化的動物胚胎。因為對動物演化的興趣，以及李家維老師博物學家般的熱情感召，我大一升大二的暑假就進了他實驗室，打算研究那些動物化石。

後來發現，原來要當古生物學家，是要通古今的，不僅要有現代生物學的豐厚素養，也要懂得地質化學、地質物理等地球科學學科的知識，還要有足夠的想像力來還原那些動植物的原貌。陳均遠教授在我大二時，到我們系上當了一年訪問學者，常常在實驗室裡聽他和李家維老師切磋各種想法，是種智識上的高級享受，可是漸漸地發現古生物學的世界是給大師級人物的，我還是閃邊去吧，後來就換了題目，在原本的實驗室念到碩士班畢業，但後來研究的是蜜蜂的磁場感應。

而李家維老師和陳均遠教授，繼續在雲南寒武紀的澄江生物群和瓮安磷礦的前寒武紀胚胎中發光發熱，陸續在頂尖的科學期刊《自然》、《科學》、《美國國家科學院院刊》發表了最早有頭脊索動物雲南蟲、最早兩側對稱動物貴州小春蟲、有極葉的胚胎化石等等。我在碩士班時，有幸到澄江，去到陳均遠老師的研究站，親眼到論文主角的真身，聽大師述說那些能從化石中活過來的故事。

我們現在的時空，僅是地球上一小片段中的一小片段而已，過去五億多年的精彩，雖然沒有真的時光機讓我們親眼目睹，但這本好書就像台虛擬的時光機一樣……來不及解釋了，快登機！請把您的手機調整至飛航模式，全程繫緊安全帶，豎直座椅背、桌板和腳踏墊。並請您確認您的手提物品已妥善安放在頭頂上方的行李櫃或座椅下方，時光旅程即將展開，謝謝您的合作。

# 目次　CONTENTS

| 宙 | 時代 | 時期 | 紀元 | 日期 |
|---|---|---|---|---|
| 顯生宙 | 新生代 | 第四紀 | 更新世 | 258萬–12,000 年前 |
| 顯生宙 | 新生代 | 新近紀 | 上新世 | 5.333–2.58 百萬年前 |
| 顯生宙 | 新生代 | 新近紀 | 中新世 | 23.03–5.333 百萬年前 |
| 顯生宙 | 新生代 | 古近紀 | 漸新世 | 33.9–23.03 百萬年前 |
| 顯生宙 | 新生代 | 古近紀 | 始新世 | 56–33.9 百萬年前 |
| 顯生宙 | 新生代 | 古近紀 | 古新世 | 66–56 百萬年前 |
| 顯生宙 | 中生代 | 白堊紀 | | 145–66 百萬年前 |
| 顯生宙 | 中生代 | 侏羅紀 | | 201.3–145 百萬年前 |
| 顯生宙 | 中生代 | 三疊紀 | | 251.9–201.3 百萬年前 |
| 顯生宙 | 古生代 | 二疊紀 | | 298.9–251.9 百萬年前 |
| 顯生宙 | 古生代 | 石炭紀 | | 358.9–298.9 百萬年前 |
| 顯生宙 | 古生代 | 泥盆紀 | | 419.2–358.9 百萬年前 |
| 顯生宙 | 古生代 | 志留紀 | | 443.8–419.2 百萬年前 |
| 顯生宙 | 古生代 | 奧陶紀 | | 485.4–443.8 百萬年前 |
| 顯生宙 | 古生代 | 寒武紀 | | 541–485.4 百萬年前 |
| 元古宙 | 新元古代 | 埃迪卡拉紀 | | 635–541 百萬年前 |

# 前言　百萬年之屋

Introduction: The House of Millions of Years

「大家不要說過去已經死了。

過去與我們和內在有關。」

——烏哲魯・露娜可（Oodgeroo Noonuccal），*《過去》( The Past )

「是哪場暴風雨把我吹進那個

古老歲月的深海，我不知道」

——歐萊・沃姆（Ole Worm）†

---

\* 譯注：20 世紀的澳大利亞原住民作家、詩人與政治活動家，被認為是現代第一
位原住民抗議作家。

† 譯注：17 世紀的丹麥醫師、語言學家與自然哲學家。

　　我望著窗外，視線越過農田、房屋和公園，望向數百年來一直被稱為世界盡頭的地方。它之所以有這個名字，是因為它過去遠離倫敦，但倫敦現在已經吸納了它。不久前，這裡真的就是世界的盡頭；這裡的土壤是在上一個冰河時期沉澱與鋪設出來的，是曾經流入泰晤士河（Thames）的河流沉積的礫石混合物。隨著冰河的推進，河流改變了路線，因此泰晤士河現在的入海口，比以前偏南了一百多英里。山脊上，黏土被冰的重量壓碎，我們幾乎可以在心裡將樹籬、花園和路燈剝離，想像另一片土地，一片在數百英里冰層（ice sheet）‡邊緣綿延的寒冷世界。冰冷礫石下面就是倫敦黏土層（London Clay），這片土地上更古老的居民都還保存在這裡，包括鱷魚、海龜和馬的早期親戚。牠們居住的地方滿是紅樹林、棕櫚樹和木瓜樹所組成的森林，以及富含海草和巨大睡蓮的水域，這裡曾是溫暖的熱帶天堂。

　　過去的世界有時候似乎難以想像的遙遠。地球的地質歷史可以追溯到大約四十五億年前。生命在這個星球上已經存在了大約四十億年，而比單細胞生物更大的生命，則可能已經存在了二十億年。古生物學紀錄向我們揭露，以地質年代（geological time）來看，地球的景觀是多樣化的，有時還與今日的世界完全不同。蘇格蘭地質學家兼作家米勒（Hugh Miller）在思考地質年代的時間長短時，指出人類歷史的所有歲月「都延伸不到地球的昨日，更無法觸及到更久遠的無數年代」。這個昨日當然很長。如果將地球四十五億年的歷史濃縮為一天播放出來，那麼每一秒的鏡頭有超過三百萬年的歷史。我們將看到生

---

‡　譯注：又譯冰蓋、冰被、冰原，指覆蓋五萬平方公里以上陸地面積的冰，是冰河時期的遺跡。

態系統隨著構成其生命部分的物種出現和滅絕，而迅速興衰。我們將看到大陸漂移、氣候條件瞬息萬變，突發的戲劇性事件顛覆了長期存在的群落並帶來毀滅性的後果。從開始到結束，使翼龍、蛇頸龍和所有非鳥類恐龍滅絕的大規模滅絕事件，只花了二十一秒。而人類有文字紀載的歷史，則在這天的最後千分之二秒才開始。[1]

這段濃縮歷史的最後千分之一秒開始時，埃及在現在的盧克索（Luxor）附近修建了一座太平間寺廟群，法老拉美西斯二世（Ramesses II）就埋葬在此。回首這座拉美西姆祭廟建築，只是在深邃的地質時間中讓人眼花撩亂的懸崖上之一瞥，但這座建築卻是眾所周知關於無常的提醒。拉美西姆祭廟是雪萊（Percy Bysshe Shelley）詩歌〈奧茲曼迪亞斯〉（'Ozymandias'）的靈感來源。這首詩將全能法老的夸夸其談，對比於詩人寫詩時一片黃沙的景色。[2]

我第一次讀這首詩時，並不知道它在描述什麼，還誤以為奧茲曼迪亞斯是某種恐龍的名字。這名字又長又不尋常，還很難發音。詩中所用的描寫語言，說的是暴政和權力、石頭和國王。簡而言之，這種模式與我童年時期閱讀的史前生活插畫書籍相符合。在我讀到「**我遇到一個來自古國的旅人，他說：『沙漠中矗立著兩條巨大而沒有軀幹的石腿』**」時，我想到的是一層石灰塗抹在可怕的史前野獸遺骸上。也許真的是頭霸王龍（*Tyrannosaurus*，又名暴龍），現在已經在北美洲的荒地裡碎成了骨頭與碎骨。

但並不是所有破碎的東西都遺失了。「**底座上出現了這些文字：『我是萬王之王，奧茲曼迪亞斯；看看我的豐功偉業，再強大的人也只能臣服於我！』但除了廢墟，什麼都沒留下。**」可以把這些詩句視為時間對一名自命不凡的統治者證明了，唯一不朽的只有時間本身。

但這位法老的世界已被人們記住了，雕像就是它存在的證據，還伴隨著文字的內容、文體的細節，以及前後文提供的線索。以這種方式閱讀時，〈奧茲曼迪亞斯〉提出了一種思考這些化石生物及牠們生存環境的方法。除去狂妄自大，這首詩可以被解讀為：從殘存到現在的歷史遺跡中尋找過去的真實。即使是一個碎片，也可以說明一個故事。這是一個證據，證明在人跡罕見的平坦沙地之上，曾經存在於這裡的其他事物。對於一個不復存在，但仍然清晰可辨的世界來說，岩石之間的東西暗示了它的存在。

拉美西姆祭廟這名字最初被翻譯成「數百萬年的房子」（The House of Millions of Years），這是一個很適合用來形容地球的稱呼。我們星球的過去同樣隱藏在塵土之下，它的地殼上留下了它形成和變化的痕跡。它也是一個太平間，用石頭與化石當作墓碑的標記、面具和遺體，以此紀念它過往的居民。[3]

那些世界與那些異鄉，已無法造訪，至少無法實體造訪。你永遠無法造訪巨型恐龍大步行走過的環境，永遠無法在牠們行走的土地上行走，在牠們游泳的水中游泳。體驗牠們的唯一方式就是透過岩石，閱讀冰凍沙子裡的印記，想像一個已經消失的地球。

本書是對地球過去的探索，檢視它在歷史上發生的變化，以及生命在這個過程中適應的方法或不能適應的理由。在每一章裡，我們將在化石紀錄的引導下，參觀一個地質歷史遺址，觀察動植物，沉浸在那個景觀裡，並從這些滅絕的生態系統中，瞭解我們自己的世界。我希望以旅行者和遊獵者的心態，參觀這些已滅絕的遺址，並架起從過去銜接到現在的橋梁。當一個景觀變得可見並呈現在我們眼前的時候，我們就更容易瞭解，生物在那個環境下生活、競爭、交配、進食

和死亡的方式。

　　直到六千六百萬年前「五大」滅絕的最後一次，我們為每一個地質時代選擇了一個地點，而這一切的過往共同構成了新生代（Cenozoic），也就是我們自己的時代。我們也為大滅絕之前的每個地質時期（其中包括幾個時代）各自選擇了一個地點，一路追溯到五億多年前埃迪卡拉紀（Ediacaran）多細胞生命開始出現的源頭。有些地點被選中，是因為它們含有非凡的生物學特徵，有些則因為它們不尋常的環境，還有一些是因為它們被保存得非常完整，讓我們可以異常清晰地窺見這些已消逝的物種如何存在並互動。

　　旅程總是從家裡開始，而這段旅程將從今日開始，在時間上慢慢倒流。我們將從更新世冰河期（Pleistocene ice age）相對樸實的環境開始，當時冰河將世界上大部分的水鎖在冰中，降低了全球海平面。然後我們的旅程會逐漸推回到過去。生命和地理環境將變得越來越不熟悉。新生代的地質時代將帶著我們返回人類早期，穿過地球上有史以來最大的瀑布，以及被溫帶森林覆蓋的南極洲，一路前進到白堊紀（Cretaceous）末的大滅絕。

　　除此之外，我們還將見到中生代（Mesozoic）和古生代（Palaeozoic）的居民，參觀由恐龍霸佔的森林、綿延數千公里的玻璃海綿礁石，以及被季風浸透的沙漠。我們將探索物種如何適應全新的生態系統，朝向陸地和空中遷徙，並看到生命如何在創造新的生態系統過程中，為更複雜的多樣性創造可能性。

　　在短暫造訪距離我們約五億五千年的元古宙（Proterozoic）之後，我們將返回我們自己所處的今日地球。由於人類造成的干擾，現代世界的景觀正在迅速變化。與過去地質學上的環境劇烈變化相比，我們

是否可以推論，在最近和較遙遠的未來會發生什麼變化？

　　我們無法輕易地在地球上進行實驗，測試高碳量大氣在大陸規模的變化；也沒有足夠的時間，在全球生態系統崩潰獲得緩解之前，親自觀察它造成的長期影響。因此，我們必須基於世界如何運作的精確模型得出預測。在這裡，地球在整個地質史中的動態，提供了天然的實驗室。長期問題的答案，只能透過觀察過去的某些時期來找到答案，而這些時期可以反映出我們對未來地球的預期。地球已發生了五次大滅絕，大陸陸地孤立又重新結合、海洋和大氣化學以及環流的改變，為我們提供了所有資料，讓我們瞭解地球上的生命，在各個地質時間上如何生活。

　　對於我們的星球，我們可以提出問題。過去的生物學不僅是讓我們用困惑的眼睛窺視一眼的新奇稀罕事物，或是陌生且彷彿屬於另一個世界的東西。適用於現代熱帶雨林和凍原（tundra）*地衣世界的生態學原則，也同樣適用於過去的生態系統。雖然演員陣容不同，但戲碼還是一樣。

　　單獨來看，一塊化石可以是一堂關於解剖變異、關於形狀和功能，以及關於有機體經過簡單調整、變成通用的發育工具包的精采課程。正如古代雕像必然立足於當時代的文化背景下一樣，無論是動物、植物、真菌或微生物，沒有一個化石是獨立存在的。每一個化石都曾經生活在一個生態系統中，有無數物種和環境相互作用，而生命、天氣

---

*　譯注：北極圈內以及溫帶、寒溫帶的高山樹木線以上的一種以苔鮮、地衣、多年生草類和耐寒小灌木構成的植被帶。它是北方針葉林帶以北的一個自然植被帶。

和化學的複雜混合，也取決於地球的自轉、大陸的位置、土壤或水中的礦物質，以及該地區以往居住的物種所給的限制。從 18 世紀以來，古生物學家一直嘗試的挑戰，就是重新創造出化石生物的樣貌，以及這些化石生物所生活的世界；而在過去幾十年裡，這些嘗試的速度和細節都加強了。

最近的古生物學進展，透露了在不久前還被認為不可能辦到的關於過去生物的細節。透過深入研究化石結構，我們現在可以重建化石生物的羽毛色彩、甲蟲殼和蜥蜴鱗片，並發現這些動植物遭受了哪些疾病。透過將它們與活生生的生物進行比較，我們可以建立牠們在食物網中的相互作用，判斷牠們的咬合力或頭骨強度，以及牠們的社會結構和交配習慣，甚至在極少數的情形中，還能判定牠們的叫聲。化石紀錄中呈現的景觀，不再只是岩石上的印痕和名稱分類表的集合。最新的研究透過真實生物的殘留物，揭示出充滿活力和繁榮的社區，居住其中的生物會求愛和生病、會展現出明亮的羽毛或花朵、會發出召喚和嗡嗡聲。牠們居住的世界，遵循著與今日相同的生物學原理。[4]

這可能不是大家在想到古生物學（palaeontology）這名詞時會想到的畫面。維多利亞時代的紳士收藏家手拿槌子，隨時準備打開地表，他們前往其他土地和其他文化的形象無處不在。當物理學家歐拉塞福（Ernest Rutherford）不屑地宣稱，所有科學都是「物理學或集郵」時，他所想到的肯定是剝製成排的動物標本、翅膀完美張開被放滿收藏櫃的蝴蝶，以及用工業鐵器栓在一起若隱若現的骷髏。然而在今日，古生物學家不必然是在戶外炎熱的沙漠中挖掘，他們有可能在電腦前度過一天，或是在實驗室裡用圓形粒子加速器向化石深處發射 X 光。我自己的科學工作，主要是在博物館地下室藏品中和電腦運算法中，運

用共同的解剖特徵，試圖找出上次大滅絕後存活下來的哺乳動物之間的關係。[5]

　　想要透過現在的生物獲得對生命史的理解並非不可能，但這就像是只閱讀了書的最後幾頁，就想掌握整本小說的情節。你或許能推斷出一些過去發生的事，並找出活到最後的角色現狀，但卻遺漏了整本小說情節的豐富性、眾多的角色安排和故事的主要軸線。即使把化石也包括在內，大部分生命史的內容對非專業人員來說依然晦澀難懂。恐龍，以及歐洲和北美的冰河期動物或許廣為人知，而對這主題稍有涉獵的人，可能還聽說過三葉蟲和菊石，以及寒武紀大爆發（Cambrian explosion）。但這些都只是整個故事的片段。在這本書裡，我想填補一些空白。

　　這本書當然只是對於過去的個人詮釋。久遠的過去，也就是真正的「深時」（deep time），[*]對不同的人而言代表著不同的事情。對有些人而言，一想到數兆個浮游生物在英國肯特郡（Kent）和法國諾曼地（Normandy）這些由骷髏組成的鄉村地帶落腳定居、堆疊擠壓，然後上升為白堊地帶，一共花了多少時間，就感到振奮，甚至頭昏眼花。對其他人而言，這卻是一種對現實的逃避，一個讓我們思考與現在不同生活方式的機會；在那個時代，人類還不必擔憂自己會造成物種滅絕，而渡渡鳥（dodo）的滅絕只是未來的一種可能性。我們看到的一切將以事實為基礎，而不是從化石紀錄中直接觀察到或是強而有力的推斷。換言之，在我們的知識還不完整時，這些都是根據我們可以確定的說法而做出的推斷。當看法出現分歧時，我會選擇競爭假設中的

---

*　譯注：又譯深邃時間、深時間，指動輒百萬年起跳的地質時間尺度。

其中一個，並以它為基礎進行推論。即使如此，灌木叢中飛過的一片翅膀、林間一個半遮半掩的獸影，或者有什麼在黑暗中移動的感覺，都是體驗自然不可或缺的一部分。甚至於一點點的意義不明，也能產生出像明確真理一樣那麼多的奇蹟。

這裡提到的重建，是數千名科學家累積兩百多年工作的結果。他們對化石遺骸的詮釋，形成了本書的事實要素。對古生物學家而言，骨骼、外骨骼或木頭上的突起、稜角和孔洞，都提供了建構個別生物體活著時的樣貌所需的線索，無論這個生物體今日是否還存在。查看一隻現存淡水鱷魚的頭骨，就像在閱讀一個角色描述，那支撐的突起和拱狀結構，讓人聯想到哥德式建築，但在此處不是用來支撐大教堂屋頂的重量，而是支撐有強大力量的下顎肌。高高的眼睛和鼻孔，說明牠們可以潛伏在水面低處游泳、凝視和呼吸；位在長寬口鼻吻部一長串尖銳而圓形的牙齒，暗示了牠們獵食濕滑的魚時，一種重擊、捕捉和抓住獵物的進食方式。生命的傷疤就在這裡，傷口都被編織在一起。生命以詳細而可複製的方式留下印記。

除了個別標本的研究，古生物學如今也經常會解讀過去生態系統的特徵，包括相互作用、生態區位（niches）、*食物網，以及礦物質和營養物質的流動。成為化石的洞穴和腳印，揭露了解剖學沒提到的運動和生活方式細節。物種之間的關係，告訴我們哪些因素對牠們的生物學和分布很重要，以及是什麼因素推動了牠們的演化。沉積岩中

---

* 譯注：又譯生態位、生態棲位，指每一種生物因為棲地、食物來源、成長繁殖方式、覓食地點、營養階層等各種因素，在一個生態系統中所佔的地位與發揮的功能。

砂粒的型態和化學性質記錄了環境，這面懸崖曾是一個蜿蜒的河流三角洲，當中的河流不斷變化路徑流過泥灘，還是原本就是一片淺海？那片海以前是一個隱蔽的潟湖，細泥沙在靜止的水中緩慢漂到地面上，還是海浪洶湧拍打的海岸？當時的大氣溫度是多少？地球的海平面有多高？當時的盛行風又往哪個方向吹？只要具備必要的知識，這些都是可以輕鬆回答的問題。[6]

並不是任何地點都能提供這些資訊，但有時候許多資訊鏈彙集在一起，讓古生態學家能夠建構一幅豐富的景觀圖，從氣候和地理到居住在其中的生物。這些過去環境的圖像，與今日的任何環境一樣充滿活力，而且往往可以為我們該如何對待今日世界，提供重要的經驗教訓。

許多我們今日認為理所當然的大自然世界，其實都是相對新生成的環境。草是當今地球上最大生態系統的主要組成部分，但它是在不到七千萬年前的白堊紀末期才出現的，在印度和南美洲的森林中十分罕見。而以草地為主的生態系統，甚至是到距今約四千萬年前才出現。當時根本就沒有恐龍草原，而在北半球，草根本不存在。我們必須揚棄對景觀先入為主的觀念，不管是我們對過去留下了現代物種的印記，還是我們把那些已經滅絕、但相隔了數百萬年的生物混為一談。最後一隻梁龍死亡和第一隻霸王龍出現相隔的時間，比最後一隻霸王龍死亡和你出生之間的相隔時間更長。像梁龍這種侏羅紀時期的生物，不僅沒有見過草，甚至從沒見過花，因為開花植物在白堊紀中期才開始多樣化。[7]

今日，隨著棲息地破壞和破碎化帶來的生物多樣性危機，再加上氣候變遷的持續影響，我們已經很熟悉有越來越多的生物正走向滅絕

的想法。人們經常說，我們正處於第六次大滅絕的過程中。我們現在很習慣聽到珊瑚礁普遍白化、北極冰層融化，或印尼和亞馬遜河流域的森林被砍伐等消息。比較沒那麼廣泛討論但同樣重要的，還有濕地的土地失水，以及永久凍土暖化等效應。我們居住的世界正在景觀上發生變化，其規模和後果往往很難理解。說到像大堡礁這樣的龐然大物，以及其間生機勃勃的多樣性生物，可能很快就會消失，很多人可能不以為然。但化石紀錄告訴我們，這種大規模的變化不僅可能，而且在整個地球史中不斷發生。[8]

今日的堡礁可能是珊瑚礁，但在過去，類似蛤蜊的軟體動物、貝殼狀腕足動物甚至海綿，都是堡礁的建造者。珊瑚是在軟體動物建造的堡礁於上次大滅絕時死亡後，才成為居於主導地位的造礁生物。這些造礁的蛤蜊在晚侏羅世（Late Jurassic）出現，取代了廣泛的海綿礁；而海綿礁是在二疊紀（Permian）末的大滅絕讓腕足生物礁完全消失後，才填補了造礁的生態區位。從長期的角度看，大陸規模的珊瑚礁最後可能也會成為永遠不會復返的生態系統。這是一個獨特的新生代現象，是人類造成的大滅絕結局。如今，珊瑚礁和其他受威脅的生態系統的未來尚處在平衡狀態，但化石紀錄向我們顯示，主導地位可以如何迅速因被淘汰而失去。這既是一種紀念，也是一種警告。[9]

化石也許不是深入瞭解未來生命的明顯地方。化石印記作為生物象形文字的奇異性，為過去帶來一種距離感，是我們無法跨越的界限，想要跨越它則是一個永遠無法到達的誘人境界。詩人兼學者塔巴克（Alice Tarbuck）在她的詩作〈自然是所有小骨頭都抗拒的分類法〉（'nature is taxonomy which all small bones resist'）中捕捉到了這個距離，她寫著：「給我巨獸的蹤跡，給我翻騰的海獸。」她渴望「將留下幾

個世紀的腳印，帶進可能的地下室」，並以「**不要再讓任何人歌頌分類法**」來抗拒博物館標籤式的分類方法。

　　即使身為在工作生涯中，花了部分時間將生物體放在一系列分門別類排序框架中的人員之一，我也同樣覺得，比起分類，與活生生物種之間更親近。一個名字或許能讓人回味或者具有意義，但在大多數的情況下，是無法喚起對生物體的感受。拉丁名只是一種標記，是生物學的杜威十進位圖書分類法。一個數字當然已經足夠，實際上，這就是這個分類系統的基本運作方式。對於每一個物種和亞種來說，在世界的某處都會有單獨的樣本標記其含義。以義大利紅狐舉例說明，代表托斯基紅狐（*Vulpes vulpes toschii*）[*]的最權威個體是 ZFMK 66-487，就收藏在波昂（Bonn）的亞利山大・柯尼希動物研究博物館（Alexander König Museum）。想要被認定為這個亞種，你必須在解剖學和基因構成方面，與這隻特殊的柏拉圖狐狸（Platonic fox）夠接近。牠是一隻 1961 年在義大利加爾加諾發現的成年雌狐。這種做法或許很管用，但它無法告訴你，在搖搖欲墜的花園圍欄上，一隻城市狐狸如走鋼索般的藝術行動；也無法告訴你，成年狐狸刻意而匆忙的腳步、列那狐（Reynard，中世紀用古法語和詩句寫成的動物故事集）在神話中的的狡猾行徑，或是幼獸在戶外無憂無慮地睡覺等等生動模樣。而這還是我們今日可以看見的生物。對於那些已經消失的生物，只是靠名字，我們還有什麼希望能窺見牠們的全貌？我在展示這些生物時面

---

[*]　譯注：物種命名原則稱為二名法，屬名由拉丁語法化的名詞形成，首字母須大寫；種小名是拉丁文中的形容詞，首字母不大寫。通常在種小名後面加上命名者及命名時間，如果學名經過改動，要保留最初命名者並加上改名者及改名時間。命名者、命名時間一般可省略。

臨的挑戰，就是填補名稱與真實面貌之間、幾內亞黃金郵票與黃金之間的鴻溝。我會嘗試把古老的生命型態，看成我們這個世界常見的訪客，是會顫抖冒汗的軀體和帶有本能的野獸，是會吱吱作響的橫梁和落葉。[10]

在今日，當一個已經滅絕的生物被描繪成活著的樣貌時，經常被描繪成怪物，一種胃口永不饜足的邪惡怪物。這可追溯到 19 世紀初地質學界聳人聽聞的言論。有些人非常熱衷於宣傳他們對於過去那些誇張和邪惡的看法，以至於當時已知是草食性動物的長毛象和地懶，被描述為貪婪的肉食性動物。舉例來說，大眾被告知長毛象是強大的掠食者，總是不懷好意地潛伏在湖中伏擊海龜作為獵物；而溫順的草食性地懶，則是「如懸崖般巨大、如嗜血豹子般殘忍、如俯衝的老鷹般迅捷，如夜間天使般可怕」的生物；直至今日，無數的電影、書籍和電視節目，還在繼續描寫史前動物無意識的野蠻侵略行為。但白堊紀的食肉動物並不比今日的獅子更嗜血。牠們當然危險，但牠們是動物，不是怪物。[11]

把化石當作古玩收藏，以及把滅絕的生物描繪成怪物，這兩者的共同點都是缺乏真實的生態背景。在這兩種人的展示品中，植物和真菌通常不會出現，無脊椎動物則只得到最粗略的觀察。然而，地球的岩石紀錄中包含了這個場景，顯露了滅絕生物生存的環境，而這些環境將牠們塑造成現在看來如此不尋常的型態。這是關於各種可能性的百科全書，是關於已經消失的景觀，而本書試圖讓這些景觀再次復活，打破甚囂塵上的滅絕生物刻板形象，或那些轟動論者口中在主題公園裡咆哮的霸王龍形象，讓我們能夠像今天一樣體驗自然的現實。

要體驗曾經存在的景觀，就要去感受時間旅行的魅力。我希望你

能以閱讀自然學者遊記的方式來閱讀本書——雖然它描繪的是一個在時間上，而非空間上遙遠的國度——並開始將過去的五億年視為一連串既美好又熟悉的世界，而非無窮無盡、深不可測的時間。

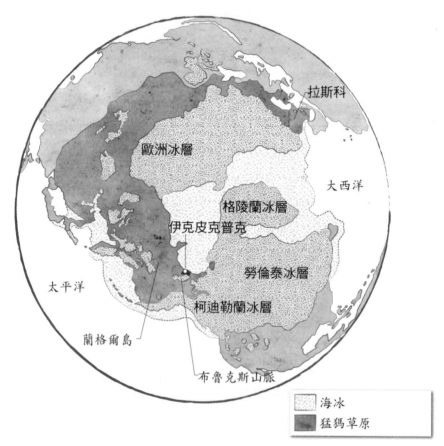

北半球，2萬年前

# 第一章　解凍
## Thaw

美國阿拉斯加州，北部平原
更新世，2萬年前

「日以繼夜，夏盡冬至，無論天氣好壞，它談論的是自由。
如果有人失去了自由的感受，這片大草原會提醒他的。」

——瓦希里・格羅斯曼（Vasily Grossman）<sup>*</sup>，《生活與命運》（*Life and Fate*）


「就連鐵列平　也沉進了沼澤，並與沼澤融合。
之後哈倫珠　就在他身上長了出來。」

——赫梯王國神話，（霍夫納〔Hoffner〕翻譯）

---

* 譯注：本書被評為 20 世紀俄國最偉大的小說，提出不迷戀集體權利、個人至上的觀點。
† 譯注：Telipinu，西元前 15 或 16 世紀，赫梯王國一位以改革政績知名的君主。
‡ 譯注：halenzu-plant，一種水生植物。

阿拉斯加的夜即將破曉，一小群馬在寒冷的東北風中蜷縮著，有四匹已成年，還有三匹未成年。在這時候，太陽已經消失了超過十個小時，因此冰冷的空氣把牠們的皮膚凍得緊繃起來。兩匹母馬輪流擔起站崗任務，在家人休息或覓食時負責守夜以保持警戒。牠們站在一起，側面貼著側面，頭尾相接，這是一邊保持靠近又保暖，一邊仍能注意各個方向以降低壓力的好方法。現在是春天，但即使是整個冬天，地上也沒被雪覆蓋，而是鋪上了大量的枯草與飛沙。阿拉斯加北部布魯克斯山脈（Brooks Range）與永凍的北冰洋海岸之間的平原異常乾燥，雨雪幾乎都與這片土地擦身而過。一條變化無常的溪流穿過鵝卵石，勉強從高地慢慢流向南方，但在強風中幾乎聽不到水聲。就連這條溪流也在還沒入海之前就放棄前進，被逐漸擴大的沙丘吸收而完全消失不見。河流的流量每天都在變化，隨著山上的雪逐漸解凍，可望在未來幾個月達到巔峰。在冬天，可以吃的東西很少，五分之四的地面是裸露的土地，五分之一則覆蓋著乾燥枯黃的植物莖桿，僅存的一點微薄口糧也覆蓋上一層有磨損作用的沙塵。即使如此，從富饒的夏天留下來的乾燥剩餘物，還足以養活幾小群這樣的短腿馬。正如在上次冰河期最鼎盛時於北坡（North Slope）發現的那樣，在這種讓人麻痺的溫度下，四肢過長會有體溫過低的風險。阿拉斯加馬比較接近小馬的大小，有點像現代的蒙古野馬，但四肢更細。牠們的皮毛是蓬鬆的灰棕色，鬃毛則又短又黑又硬。那些睡著的馬並非完全靜止不動，在頭頂上的微弱極光下，偶爾會漫不經心地抽動尾巴。這些是乾旱北方最頑強的居民，不管條件如何，牠們仍能存活。數量龐大而集中的野牛和馴鹿群，以及不常見且分散的麝牛、駝鹿、賽加羚羊群，這些於夏季來到北坡的訪客都已經走了，因為牠們比馬更無法依賴這麼可

巨型短面熊（*Arctodus simus*）與猛獁象（*Mammuthus primigenius*）

憐的草料維生。即使對馬來說，要在北方的冬天謀生也是很艱苦的，其中一匹懷孕的母馬更是如此。每一小群馬中，包含了一匹公馬與幾匹母馬，而小馬則在晚春時節出生。牠們的死亡率很高，預期壽命是現代野馬的一半。阿拉斯加馬的一般壽命是十五年，在呼嘯的狂風下，這已幾近牠們活命的極限。[1]

風從後來成為阿拉斯加的東半部七千平方公里大的沙海吹來，這片沙海的西邊，是今日依然存在的伊克皮克普克河（Ikpikpuk River）。在這片寒冷的沙漠中，橫亙著三十公尺高的脊狀沙丘，一排接一排達二十公里長。風把沙子向西吹過草原，為布魯克斯山脈（Brooks Range）的山腳鋪上一層糖粉一樣的沙塵。被風吹過的沙塵質地鬆散、混合著泥與沙，被稱為黃土。

在更新世的寒冷地區，在寒冷的月份期間，食物很少，以至於從馴鹿到猛獁象（*Mammuthus primigenius*，又名長毛象），每一種草食動物都停止了生長。像樹木一樣，牠們的骨頭與牙齒也留下了生長痕跡，這是一種季節性的身體疤痕，記錄著牠們度過了多少個冬天。牠們靠著能找到的東西維生，使用很少的能量，拖著龐大的身軀堅持下去，直到更好的季節重回大地。有草食動物的地方就會有潛伏著的掠食者，隨時都會有一雙爪子從草叢裡迸出來抓取獵物，只要脖子被咬住就會一命嗚呼。穿過這片荒涼的景觀，一小群穴獅正得意洋洋地控制著整片大地。牠們安靜地在草原上四處覓食，肩膀隨著每一個腳步而上下傾斜擺動。對馬群來說，幾乎沒辦法知道穴獅是否就在附近，因為獅子靠著追蹤與隱密的行動獵食，而黑暗讓牠們之間的距離更近了。母馬很警覺，對於任何聲響都有反應，而讓牠的耳朵在圓形的灰白額頭前晃動著。[2]

在更新世期間，漫遊在地球上的獅子有三種，非洲獅是其中最靈巧也是唯一存活到現代的一種。穿過勞倫泰冰層（Laurentide Ice Sheet）的另一邊以及整個北美地區，南至墨西哥，甚至到達南美洲，住的是體型最大的美洲獅。牠們是身上略帶斑點的灰紅色野獸，長達兩公尺半。牠們算是新移民，祖先在距今三十四萬年前從歐亞大陸移居到此地。然而，在整個歐洲與亞洲的草原上，以及在阿拉斯加，馬與馴鹿群面臨的最大危機，是來自歐亞大陸的穴獅（*Panthera leo spelaea*），牠們是在距今大約五十萬年前與現代的獅子分化而來。有關牠們的外觀，我們所知道的大部分來自藝術作品。居住在歐亞大陸北部的人類留下了數百件描繪詳細的繪畫與雕塑作品，記錄了這片猛獁草原上的許多物種。歐亞大陸的穴獅體型比非洲獅大 10% 左右，顏色更淺，毛也較濃密，粗糙不平的毛皮下覆蓋著濃密、呈波浪狀、幾乎是白色的底毛，這是可以對抗嚴寒的兩層保暖層。不管雄獅或母獅都沒有鬃毛，但有短短的鬍鬚，而雄獅的體型要大得多。因為在洞穴中，動物的遺骸容易堆積，也不會受到干擾，所以我們知道牠們是穴獅。不過大家也都知道，牠們平常待在洞穴裡，但在獵捕馴鹿和馬時會形成一個小群體，到草原上到處探尋。[3]

所有的貓科動物都是伏擊型掠食者，牠們的身體結構適合跟蹤與奇襲獵物，頂多再加上一個短距離的衝刺。這樣的跟蹤需要隱密的行動，但在開闊的草原上要做到隱密行動十分困難，因此與其他的貓科動物相比，穴獅更擅長追捕獵物。穴獅的圖畫通常會顯示牠們身上的標記：像獵豹一樣從眼睛開始出現的黑色線條，能幫助牠們避免被陽光照得刺眼；另外，在較深色的背部與較淺的下腹部之間有清楚的分界。[4]

時至今日，獅子、大象和野馬都不再出現在北美洲的北部。無雪的土地、無雨的天空和沙海也都不復存在。在想像自然世界的各個部分時，我們往往會把它們想成是一個整體，生態系統的每一個部分都定義了一種地方感（sense of place）。如果沒有巨大的仙人掌、狼蛛與響尾蛇，北美西南部的索諾蘭沙漠（Sonoran Desert）會是什麼樣子？如果你很熟悉一個地方，你就會對它的元素產生一種內在的正確認知。雖然這種感覺非常強烈，但生態系統卻是一磚一瓦建構起來的。聚集在一起的物種讓人產生了地方感，也提供了一種時間感（sense of time）。一個群落，是指從微生物到樹木、再到巨大的草食性動物等生物體的統計數目，是生物之間一種基於演化史、氣候、地理與機會的暫時性聯盟。

我在蘇格蘭高地的蘭諾克黑森林（Black Wood of Rannoch）邊長大，這裡有陡峭、佈滿石英岩的斜坡，以及覆蓋著麝香蕨菜的迴廊與藍莓坐墊。這裡的樹林帶著樺樹葉的花窗玻璃天花板或破裂的松木柱子，是一片在荒野與開闊山丘之中的溫帶雨林。我對那個地方的居民——貂鼠、潛鳥、金翅雀和鹿，有一股強烈的懷舊之情。對我來說，牠們就是我童年時代的體現，要把這個地方與野生動物分開，幾乎是不可能的事情。這些是在我的成長時期與我共享那片樹林和世界的生物，但從長遠的角度看，大自然根本不在乎這樣的懷舊之情。進入更新世的數千年間，當成群的野馬在阿拉斯加的廣大曠野中漫遊時，蘭諾克還是一個毫無生氣的地方，只有四百公尺深的冰河沖刷著這塊土地。在冰河推進之前，而且冰還在的時候，它並不是我所認識的地方。我對黑森林的感覺，與我們目前的地質時代全新世有關，因為它是黑森林成長的基岩。[5]

化石群落並未完全反映現代人的先入之見。一個物種的現在範圍可能反映出牠們祖先居住的地方，但同樣也可能不是。例如駱駝與美洲駝是彼此最近的親戚，大約在距今八百五十萬年前分開。美洲駝是留在美洲駱駝家園部族的後裔，而駱駝則穿越了白令海峽（Bering Strait）到達亞洲與其他地區。甚至直到距今一萬一千年前，在冰河時代週期性冰河作用的部分溫暖地區，一群一群的駱駝仍在後來成為加拿大的地區四處遊蕩。在更新世的這一刻，在冰層的最大範圍附近，駱駝的棲息地往南達到加利福尼亞地區——我們是從那些不幸被困在拉布雷亞（La Brea）天然瀝青滲出液中的駱駝得知這一點。這地方的地面冒出瀝青已有數千年的歷史了。[6]

不久之後，第一批人類到達美洲。在距今兩萬兩千五百年前，一群快樂的孩子穿過一簇簇柳枝稷，跑進白堊質湖岸的泥灣中，他們的腳印仍然可以在新墨西哥州的白沙中尋獲。隨著這些第一批美洲居民的人口數持續增加，他們將開始獵殺本地的駱駝和馬。結果就像許多更新世的大型哺乳動物一樣，牠們在人類出現後的短短幾千年內就滅絕了。但在此時，這裡的人口數量仍然很少，也幾乎沒有直接證據顯示他們究竟居住在哪裡。在最近一次的冰河時期，也就是在距今約兩萬五千年前規模達到最大程度的那次，人類在白令陸橋（Beringia）的低平原上繁衍生息，並沿著冰塊稀少的阿拉斯加南部海岸移動，最後進入這個資源豐富的新大陸。在冰層北部，在伊克皮克普克（Ikpikpuk）以東數百公里乾燥的白令陸橋東部邊緣，可能有著由東白令陸橋人的小村落所點燃的籌火，那裡的湖泊保存了人類糞便和木炭的化學特徵，但這些化學物質相當稀少，而且相距很遠。隨著氣候的變化，人類在這片大陸的立足點越來越深入，許多本土物種將無法

持續生存很久，原因是遭受世界暖化和這些新來的萬能掠食者的連番打擊。[7]

物種之間歷史關連的痕跡，可以比實際的接觸維持得更持久。在從印度到南海（South China Sea）茂密的亞熱帶森林中，毒蛇隨處可見，而假裝成危險的傢伙總是有好處。懶猴是一種奇怪的靈長類夜行性動物，牠有許多不尋常的特徵，綜合看來似乎是在模仿眼鏡蛇。牠們以蜿蜒曲行的方式穿過樹枝時，總是平穩而緩慢。在受到威脅時，牠們會將手臂舉到腦後，顫抖著發出嘶嘶聲。牠們寬圓的眼睛，與眼鏡蛇兜狀頭部內側的標記非常相似；更值得注意的是，在這樣的處境中，懶猴會使用腋下的腺體與唾液結合，產生出足以引起人類過敏性休克的毒液。在行為、顏色甚至咬合方面，這個靈長類動物已變得很像蛇，真是一隻披著狼皮的羊。在今日，懶猴和眼鏡蛇的分布範圍並沒有重疊，但追溯到數萬年前的氣候重建，則顯示出牠們的分布範圍曾經是相似的。可能的情況是，懶猴是陷入演化窠臼的過時模仿藝術家，因受到本能驅使，表現出牠和牠的觀眾都不曾見過的對某種東西的印象。[8]

在懶猴與眼鏡蛇以及北極駱駝的情形中，是氣候和地理因素決定了牠們的演化史，以及牠們與其他動物的互動方式。一個生態系統並不是固定的實體，而是由成千上百個單獨部分所組成，其中的每個物種對於熱、鹽分、水的可及性以及酸度，都有自己的耐受性，而且每個物種都有自己的角色。從最廣泛的意義來說，生態系統就是群落內部所有有生命的成員與構成其環境的土地或水之間的互動網絡。單獨來看，每個物種都有自己的特性，但生態系統的互動帶來了複雜性。我們將任何特定物種的可能生存條件稱為「基礎生態區位」

（fundamental niche），當與其他生物的互動限制了生態區位時，我們將這個物種分布的現實稱為該物種的「實際生態區位」（realized niche）。無論基礎生態區位有多寬廣，如果環境發生變化，超過了這個物種生態區位的極限，或是如果其實際生態區位降至於零的時候，這個物種就會滅絕。[9]

更新世北坡的冬季，就是許多生物的基礎生態區位從環境中消失的時間和地點。馬之所以還能生存，是因為牠們能夠依賴貧瘠的飼料生存——只要還足夠就好。牠們斷斷續續地睡覺和醒來，每天花十六個小時進食，以確保獲得足夠的營養。猛獁象也靠著劣質食物繁衍生息，儘管牠們的消化效率較低，而且牠們需要的食物體積，比冬季這種稀疏放牧所能提供的要多。在食物缺乏的時候，牠們會轉而吃自己的糞便，以獲取任何剩餘的營養。生活在其他地方的數千頭野牛，則必須讓牠們的食物在四個胃的消化系統中發酵，所以不能吃得那麼快。這表示牠們的食物需要更高的品質，而在冬季，這些乾旱的北方平原無法提供這樣的食物。[10]

正是世界這個角落的自然地理環境，導致了乾燥多風的天氣。持續吹過伊克皮克普克沙丘、能刺痛腳踝的風，是巨型逆時鐘旋轉環流的一部分。這個環流的中心在離此地很遠的西南部，當它捲起太平洋的海水，在阿拉斯加中部和加拿大育空地區（Yukon）吹動雲層時，它曾經擁有的水分已經消失了。大部分的雨水都落在潮濕的野牛平原上，這些平原相當靠近把這片土地與北美其他地區分開的巨大冰牆。這片冰層幾乎覆蓋了現今加拿大全區，並向南延伸，形成了從太平洋到大西洋的冰凍屏障。它有些地方深達兩英里，對景觀施加的雕刻和刨削力，甚至挖掘著將成為五大湖（Great Lakes）的地區。隨著冰融，

勞倫泰冰層南部邊界的積水將被釋放,切割出新的河床,侵蝕冰河沉積下來的冰磧石,形成尼加拉瓜瀑布等景觀。[11]

　　被鎖在這片大陸冰層和附近北歐冰層中的水,都來自海洋的儲量。全世界的海平面比現代低約一百二十公尺,冰的成長暴露了淺層海床,在大陸之間形成所謂的「陸橋」。阿拉斯加本身可能因冰層與北美洲隔絕,但陸橋卻將阿拉斯加野生動物與其西部的亞洲連接起來,帶入一個覆蓋半個世界的連續體。白令海峽是將現在的阿拉斯加與俄羅斯遠東區的楚科奇自治區(Chukotka)分隔開來的一段水域,乾涸而宜人,以其生物省份(按:有一個或多個生態關聯的地理區)白令陸橋命名。白令陸橋在冬天是一片寒冷的土地,但在炎熱的月份會變得明亮而溫暖。整個春季和夏季,草地上的野花盛開。大部分樹木都是灌木,矮小的柳樹在風中用茂盛的柳絮當毛筆,寫著無字的書法,而矮小的樺樹灌木叢裡藏著柳松雞。在空中,成群結隊的雪雁展翅飛翔,呼嘯著飛向大海。到了秋天,白令陸橋較有庇護的地方閃耀著融化的金色光芒,棉白楊和白楊在高大雲杉藍綠色的襯托下變黃。這些低地是許多動植物物種的避難所,是世界上氣候較宜人與溫和的地區,無法忍受長期冰河時代嚴寒的生物可以在此生存。在某些地方,沼澤地裡的泥炭蘚會滲出來,而在其他地方,銀毛的草原鼠尾草在野牛的蹄下,散發出溫暖的氣味。[12]

　　將被海淹沒的白令陸橋相當遼闊,總面積包括後來成為俄羅斯的土地以北的土地,大約相當於加州、奧勒岡州、內華達州和猶他州四州面積的總和。這個生物省本身是廣泛生物群系(biomes)的一部分,始於白令陸橋東部,在愛爾蘭的大西洋沿岸結束。所謂的生物群系,是指動植物群落一致、氣候相對一致的景觀。從暴露在海平面上的白

令陸橋平原深處，一直到阿拉斯加的丘陵地帶，空氣變冷變乾燥，植物變得更矮更強壯，但草原仍在繼續生長。在它的東部邊緣——像伊克皮克普克那海一般的沙丘邊緣，標誌著世界最大連續生態系統的一端，也就是猛獁草原。[13]

正因為這種連通性，這片草原才得以繼續存在。冰河期的氣候模式並不穩定，每年的氣候條件通常都不大相同。如果你把帳篷釘在鬆軟的地面上，在一個地方紮營數年，那營地裡的人就會像是經歷極端的繁榮和蕭條週期，天氣和植物生命可能某一年有利於馬，接著一年又有利於野牛，接著又有利於猛獁象等。由於猛獁草原是連續的，物種可以按牠們的理想氣候遷移，並且會一直停留在牠們的生態區位範圍內。在瞬息萬變的環境中，機動性對於長期生存至關重要，因為在這片大陸的某處，總會有個避難所。在整個北極高緯度地區，一直有不斷重複的模式，也就是物種在局部滅絕，然後從這種避難所重新恢復。即使在現代，最大的北極草食性動物馴鹿和高鼻羚羊，也參與了地表最大的陸地遷徙。在其他地方，在環境類似白令陸橋的蒙古草原上，人類放牧著山羊和其他牲畜。這裡的氣候並不穩定，冬季溫度每年都不可預測，蒙古草原隨著氣候變化變得更加溫暖乾燥，草原的生產力也越來越低，限制了可放牧的區域。由於遷徙距離越來越受到限制，人們也越來越容易受到嚴冬的各種影響，雪多到妨礙放牧，但又沒有足夠的雪可供應飲用水，加上凍土與寒風，這些都破壞了遊牧民族的生計。在多變的環境中，無論對野生動物或對人類而言，能夠捲起營帳並移動到其他地方的能力至關重要。隨著現代氣候的變化，這種生活方式正受威脅，並直接反映在猛獁草原的消亡上。[14]

白令陸橋的連續性將會被打破。海平面最終會上升，大約在距今

一萬一千年前，白令陸橋將被淹沒。隨著廣闊的雲杉和落葉松針葉林向北方生長，環繞世界的草原將被分割成更小更獨立的區塊，凍原會向南移動，天氣會變暖，而適應了寒冷氣候的物種，也將不能在適宜的土地之間進行長距離的遷徙。如果無處可去，遷徙就無法拯救族群。一旦被消滅，而且沒有倖存的群體可以補足死去的數量，牠們就會在當地，以及最後在全球各地滅絕。其他物種可能堅忍求活，但必須減少活動的區域。在阿拉斯加，所有曾經在猛獁草原上遊蕩的物種中，只有馴鹿、棕熊和麝香牛透過物種重新引入最後存活了下來。[15]

• • • • •

天亮時，廣闊的猛獁草原也開始在天光中浮現。微弱的太陽升起，攀過一個接一個的沙丘。很快地，就在背風面的每一粒沙子上投下陰影，沙丘則閃閃發光。站立著休息的馬匹哼著鼻子，迅速搖醒了自己，牠們從不睡得很深或很久。又寬又黑的蹄子不耐煩地拖著腳步，蹄子的邊緣張開著。由於冬天走得少，所以蹄子並沒有被磨損，反而是長得更大。[16]

在清朗的天空下，夏季開始展開。小馬和解凍後的湖泊出現了，雷鳴般的馴鹿和野牛隊伍返回北方，前往新長出的植物區。龐大的猛獁象群也回來了，猛獁象的數量佔了北坡食草動物總數量將近一半。太陽迅速使空氣變暖，馬兒朝著一片在山丘外盤旋的低矮雲層奔去。懸浮的薄霧顯示那裡有一個罕見的水池，是由聚集在更溫暖與隱蔽山谷中的融冰形成。處於陰影中的地下水直到最近才凍結，但河流沖積平原上的積水，對需要飲用的物種而言是一塊磁鐵，也是多種昆蟲族

群的家園，包括潛水甲蟲、球潮蟲和能夠適應乾旱地面的甲蟲，都是伊克皮克普克河附近的常客。[17]

　　陽光下天氣晴朗，這裡不僅更乾燥和肥沃，也比現代的阿拉斯加更溫暖。此時雖然是冰河時期，白令陸橋卻是相對溫暖的地區，屬於大陸性氣候，與現代蒙古類似。沿海地區和大陸地區的差異十分明顯。全年海水溫度變化不大，因此對附近的土地起著散熱器或熱源的作用，會產生風和雲層，限制天氣的變化。但在內陸地區，地球更容易儲存夏季的熱量，所以大陸性氣候在夏季維持高溫。但基於同樣的原因，土地也會迅速冷卻，於是造就了寒冷的冬天。舉例來說，這也是為什麼現今沿海地區的聖彼得堡（St Petersburg）在七月的平均溫度是攝氏十九度，在一月則為攝氏零下五度，而在緯度稍微偏北的大陸地區的雅庫次克（Yakutsk），七月的平均溫度為攝氏二十度，但在一月則為攝氏零下三十九度。更新世阿拉斯加的北坡，更像雅庫次克而不像聖彼得堡，夏天溫暖、冬天寒冷，而且總是很乾燥。由於附近沒有解凍的海洋，因此無法形成現代阿拉斯加那種持續多雲、飄著細雨的世界。沒有雪和雨，冰河也無法形成，這就是為什麼它成為通往世界各地的無冰走廊。[18]

　　新鮮的嫩芽補充了乾草，馬群向西推進。帶著獵物慣有的謹慎心態，牠們從不遠離彼此，有生物吃東西時，就有其他生物負責放哨，但經過了一個靜止的冬天，牠們的視野再次擴大至數百平方公里。當這群動物爬上頂峰時，中間出現了一些恐慌，於是牠們本能地聚集在最年輕的動物周圍，形成四蹄和牙齒的圓圈。在陰影覆蓋的斜坡和天空之間的水平綠色草原上，一隻短面熊（Arctodus）正在移動。

　　即使與最大的棕熊相比，臉龐短短的巨型短面熊（Arctodus simus）

還是更大。最大的阿拉斯加短面熊重達一噸多，是現代陸地上最大的食肉動物西伯利亞虎（Siberian tiger）的三倍，更是成年雄性灰熊的四倍。賴以得名的短臉和長腳大步，有部分是因比例造成的視覺錯覺。熊類有短而傾斜的背部和深下顎，當棕熊被放大成短面熊的大小時，這些特徵會更突出。當然，現代最大的熊類北極熊有長鼻子，但這似乎是對純肉食做出的適應變化。短面熊在北坡並不常見，我們對牠們的行為也知之甚少，直到最近人們還認為牠們的長腿可能是因應跑步而生，這顯示短面熊是巨大的追捕獵食者，相當於融合整個狼群於一身的可怕個體。另一些人則因短面熊與住在樹上、幾乎完全素食的眼鏡熊關係密切，而將短面熊描繪成溫和的草食性動物，是步履蹣跚的草根性巨人。還有些人認為牠們是食腐動物，過著惡霸一樣的生活，偷吃被其他肉食性動物殺死的動物屍體。現實當中的短面熊可能更接近於體型較大的棕熊，牠既吃植物也吃大小型獵物。[19]

　　不過，從阿拉斯加州到佛羅里達州的各種美洲短面熊當中，白令陸橋找到的短面熊最可能屬於肉食性。在那裡，冬季移除了大部分的地表植被，這種熊富彈性的飲食偏好就轉向了捕食和拾荒。憑藉其龐大的體型，成年的短面熊能夠主宰殺戮場所，防止其他掠食者靠得太近。牠翻動雙肩，步履蹣跚地走向池塘，在那裡有一頭因寒冷而凍死的年邁長毛猛獁象，巨大的屍體散發出一股難聞的腐化氣味。這是短面熊喜歡的獎項。牠用寬大有力的爪子戳著這隻已死亡的猛獁象的皮毛，將皮毛剝去、露出裡面強壯的肌肉。這個工作緩慢又費力，猛獁象的皮很厚，上面還覆蓋著兩層濃密的毛。即使身為更新世巨型動物的代表，死亡後在食用牠的消費者面前也顯得微不足道。猛獁象測量至肩部可能達三公尺高，但最大的短面熊如果用後肢站立，還可以多

伸展一公尺。[20]

　　熊是可怕的強大野獸。無論在何處，只要人類與棕熊生活在一起，就會有圍繞著牠們的神話傳說。韓國的建國神話就取決於一隻熊的耐心，牠滿足於在一百天裡只吃野生大蒜和蒿屬的艾蒿。這兩種植物都能在歐亞猛獁草原上找到。即使是給熊取的名字，在人類與熊共存的地方，也會被委婉的說法給籠罩——這是一種被稱為「禁忌變形」（taboo deformation）的語言學理論，避免使用「真實」的名字以防止動物真的出現。對於崇拜熊並將其視為權力和狡猾的國家象徵的俄羅斯人來說，牠叫做 medvědi，意思是「食蜜者」。在包括英文的日爾曼語言裡，則使用各種 bruin，意思是「棕色的」。而世界各地都採用「祖父」這個委婉的表達說法。這些名字所指的熊都是棕熊，是北美灰熊的祖先。牠們就像跟牠們一起移民來的歐亞人類一樣，才剛來到這裡不久，便在這片土地上冒險，並遇到了短面熊。[21]

　　在整片猛獁草原上，大量的草食性動物群聚集在一起，描繪出一幅欣欣向榮的景象。所有生態系統都必須遵循一些基本規則，通常來自陽光、在罕見情形中來自礦物分解的能量，必須要能注入生態系統，以補充因活動和腐爛而損失的能量。能獲取這種能量的生物體叫做生產者，而無法自行獲得這種能量的生物體則是消費者，牠們為了生存必須以其他生物為食。生產者生產的能量越多，就有越多的消費者得到支持。白令陸橋的生產力非常高，在西伯利亞遙遠北方的荒涼地區，每平方公里約有十噸的動物，相當於一百隻馴鹿能夠得到能量支持，遠超過在現代同樣寒冷地區的生存能量。生態系統中掠食者的數量總是低於生產者的數量，在北坡的夏季，這個情況達到了極致，這裡只有 2% 的動物是肉食性動物。[22]

　　對於短面熊來說，猛獁象的屍體尤其受歡迎，因為近年來獵物一直在減少。進入北坡的野牛數量開始減少，馬的數量也在減少。腳下的世界開始軟化，草地的霸權時代接近尾聲。解凍池周圍是泥炭形成的開端。對生活在這個塵土飛揚且狂風肆虐世界中的所有生物，這是個值得擔憂的跡象。猛獁草原的大部分地區就像一個封閉的庭院，四面都被乾燥堅實的牆壁包圍。在整個北部，北冰洋是凍結的，冰河覆蓋了北美洲、斯堪的納維亞半島（Scandinavia）和英國。在草原的西翼，大西洋也是冰凍的。在南方，從庇里牛斯山脈（Pyrenees）穿過阿爾卑斯山、托魯斯山脈（Taurus）和扎格羅斯山脈（Zagros），進入喜馬拉雅山脈和青藏高原的許多山脈，形成了幾乎綿延不斷的一堵牆。這個多山的屏障，阻止了通常會帶來冬季的嚴酷乾旱和夏季傾盆大雨的季風吹向大陸南部，而西伯利亞上空的高壓空氣系統維持了整年的乾旱。白令陸橋則是一個弱點，太平洋可以在這裡朝淺灘和裸露的海峽注入濕氣。這在過去不成問題，冰層會週期性地前進、後退，草原也隨之擴張和收縮，處於穩定的平衡狀態。但這樣存在了十萬年後，這一次卻不一樣。這是轉變的開始，也是猛獁草原終結的開始。[*]

　　隨著冰層融化和海平面上升，有更多的水來不及蒸發，於是有更多的水添加到自然景觀中。在這個時候，多變的氣候有時會產生比平時更溫暖潮濕的夏季，給白令陸橋帶來濕氣，隨之而來的就是夏季的雲層和秋季的腐化。猛獁草原的生存依賴乾旱，依賴那片清澈無邊的

---

[*]　作者注：猛獁草原的消失始於約一萬九千年前，但在一萬四千五百年前開始快速消失，當時發生了末次冰盛期回暖事件（Bølling-Allerød Interval），氣候突然潮濕暖化。這與南極洲冰河消退的時間起點有關。

藍天。當夏季變得溫暖潮濕，水很可能無法排出，造成局部沼澤、分解植物並產生了泥炭。泥炭的生長，開始對草原造成破壞性的連鎖反應。沙子黏在一起，而被風吹出的沙丘變得更加潮濕與穩定。土壤受潮、酸化並失去提供營養的能力。潮濕的地面保持涼度，霜從下方升起，將地下水位推近地表甚至拉出地表形成了雲層，雲層接著造成落雪，使地面與殘存的陽光隔絕，讓地面變得更冷。寒冷又造成寒冷，隨著真菌對植物生命的分解速度減緩，越來越多的真菌轉化為更多的泥炭，循環往復。[23]

新出現的沼澤也成為遷徙的障礙，毫無戒心的大型草食性動物很容易被困在沼澤中淹死。對於遷徙中的馬群和馴鹿而言，泥炭的蔓延代表著遷移的噩夢以及食物的損失，因為原本蓋滿青草的堅硬地面，失控地轉變為柔軟而無情的濕地。在泥炭地裡茁壯成長的植物，小心翼翼地保護它們所能吸收的少量營養，並長出防禦性的刺、硬莖與纖毛。在一些地方，樹木開始蔓延，主要是像樺樹、橙木和柳樹等耐濕性植物。當白令陸橋被淹沒，這就是猛獁草原的命運。

在現代的條件下，阿拉斯加北坡從裸露的沙地變成穩定而長期的泥炭土，只需要幾百年的時間。從愛爾蘭到俄羅斯再到加拿大，古老的猛獁草原幾乎完全消失，取而代之的是永久凍土和泥炭沼澤。草原凍原生態系統仍保留在西伯利亞的偏遠地區，在那裡，從小型哺乳動物到蝸牛等還遺留著的小型生物，生活在由潮濕程度決定而錯落有致的棲息地裡。在今日，阿拉斯加北坡是一片半乾旱但水分飽滿的平原，長滿了莎草、苔蘚和木質的矮生灌木。每年的降雨和降雪量僅約兩百五十公厘，與加州的聖地牙哥大致相同，但水分留在土壤中，在堅實的永久凍土上方有著相當高的地下水位。在夏季，土壤融化可達

五十公分深，形成短暫的湖泊和鬆軟的泥炭，為馬或猛獁象提供了不甚理想的飼料。現代的阿拉斯加，植被更稀疏、防禦更嚴密，被馬蹄印踩出來的積水土地，已不再適合野馬生存。自五千五百萬年前馬匹在北美洲出現以來，這是馬匹第一次在這個區域滅絕，直到牠們搭乘來自歐洲的船隻，在距今幾百年前再次回歸。氣候已超出牠們生態區位的空間範圍，就像猛獁象和乳齒象，甚至阿拉斯加的野牛一樣。馴鹿和麝香牛生活在猛獁草原比較潮濕的地區，是今日阿拉斯加僅存的野生大型物種。[24]

至於長毛猛獁象，直到距今約四千五百年前，都生活在白令陸橋的一座如今是俄羅斯西伯利亞東北部的小島——蘭格爾島（Wrangel）上。然而，這個島無論在現在和過去都太小，無法長時間維持一個種群的存續。到最後，世界上最後一群倖存的蘭格爾島猛獁象，也陷入了嚴重的遺傳問題。在六千年完全隔離在一個總數只有約二百七十到八百二十的小型族群後，牠們出現了嚴重的近親繁殖現象。從保存在俄羅斯寒冰裡的 DNA 中，我們可以看出牠們許多遺傳疾病的紀錄。牠們的嗅覺嚴重受損，皮毛呈半透明狀，像緞緞一樣閃閃發光，但抵禦寒冷的能力較差。牠們的發育和泌尿系統都有問題，也許消化系統也有問題。整體而言，我們發現在整個群體中，有一百三十三個基因是沒有一頭象完全正常複製的。蘭格爾島此時也是一片以莎草為主的泥炭地，猛獁象不可能在這個草原景觀中存活很久。[25]

猛獁草原是過往生活的迷人景象，以浪漫景色吸引了大家的注意，裡面充滿了我們自認幾乎能夠理解的野獸。孤獨並遭北極風吹拂衝擊的猛獁象，是失落的過去的普遍象徵。然而，由於我們以人類身分看到牠們、描繪牠們、獵捕牠們，也許還尊敬牠們，牠們就成

為我們與地球歷史的具體聯繫，即使牠們已經永遠消失了。的確，有些在猛獁象於地球上行走時便已出現的樹木，至今仍然存在。滅絕的過去比我們通常想像的更接近。隨著更新世的衰落，人類文明開始興起，人類此時可能還沒有到達美洲，但在其他地方，他們正在捕捉更新世世界生活的細節。就在北坡的馬還在風中咬緊牙關的時候，法國一個山洞的牆壁上正在塗抹彩繪，刷得光鮮亮麗，為的是再現拉斯科（Lascaux）野馬。幾千年後，人類會撿起一塊鹿角來製作投槍器，用有鬃毛和鬍鬚的草原野牛特徵來裝飾它；這種野牛會轉動牠的頭，伸出彎曲的舌頭，舔舐背上被刺激性昆蟲咬出的傷口。北方更新世人類的文化基本上已經消失，但在地球的某些地方，上一個時代的陰影仍然被記憶且傳承著。在澳大利亞北部一個名為納瓦拉加巴曼（Nawara Gabarnmang）的岩石避難所洞穴底部的「岩石裂縫」，發現繪有獨特風格的小袋鼠、鱷魚和蛇。最古老的一幅畫是在距今至少一萬三千年前創作的。這些繪畫一直延續到 20 世紀，在難以想像的時間維度上，保存了賈沃因人（Jawoyn）的文化記憶。等到猛獁草原最後走到盡頭，蘭格爾島上的猛獁象在懸崖上透著微光俯瞰被洪水淹沒的白令陸橋平原時，埃及的吉薩大金字塔和祕魯的小北文明（Norte Chico）已經存在了幾個世代，而印度河流域的文明也已有數百年的歷史。[26]

　　大約在最後一批蘭格爾島猛獁象死亡時，美索不達米亞地區的城市烏魯克（Uruk），由蘇美（Sumerian）族國王吉爾伽美什（Gilgamesh）統治。他是最古老書寫故事中的主角，《吉爾伽美什史詩》（*The Epic of Gilgamesh*）也是形式最古老的一本文學作品。吉爾伽美什的故事講述的，就是人類試圖躲過自然的故事。在這本敘事史詩中，傲慢而強大的吉爾伽美什和他的朋友野人恩奇杜（Enkidu），誘捕並殺死了眾

神之雪松森林守護者胡姆巴巴（Humbaba），以砍伐樹木並強化烏魯克的城牆。與吉爾伽美什英俊瀟灑的王室風度相反，狂野又野蠻的恩奇杜後來病倒並死去，而吉爾伽美什在剩下的故事中都在尋找永生卻一無所獲，直到最後才意識到，他的願望不可能實現。

　　在大自然裡，沒有什麼是永恆的。在更新世時，世界最大的生物群系也將陷入泥潭。物種在時空上的聚集，可能給人一種穩定的錯覺，但這些群落只能在有助於創造它們的條件還持續存在的情況下，才得以延續下去。無論是溫度、酸度、季節性還是降雨量，當一個生物群系的條件改變時，任何數量的組成物種都可能在那裡失去立足點。對一些物種而言，這意味著要進行遷徙，跟隨環境越過原來的景觀，就像許多植物在上次冰河期結束時所做的那樣。但有些環境並沒有移動，而是失去了。當變化發生得太快，或超過關鍵的臨界點時，這種失控的變化可能甚至破壞地球最廣大的景觀，以及它所支撐的群落。這不一定代表會發生徹底的災難或生態破壞，但有時可能表示了物種和景觀的新組合，出現新世界。以苔蘚為主的凍原仍然被馴鹿和高鼻羚羊佔據，柳樹、橙木和田鼠居住的泥炭地以及西伯利亞大氣中的松類針葉林，將填補這個真空空間。對於在北坡漫遊的馬以及追逐牠們的穴獅而言，那片草原看起來肯定是永遠不變的遼闊，但如果從深時尺度來看，永恆只是一種幻覺。當冰河消退，只需要一滴雨水，馬蹄踩踏的堅硬土地就會快速讓路。只需一閃之間，極光就會消失。[27]

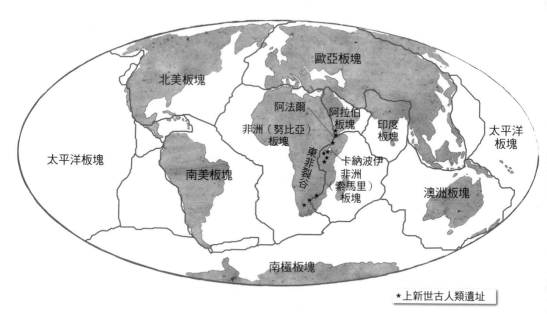

上新世的地球，400 萬年前

# 第二章　起源
## Origins

肯亞，卡納波伊（Kanapoi）
上新世（Pliocene），400 萬年前

「蕉鵑鳥，是森林之獸

蕉鵑鳥在樹上，樹在高地瀑布區，

蕉鵑鳥在高地，黎明就要來我們家了。」

——肯亞馬拉奎特郡（Marakwet）傳統歌謠

（J.K. 卡薩甘〔J.K.Kassagam〕翻譯）[1]

「我面前流淌著黑色的道路碎片。

我濕漉漉地跳下去，眼前的一切都在流動。」

——梅薩（Miguelángel Meza）*／〈黎明〉（'Ko'ẽ' / 'Dawn'）

（露易絲〔Tracy K. Lewis〕翻譯）

---

\* 譯注：南美原住民瓜拉尼人，1955 年出生於巴拉圭，是瓜拉尼語詩人與文化倡議者。

　　雨燕抵達的時候，雷聲還在牠們身後作響。在四個多月沒下雨後的雨季伊始，這些冬鳥隨即嘈雜地大量出現，追逐著剛出現的昆蟲群。候鳥的到來，代表生育力和生命的回歸，這是未來數百萬年季節性模式的延續。下雨、乾燥、下雨、乾燥，帶來一種舒緩的節奏與無盡的循環。時至今日，來自南非和威爾斯等地的人，會將雨燕的飛行與降雨期的到來聯想在一起。但現在，這些鳥兒在東非高地的山間空氣中穿梭，這裡有朝一日將成為肯亞和衣索比亞的一部分。此處高地的崛起，連同千里之外青藏高原的崛起，轉移了曾經滋潤非洲西北部的風，改變了整個地區的降雨模式，並開始讓撒哈拉（Sahara）和沙黑爾（Sahel）等地逐漸下沉成為沙漠。[2]

　　拉尼爾門（Lonyumun）這座大湖的存在，就足以證明此處的雨水充足。從石質湖岸望過去，它稱得上是一片海洋，在無雲的日子裡，還可以看到遠處藍霧繚繞的山頭，而山腳則伸進了地平線。只有從空中俯瞰，才能看到湖的邊界，被水沖刷形成的山谷地形也很明顯。當雨燕帶著鐮刀般的尖叫聲下降時，這片藍綠色的菱形谷地讓牠們首次看見了目的地。拉尼爾門湖面寬淺，南北縱長三百多公里，寬約一百公里，填補了非洲大陸的一個巨大裂縫，也就是東非裂谷（East African Rift）。從下方地幔中縷縷升起的灼熱岩漿，撞擊著地殼，像蒸氣撞擊天花板一樣擴散開來。岩漿拖曳流動，正緩慢而持續地將非洲分裂開來。佔據整個東非海岸的索馬里板塊（Somali plate），正與佔據非洲大部分其他地區的努比亞板塊（Nubian plate）分離。再往北，在衣索比亞的阿法爾（Afar），阿拉伯板塊也在分裂，三股力量的交界處形成了一個三岔路口，留下深深的窪地。從阿法爾向下延伸的鋸齒線，總有一天會完全裂開，預示著現在裂痕的所在處將會有一片新

亨氏西瓦獸（*Sivatherium hendeyi*）

海洋誕生。[3]

　　而現在，裂痕所在的土地被雨水填滿，形成一連串隨氣候波動而變化大小的裂谷湖。在現代，拉尼爾門湖地區還會容納另一個湖，即斷層內流湖圖爾卡納（Turkana）湖，從來沒有水從這個湖流出過。圖爾卡納湖是一個鹼性的鹹水湖，被火山包圍，已存在數百萬年了。它佈滿海藻的翠綠色表面，經常被強大的沙漠風暴吹得狂亂起來。上新世的肯亞更潮濕，拉尼爾門的湖面更寬，還越過高地流向印度洋。供給它水量的河流流經厚實而凝固的沙洲，沙洲底部是層層黏土岩與密集堆疊的軟體動物外殼。這些河流是現代仍然存在的河流之前身，包括奧莫河（Omo）、特克韋爾河（Turkwel）和寬闊而流動緩慢的凱里奧河（Kerio）。上新世的火山現在正被侵蝕，埋藏在這個富含氧氣的河流系統之下。[4]

　　最早的人類就是在這個分歧的大陸和季節性雷雨的動力世界中出現的。在遙遠的未來，這裡將出現人類物種，例如被稱為圖爾卡納男孩（Turkana Boy）的年輕匠人（*Homo ergaster* juvenile）和魯道夫人（*Homo rudolfensis*）[*] 等可能為直立人（*Homo erectus*）的變異人種。但在上新世，在凱里奧河流入拉尼爾門湖的卡納波伊相思樹林中，湖畔南方古猿種（*Australopithecus anamensis*）在此生活著，牠們也許就是最古老的人種。[5]

　　在荊棘叢生的相思樹長廊間，河水沉重而渾濁。雨燕在湖面低空

---

[*]　作者注：圖爾卡納湖在肯亞殖民時期被稱為魯道夫湖（Lake Rudolf），是第一批到達該湖的歐洲人給它取的名字。「圖爾卡納」指的是該地區的一個主要文化，而圖爾卡納人則稱其為 Anam Ka'alakol 湖。

俯衝，捕捉小昆蟲和蒼蠅，搶著喝水，挑戰著其他物種能否飛得如此迅速自由。牠們漫不經心地在空無樹木的寬闊水面上盤旋，朝著拉尼爾門湖飛去。這是遷徙物種最接近登陸的一次。雨燕在空中感到非常自在，牠們一次可以在空中逗留達十個月，進食、交配，每次只休息大腦的一半，甚至可以睡在翅膀上。牠們以每小時一百多公里的速度飛行，是水平飛行最快的動物，僅次於皺鼻蝠。牠們的腿和腳都很細小，有可以沾黏在牆壁、樹木和懸崖上的爪子，但不能在平坦的地面上活動。許多雨燕類物種著陸的唯一時機，就是養育雛鳥，只因為在空中產卵並不是演化成功的方法。即使如此，牠們的巢穴也像是從空氣中變出來的一樣，是由牠們在飛行途中抓到的碎片製成的。沒在繁殖時，牠們會在地面上盤旋，張開像青蛙一樣的大嘴，下潛吞噬蒼蠅，並表演轉彎和翻滾等特技，在視線範圍內閃現。為人父母的艱辛是牠們夏日的工作，是於歐洲停留時才會做的事情，而不是在卡納波伊。在這裡，牠們只負責在風中飛翔並大聲尖叫。[6]

雨水還將其他生物從藏身處帶了出來。火熱的閃光劃過，一隻翠鳥穿破河面，羽毛被下沉的空氣襯成了銀色。牠從俯衝濺起的水花裡再次飛起時，口中已經叼了一條魚。牠向下游振翅，尋找棲息之處。肩蛙這種胖乎乎的小東西，背部長滿了苔蘚色的疙瘩，牠們聚集起來交配，雄蛙趁雌蛙跑去遠離河流處挖地時，爬到雌蛙背上。一旦產卵並完成受精，雄蛙就會離開，雌蛙將繼續挖洞，攜帶著孵化出來的蝌蚪朝地下水位移動。當河流隨著雨水落下而上升時，水會從下往上填滿洞，為蝌蚪提供安全的私人水池以供生長。老鼠在綠草如茵的草地上奔跑，警惕著小型肉食性動物的伏擊，包括侏獴、黑條紋香貓（dark-striped genet），以及最早出現的的貓屬（*Felis*）動物，牠們也

是家貓的野生祖先。[7]

　　光潤游過的水獺群滑過水面，雨越下越大，彷彿永遠不會停歇。牠們濺起的水花，在拉尼爾門湖上形成低窪的浪花霧。跟海獺一樣大的托羅魯抓水獺（*Torolutra* 音譯）擅長獵魚，獵捕包括鯰魚、洛克爾魚（lokel，音譯）和伊吉魚（idji，音譯）的幼魚，牠們在波濤洶湧的水流中非常自在。只要能找到托羅魯抓水獺的地方，就能找到比牠們體型更大的表親熊獺。長著肌肉發達又扁平的尾巴、在河中游泳的大水獺（*Enhydriodon*），看起來像是一根長滿苔蘚、漂浮著的木頭，直到牠蜷曲成閃閃發光的拱形並潛入水中為止，才讓人恍然大悟。在卡納波伊有兩種熊獺會獵食硬殼獵物，像是軟體動物和螃蟹等。這兩種熊獺的牙齒都是圓杵型的，能粉碎相同類型的有殼獵物。一般認為這兩個物種得透過依獵物大小做區分才能共存；體型較小的熊獺會獵食較年輕和體型較小的貝類，較大的迪基凱熊獺（*E. dikikae*，音譯）體型與現代獅子相似，從鬍鬚到尾巴長兩公尺，體重約兩百公斤。水下半埋在沉積物中的是圓形的淡水貝類石蛤（*Coelatura*），大熊獺正在尋找貝類作為食物，還沒長大的貝類體型太小，引不起牠的注意，但成熟的石蛤長達六公分，即使破碎了也是營養豐富的零食。大熊獺不像大部分的水獺親戚那樣完全水生，牠們會在岸上休息，但仍然依賴大片水域來尋找食物。牠們在河流和拉尼爾門湖這種更開闊的水域中同樣自在。[8]

　　河流、三角洲和湖泊裡都有魚類，其中有許多以貝類為食。在當前河床下方逐漸變成石頭的黏土層間，分布著密集而大片的軟體動物貝殼，牠們外殼的堅硬部分隨後代在上面生長而慢慢石化。在河流的三角洲地帶，每三尾魚裡就有一條是吃軟體動物的脂鯉科（characin）

辛達克拉斯魚（*Sindacharax*，音譯）；而在湖中，幾乎一半的魚是脂鱨屬（*Clarotes*）的鯰魚。由於季節性降雨吸收了所有養分，拉尼爾門湖和凱里奧河底部都鋪著一層軟體動物，是生態系統賴以生存的主要支柱。湖水很淺，這裡沒有深水魚類，河流流入湖中，與湖水充分混合和充氣。與尼羅河分離，讓拉尼爾門湖發展出自己的特有物種，雖然這個分離最近已開始崩解。[9]

　　這面湖成了水鳥的避風港。為了與托羅魯抓水獺爭奪魚，蛇鵜（darter）彎曲的脖子在水中蜿蜒游動，笨拙地游回岸邊，身體的其餘部分則淹沒在水中。牠的羽毛沒有油，這可以減少浮力、讓牠更有效地在水下捕食，但這也代表牠的羽毛並不防水。牠將自己拖到岸邊，變成濕透了的水鳥，牠的羽毛需要晾乾才能飛回棲息地。隨著雨勢消退，地面因緩解而出現刺鼻氣味，雨水的好夥伴蛇鵜也已站在河邊；張開的翅膀就像一條橫幅，在陽光下慢慢晾乾。[10]

　　禿頭鸛（Wizen-headed storks）是駝著背、比擁有像披風一樣翅膀的禿鸛大一號的版本，正沿著河岸出現，或在天上翱翔尋找食物。即使在這麼早的時期，禿鸛也已在有人的地方出現。從上新世的東非到更新世的印尼，再到現代的世界各城市，都有牠們的蹤跡。牠們對飲食不挑剔，以居住在垃圾填埋場和垃圾場的習慣聞名。牠們也是屍體清道夫，這為牠們贏得了「送葬者」（undertaker）的綽號，但其實牠們有助於消除環境中的疾病。鸛體型龐大、飛行遲緩，經常出現在人類的民間傳說中。在中世紀的斯拉夫（Slavic）宗教裡，冬季遷徙的鳥類被認為是前往稱為維拉伊（Vyraj）的天堂。其中，白鸛特別被認為能將人類的靈魂帶到來世，並以轉世的型態返回人間。[11]

　　翠鳥的第二次俯衝幾乎沒有在水流中激起水花。牠試圖再次衝高，

但這次失敗了，只好降落在一頭巨大野獸的背上。這隻有金屬光澤的藍色鳥兒，利用這個新的捕魚平台，專注地凝視著水面，但這平台似乎對牠的新夥伴無動於衷。在肩高兩公尺半處，這頭巨獸小心翼翼地站在泥濘的淺灘上，提防可能出現的巨大帶角鱷魚。牠的短捲毛被雨水纏住，有著長睫毛的黑色眼睛則被兩個球狀突出物給遮住。從牠的頭頂又出現兩個向外和向後彎曲的球體，給人一種上翹新月的印象。並非所有的長頸鹿科生物都是身材細長和長頸的，例如西瓦獸就有公牛的粗壯。雖然牠們在卡納波伊群落內極罕見，但牠們的親屬在東非這一帶直到印度的喜馬拉雅山麓都被發現。牠們是長頸鹿和歐卡皮鹿（okapi）的重量級近親，成年雄性的體重超過一噸。但在西瓦獸缺乏長頸鹿那種瘦長優雅魅力之處，牠們用值得炫耀的腦袋來彌補。[12]

　　長頸鹿家族的所有成員，包括歐卡皮鹿和西瓦獸，在頭骨上都有稱為骨錐（ossicones）的骨塊。它們的功能類似皮角（keratinous horn）或裸露的鹿角，用於展示和作為武器。但與皮角和鹿角的不同，在於西瓦獸的骨錐被毛髮和皮膚覆蓋。雄性歐卡皮鹿每隻眼睛上方各有一個，共兩個，又短又細，幾乎像觸角一樣。長頸鹿有兩個骨錐，同樣很短很直，長在兩耳之間。有些長頸鹿，特別是東非的長頸鹿，額頭中央的兩眼之間也有一個厚厚的骨錐。卡納波伊的西瓦獸則有兩對骨錐，長在眼睛上方的耳朵之間，尺寸都不小。[13]

　　西瓦獸小心翼翼地從河裡抬起一條腿，驚擾了一隻正在打盹的水獺，水獺跳入水中，突然失去重量。西瓦獸的小腿被泥漿覆蓋，大踏步地走到更堅實的地面上，朝向陰涼處覓食。在凱里奧河岸附近，雨水將塵土聚集成一層帶光澤的黏土，但排水良好的沙子讓上升的斜坡保持乾燥。只要有黏土，土壤就不透水，這讓空洞變成泥濘的盆地；

雨中的黏土礦物質會膨脹，使斜坡變得不穩定。土地起伏不定，地勢較高的地方稀疏點綴著喬木、灌木和草地，潮濕的溝壑裡則長滿了雜草，這些都是非禾本科飼料植物。在河流兩側的帶狀地區，即使在旱季高峰期，水仍然以深層地下水的狀態全年存在，因此樹木可以透過將長而垂直的根部送入這個祕密地下蓄水層來茁壯成長。它們長得越來越高，成為一條蜿蜒大道，暴露了數英里長的河道位置。在凱里奧河減速並流入拉尼爾門湖的地方，地下水位更接近地表，樹冠隨之下降，灌木開始與樹木競爭高度，最後融入長滿莎草的潮濕沙地。[14]

土壤化學、方位和排水上的局部差異，創造出縫合式的景觀，一簇簇草叢隔開了一塊塊高大樹木和灌木叢。多樣化的環境支持著更豐富的物種；在卡納波伊，廣食性（generalist）\*的草食動物比例遠高於東非。植物正在進行工業革命，而草食性動物才剛剛迎頭趕上。[15]

植物利用光合作用養活自己，利用太陽能將二氧化碳和水轉化為碳水化合物。水可以從地面吸取，但二氧化碳必須來自空氣，因此葉子上有氣孔，氣體穿過氣孔進入。只要氣孔打開，二氧化碳就可以進入葉中，持續這個過程，能量就能被捕獲，但這一切是有代價的。開放的氣孔透過蒸發會漏失掉有價值的水分，植物就會枯萎。環境越熱，供水越稀缺，問題就越嚴重。但在上新世，有幾種植物群已解決了這個問題。[16]

將光轉化為食物需要幾個步驟，關鍵物質是一種效率極低的活化酵素，叫做核酮糖双磷酸羧化酶（簡稱 RuBisCO）。在炎熱和乾旱

---

\* 譯注：食性廣，可適應多種棲息環境，或對環境因子變動的容忍範圍較廣的生物種類，相反的就是專食性物種（specilist）。

等需要盡可能高效進行光合作用的地方，全球各地許多植物物種會將RuBisCO周遭各種所需的化學物質，集中在植物更深處的特殊細胞中，遠離可能漏水的氣孔。這需要耗費能量來完成，卻可以使整個過程快六倍，以此節省用水。[17]

在距今一千萬年前，全世界此類植物的比例還不到1％。在現代，世界上近50％的初級生產力（primary productivity），也就是光合作用所控制的新能源，是由約六十種植物完成的，它們各自發現了這種空間中的糖組裝線，科學術語稱之為四碳光合作用（C$_4$ photosynthesis）。這些植物包括玉米、高粱和甘蔗等許多農作物，以及藜麥等莧屬植物，它們隨著大氣條件的變化而蔓延開來。在我們這個有極地冰層的世代，大氣中較低的二氧化碳濃度，使這種集中反應變得更具吸引力。由於四碳光合作用的植物越來越普遍，也因為它們是比較不佳的營養來源，草食性動物不得不配合不斷變化的植物物種，來調整自己的進食行為。[18]

卡納波伊這種由乾燥開闊的灌木叢、矮灌木區和綠樹成蔭河道拼貼而成的地形，使不同物種能夠因應不同類型的植物生存。大多數草食性物種還未完全適應四碳光合作用食物這個最新的創新。有好幾個物種同時屬於吃枝葉物種（browsers）與吃草物種（grazers），比任何現代生態系統中的此類物種都多，例如可能是非洲水牛祖先的西馬瑟林（Simatherium，音譯）、麝香牛的近親瑪卡佩尼亞（Makapania，音譯），或是角馬羚和狷羚的早期近親達馬拉夸（Damalacra，音譯）。亨氏西瓦獸（Sivatherium hendeyi）是一種吃枝葉的動物，只吃湖泊和河流附近生長的灌木和樹木，儘管牠們的後代有一天會轉而吃草。卡納波伊長頸鹿是體型完整的侏儒物種，牠們忠於只吃樹木頂端枝葉的

長頸鹿特性，也是吃枝葉的族群。飛羚和三趾馬則是在樹木之間的空地上吃草，旁邊是低著頭流浪、長著疣、重達半噸的豬，還有不安咯咯叫著的幼鴕鳥，以及大群的長鼻獸。長鼻獸是大象的近親。[19]

在卡納波伊絕對有多種長鼻獸。這裡不僅有與現代非洲象關係緊密且幾乎無法區分的非洲象屬阿德洛拉象（*Loxodonta adaurora*，**音譯**），還有印度象和猛獁象的近親象屬的伊可瑞尼斯象（*Elephas ekorensis*，音譯）。在高大的樹木之間，短腿的互棱齒象（*Anancus*）昂首闊步地步行著，又長又直的象牙幾乎觸碰到地。牠們與恐象（Deinotherium）不同，恐象的短牙向後彎曲，用來刮樹皮。互棱齒象大多是吃枝葉的動物，就像今天的大象一樣，但阿德洛拉象則是吃草的動物。為什麼阿德洛拉象會變成採用四碳飲食，之後又變回來？原因尚不清楚，但這可能歸結為長鼻類物種的數量太多，競爭激烈。隨著樹木變得稀疏和大草原全面開放，非洲唯一倖存的大象將是學會吃草的物種後代。在今日，非洲象是生態系統工程師，是真正的林務工作者，控制著整個範圍內樹木的密度和覆蓋率，並定義了牠們的鄰居必須生活的生態區位空間。[20]

擁有巨大的長頸鹿、十噸重的象類生物、巨大的水獺和超大的豬，卡納波伊到處都是大型草食性動物。能夠支持這麼豐富的物種多樣性，是因為該地區的食物資源非常豐富，在過去的一千萬年裡，拉尼爾門湖周圍地區生產新植物物種的速度，比任何其他非洲化石遺址都更快速。[21]

距凱里奧河東岸僅一箭之遙處，是一片低矮的灌木叢。相思樹蔭點綴著地面，而在其上，光的路徑就像蝸牛爬過的小徑，那是樹冠無法觸及的地方。覆蓋著天然乾草的地面，有整片帶著下垂蓬鬆種子頭

的水牛草，上面還覆蓋著鋒利的毛刺；另有纖細的毛蟹草在充滿活力的葉子上微弱地生長；還有粗糙垂直的狐尾狀草屬（Tetrapogon）植物叢。枯樹骨架上留著誘人的疤痕，一個低矮的空洞暴露了內部已經腐爛的地方，只剩下堅硬的外部組織和微弱的真菌氣味。在裡面，一群夜間活動的獒蝠正在睡覺。當夜幕降臨、雨燕在海拔較高的地區入睡時，這些蝙蝠將接管對拉尼爾門湖上空飛蟲的無情追捕。[22]

一隻蕉鵑發出的驚恐尖叫在一群南方古猿（Australopithecus）間引起了騷動。在咀嚼樹葉時受到干擾，人族趕忙站起來跑著爬上藤本植物，在樹幹寬闊的艾德汝柯伊特（edurukoit，音譯）相思樹上尋找安全的避難所。南方古猿是第一個完全用兩條腿走路和跑步的人族，牠們緊緊抓住樹枝，俯身面對恐懼和憤怒的源頭，臉上露出不友善的微笑。可以看見牠們巨大的犬齒，而雨燕則在頭上盤旋，發出無休止的叫聲。有些東西在草叢中威脅著牠們，那是一條蟒蛇，對牠們而言，南方古猿就是一頓大餐。

雖然已經可以站立，但南方古猿與現代人類相當不同。牠們的體毛仍然很長，脫去毛髮則被認為與人類後來需要適應長途跑步有關。牠們的臉部仍然很像猿猴，下巴向前突出，傾斜的前額讓頭部從濃眉後面逐漸變細，而且脖子變粗。最高的南方古猿只有約一百五十公分，與黑猩猩的大小相同，但牠們的肌肉較少，而且雄性與雌性之間的體型差異，比現代人男女體型的差異要大得多。南方古猿的腳還不適合跑步，牠們採取稍微內翻的站姿，幫助牠們爬上樹去睡覺。[23]

失去主動權後，蟒蛇再次向河邊退去，隨著雨再次落下，牠滑回了艾柯（echoke，音譯）無花果樹的破裂樹幹和支撐的根部中。躲在樹上的南方古猿現在平靜下來，但仍然留在樹上，因為太害怕而無法

很快回到地面。牠們的食物大多是從軟到具韌性的植物，沒有太硬、沒有真正很脆的東西，也沒有長滿草的四碳光合作用植物。[24]

湖畔南方古猿（*Australopithecus anamensis*）被認為是比黑猩猩和倭黑猩猩更接近人類的最早物種。其他一些候選者年份更久遠，但關於牠們究竟更接近黑猩猩或人類，或者牠們是否比黑猩猩更早從我們的譜系中分離出去，仍存在著爭議。卡納波伊湖畔南方古猿的生活是初始多樣化群體演化的起點，而我們是最後的倖存者。著名的化石「露西」（Lucy）所屬的物種湖畔阿法南方古猿（*Australopithecus afarensis*），是卡納波伊人族的直系後裔，生活在大約三百二十萬年前。[25]

在古代雅典，有人提出了關於忒修斯之船（Ship of Theseus）的思想實驗。在這個假想中，這艘船被當成博物館館藏供後人懷念；作為保存品的一部分，腐朽的木材不時會被替換，直到最後沒有任何原始木材保留下來。柏拉圖就問道，這個替換木材後的保存品，是否還保留著原來這艘船的身分，或者在木材完全替換後，是否還可以被認為是同一艘船？這個實驗有個延伸假設，如果這些被替換的木材經過處理、把腐爛的部分移除，然後使用原始木材進行重建。那麼這兩艘船之中，哪一艘與原來的相同？或者，它們都繼承了原來那艘忒修斯之船的身分？[26]

自最早嘗試對自然世界進行分類以來，人類就被標注了與其他生命物種分開的標籤，被認為是不同且特殊的物種。分類學標籤的問題，在於它們就像生物群落一樣，並不是隨時間經過而恆定不變的。在現代，人類與我們由黑猩猩和倭黑猩猩組成的黑猩猩屬（genus *Pan*）這個近親之間的區別是顯而易見的。但每個物種都有共同祖先，每個血

統都是自己的忒修斯之船。

如果我們觀察黑猩猩和人類的祖先在演化史上分道揚鑣、走上不同的演化之路之前就已經存在的類人猿種群，我們就會看到那個共同祖先物種，而我們可能會給這個物種起一個名字。通常一個新物種的誕生，往往是「萌芽」（budding）的結果，意思是一個物種的孤立種群，相對會變化得比較快速，而先祖物種則以各種有意義的方式在他處持續存在。在這種情況下，我們可以對這個相對不變的種群繼續使用原來的名稱；但從「新」物種的角度來看，來自共同祖先池中的世代數幾乎無法區分。只有利用地質學的後見之明，我們才能確定，在過去一段時間內的某個種群，應該被認定是不同的物種。在現實時間裡，一個物種卻是一個動態的多元體，是在群體內部和之間流動的基因所組成的種群和個體之總和。[27]

對人類來說，要確認我們有信心宣稱「人類」（humanity）的時間點，是很困難的。究竟是什麼使我們與其他動物有了區別？人類並沒有突然出現的時刻，演化為黑猩猩的種群和演化為人屬（Homo）的種群，都不是因為突然的變化而出現，這兩個種群的融合只是降低到沒有基因流動的程度。我們和所有物種一樣，是一連串局部替換的終點，在不斷變化的種群中，個體的死亡和出生具有時間的前後連續性，並將所有的生物連接在一起。

談論第一批人類，就像在古老的時間河流中打一個路標，上面寫著「此點往前，再無人類」，卻不管路標底部有著川流不息的時間之流。對人類本身而言，沒有什麼是必不可少的，沒有任何單一特徵能在本質上使一個生物成為人類，而其父母卻非人類。如果我們將時間軸快轉，並觀察這些湖畔南方古猿種群共有的一般特徵，是如何轉移

成湖畔阿法南方古猿的特徵時，這種沿著時間軸的物種演變概念究竟有多麼微不足道，或至少多麼模糊不清，將會暴露無遺。在時間軸上，林奈生物分類等級之間的區分變得毫無意義，無論你多麼努力地將時間長河路標前的每一點都定義為非人類，而將路標之後的每一點都定義為人類，時間河流仍會不斷向前流動。[28]

然而，我們可以使用自然標記點，即時間河流系統分開的地方。沿著世界的大陸分水嶺，小溪和溪流會分叉，之後再也不會相遇。在後來成為衣索比亞和肯亞的高地上，一條小溪繞著一塊擋著去路的石頭分岔開來繼續流動。在偶然的機遇安排下，向左流的河水從小山東側滾滾而下，匯入拉尼爾門湖，最後流入印度洋；右流的河水則向西流動，成為尼羅河的一條支流，向北匯入地中海。在遇到岩石之前，每一滴水滴都交織在一起，但在流過岩石之後，這兩條溪流就此永遠分離。剛經過那塊岩石時，那裡的水沒有什麼在本質上是屬於地中海的。就像通往現代黑猩猩道路上的第一個物種，沒有任何屬於黑猩猩的本質；以及在通往現代人類道路上的第一個物種，也沒有任何屬於人類的本質一樣。最早的黑猩猩親屬和最早的人類親屬，牠們彼此之間必然比牠們各自與黑猩猩或與人類更相似。但如果我們要為人類的起源設定一個識別點，即「這些就是第一個」的標記時，那麼黑猩猩和人屬之間的區別，就和其他物種間的區別一樣有意義，這就是古生物學家使用的方法。

在人類的起源這條時間河流中，湖畔南方古猿是我們發現的第一批生物，與我們的關係比我們和現代任何其他物種的關係更密切。雖然直立行走，但湖畔南方古猿比現代人矮小，身高大約一百三十到一百五十公分，但大部分時間待在樹上，並保留了非人類的人猿突出

的下顎。牠們毫無疑問與黑猩猩一樣，有能力使用像石錘和鐵砧這類簡單工具，但牠們比最早使用燧石工具的人類早出現五十萬年。在男女混合的社會群體中，男女性的體型差異很大。當牠們演化成湖畔阿法南方古猿時，牠們犬齒的根部大小和末端形狀都會變小，琺瑯質會變厚，下顎也會變得更寬。南方古猿和後來的人族究竟是如何以後來產生我們的方式來生長和演化的？這點仍不清楚。這條演化河流的路線尚未完全繪製出來，其中幾條路徑將乾涸並消失殆盡，但人屬生物最後將出現在距離東非裂谷源頭不遠的地方。[29]

　　卡納波伊搖籃中的許多生物也是如此。在卡納波伊平原上可以找到的非洲象——非洲象屬的阿德洛拉象，是現代非洲象（*Loxodonta Africana*）的近親，但牠們的血統卻未延續到現代。在草原上吃草的飛羚與現代飛羚十分相似，被歸為同一個物種屬的飛羚屬，可能是現代飛羚的直系祖先。這裡的長頸鹿也與現代長頸鹿幾乎一模一樣，只是體型稍小，額頭更光滑，但擁有相同的跳躍式步伐，以及長而笨拙的脖子。[30]

　　當然，許多物種在演化期間會發生變化，許多物種則會消失。隨著生物的適應和演化，牠們的生態區位空間發生了變化，有些會重疊並競爭。間接證據顯示，東非的熊獺最後會因為人族的出現而滅絕。[*]這個觀點認為，隨著人屬出現，以及工具成為人族生態學中越來越重要的一環，人類的飲食習慣將從南方古猿的純草食性發生變化。這種

---

＊　作者注：必須指出的是，由於資料規模較小，因此認為這是熊獺滅絕原因的觀點是有爭議性的。但以一項普遍的生態原則來看，競爭排斥是真實存在的現象，並與其他群體的興衰有關，例如約兩千萬年前大型貓科動物在北美出現後，恐犬亞科（borophagines，狗的高度肉食性動物親族）物種就隨之消失。

越來越偏向於肉食性的生態區位，將使人族與東非的其他肉食性動物發生衝突，包括熊獺在內。岩石記錄了大型肉食性動物在數量和多樣性上的下跌，這個下跌趨勢在距今兩百萬年前達到高峰，正是第一個人屬物種從裂谷中出現的時候。能夠存活到現在的大型肉食性動物，都是特殊的食肉性動物，例如大型貓科動物、鬣狗和野狗等，牠們捕食大型且危險的草食性動物。至於那些即將消失的動物，例如水獺、熊和大型香貓等，是吃植物、軟體動物、魚類和水果的混合肉食性動物，而這正是我們人類最後為自己建立的生態區位。如果這是真的，那麼卡納波伊的熊獺，就注定要成為人族最早造成的滅絕物種。[31]

大自然愛好者經常將世界視為原始自然的伊甸園，與現代城市景觀截然二分。人類被視為一種外力，是與「自然」的理想狀態分離的事物，因此必須逃離這種外力才能體驗到野性，而且這種外力只是對世界帶來毀滅性的力量。採取這種觀點否認了人性的自然性。自我們出現以來，就一直在為自己的生存角落而戰，開發屬於我們自己的生態區位，部分表現在作為棲息地的修改者、生態系統的工程師，改變了我們所處的世界，以滿足我們的生物需求。

在卡納波伊，我們看到了大致上可稱為我們自己世界的最早世界。這個世界涼爽且冰封，大陸幾乎都處於現代位置上。上新世的地球與最近的間冰期（interglacial period）類似，也類似於今日的地球。卡納波伊是個搖籃，但不僅僅是人類的搖籃。我們只是受益於東非生態多樣性的種族之一，東非是非洲最早擁有特有哺乳類動物群落的地區，這裡有鬣狗、獴屬動物、貓鼬和山貓等肉食性動物。在有蹄哺乳類動物中，斑馬、角馬羚、大象、羚羊和長頸鹿的根源都可以追溯到卡納波伊的拉尼爾門湖岸。對於靈長類動物而言，卡納波伊也不只是人類

的家園；早期的狒狒體形纖細，四肢較長，與長尾猴相似，牠們也出現在這裡。在當時的非洲化石遺址中，這片湖使卡納波伊成為獨一無二的地方，沒有其他地方有這麼多樣性的水生和空中鳥類。

來自西部山丘的河流帶來了礦物質，沉積在拉尼爾門湖底的貽貝類周圍，為高產量的景觀提供了肥沃的土壤。雖然這是有益的，但這波湧入的礦物質最後將會摧毀卡納波伊。隨著越來越多的淤泥湧入並沉積在湖底，湖底開始上升，水最後被阻塞而湖泊變得乾涸。整體來說，這座湖只能維持十萬年，但這座湖和它的居民有一個復刻品——在它乾涸了五十萬年後，非洲裂谷將再次為新的洛克霍特湖（Lokochot）開闢空間，而可能是第一個使用工具的人族肯亞平臉人（*Kenyanthropus*）將在那裡安家。洛克霍特湖同樣也會被淤泥填滿，但在隨後生成的泥灘上洛倫揚湖（Lorenyang）將會生成。沿著它的湖岸，最早與我們同屬的物種巧人（*Homo habilis*）將在此生存。湖泊的壽命普遍較短，但洛倫揚湖卻能持續近五十萬年。到最後，在洛倫揚湖變成氾濫平原的一百五十萬年後，今日的圖爾卡納湖將從約九千年前開始形成，在那裡有與我們同種族的智人（*Homo sapien*）生活著，並將現今凱里奧河的河道轉向，用來灌溉四碳光合作用的草田，包括高粱和玉米。[32]

雨燕仍在凱里奧河谷上方盤旋，高蹺鴴和鸛也仍然在大裂谷湖邊漫步。東非仍然擁有世界上最適合大型草食性動物密集生長的景觀；事實上，生活在那裡的草食性動物仍然非常多樣化。這種區域多樣性掩蓋了一個更大的議題：在印度、澳大利亞東部和北美洲五大湖區周圍也有同樣合適的地區，大型草食性動物應該也在這些地方存在，但為什麼沒有。即使在肯亞豐富的景觀中，大型草食性動物群落的存在

也遭受嚴重威脅。過往上新世的許多巨獸早已不復存在，包括西瓦獸、熊獺、巨豬和劍齒虎，而且沒有任何內在特徵可以保證，現在還活著的動物就能繼續存在。但即使是現在，在裂谷裡，人們對最近消失的事物有了些微的瞭解，對於我們作為人類慢慢出現的條件也有了些熟悉度。這個星球可能在我們出現之前就已經存在很久了，但卡納波伊是第一個人類可以稱為家園的世界。[33]

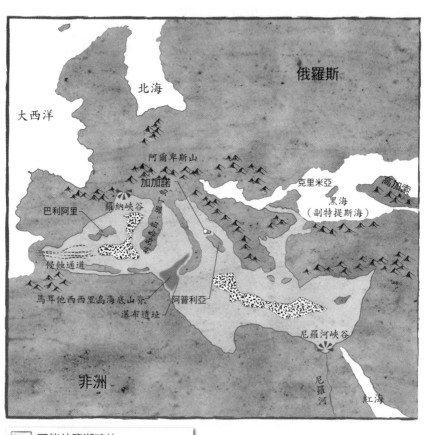

地中海盆地，533 萬年前

# 第三章　洪水
Deluge

義大利，加爾加諾（Gargano）
中新世（Miocene），533 萬年前

「我們的描述從日落之處和蓋德斯海峽（Straits of Gades）開始，
大西洋在那裡洶湧而出，注入內陸海。」

——老普林尼（Pliny the Elder）<sup>*</sup>，《博物誌》（*Natural History*，伯斯
托克〔J. Bostock〕與萊利〔H. T. Riley〕翻譯）

「我仍然會愛你，親愛的，直到大海乾涸。」

——伯恩斯（Robert Burns）<sup>†</sup>，
〈一朵紅紅的玫瑰〉（*A Red, Red Rose*）

---

\* 譯注：古羅馬時代作家、博物學者、軍人與政治家。
† 譯注：16 世紀的蘇格蘭農民詩人，其創作富有音樂性，可以歌唱，也因此豐富
了蘇格蘭民歌。

　　空氣在上升的熱風中閃爍微光，吹拂著懸崖邊緣杜松的芳香。雪松的樹枝像牛尾一樣輕輕擺動。整個夜晚充滿著蟋蟀的歌聲和微風中的鹽味。前方什麼都沒有，只有天空。經過一公里長的折射熱，下方平原景觀變得難以解析，只呈現出棕白兩色。那是被河流粗糙切割的乾旱景觀，而這些河流正緩慢流向下一個深淵。在那之外，一望無際的土地朝向地平線延伸。在另一個方向，夕陽正朝著模糊的山脊落下，在視線範圍內幾乎看不見。與這些亞平寧山脈（Apennine）前身所在的大河切割地相比，峽谷平原簡直是小巫見大巫。在那裡，羅納河（Rhône）切割出深邃陡峭的山谷，比現在才剛開始被隔了一塊大陸和大洋的科羅拉多河（Colorado River）挖掘的大峽谷（Grand Canyon）還要深和寬上許多倍。[1]

　　在距今五百多萬年前、最新的中新世時，從加爾加諾（Gargano）向外看，很難讓人相信僅在比一年稍多的時間當中，打旋的鹽水將會開始沖刷這些石頭。更難想像的是，這座孤獨又自豪的巍峨山峰，將會把船隻送入無形的空中，而這片天空將成為貿易和戰爭的中心，在數千年的時間當中將滿載著人、貨物、軍隊和思想。這個懸崖頂將會佇立一個漁民社區，成為被地中海環抱的石灰岩海角。目前這個盆地仍是乾涸的，又鹹又乾燥，不適宜居住的土地一直延伸到地球深處數公里。從黎凡特（Levant）到直布羅陀（Gibraltar），從北非海岸到阿爾卑斯山，地中海都是乾涸的。[2]

　　這種狀況並不是第一次。隨著非洲和阿拉伯下方的構造板塊向北推進，曾經強大的特提斯洋（Tethys Ocean）變得越來越窄，最後變成了非洲—阿拉伯、亞洲和歐洲之間的一個封閉海洋，也就是地中海。這片海洋與世界其他海洋之間的唯一連結，是西班牙和摩洛哥之間的

馬斯哈利托米克斯鹿（*Hoplitomeryx matthei*，音譯）

一條狹窄鴻溝：直布羅陀海峽。在過去一百萬年間，地球板塊的推動週期性地縮小了這個鴻溝，也對其環境產生了劇烈影響。[3]

在南部和東部，高溫和很少積水意味著雨水稀少但快速蒸發的可能性，就跟它們能夠流入河流的可能性一樣少。北面的前景較為光明，但希望也很渺茫。歐洲山脈的位置，包括西班牙的內華達山脈（Sierra Nevada）、阿爾卑斯山脈和狄那里克阿爾卑斯山脈（Dinaric Alps），顯示出在它們北部有更多的土地。海洋和山脈間的狹長地帶很窄，是一個幾乎沒有降雨能夠流入地中海的集水區。非洲和歐洲的一些大河可能最後會流入地中海，但少有大規模的入海口。在流入地中海的所有河流中，只有尼羅河、波河（Po）和羅納河值得注意，它們每分鐘排放約六十萬立方公尺的水進入地中海，約為倫敦皇家亞伯特音樂廳（Royal Albert Hall）容積的七倍。每年以各種形式添加到地中海的淡水總量約為六百立方公里，也就是八十個尼斯湖。這個數字看起來很大，但炎熱的氣候使海水以每年四千七百立方公里的更快速度蒸發，讓流入海中的水量相形見絀。博斯普魯斯海峽這個連接地中海和黑海的狹窄通道目前還不存在，只有一小塊高地將地中海和副特提斯海（Paratethys Sea）隔開，潘諾尼亞海則從羅馬尼亞一直延伸到中亞。水流量的不平衡，只能透過從大西洋穿過狹窄的直布羅陀海峽那持續而強制的水流來導正。在中新世最後的七十萬年裡，當這個水流斷斷續續地關閉時，海洋在短短一千年內幾乎消失殆盡。剩下的只有地中海東部的一個小湖，由從土耳其和敘利亞流出的河流系統供水。[4]

從地中海消失的大量海水，導致世界各地的海平面上升。原本地中海的島嶼變成山脈，河流徒勞無功地流入海平面以下四公里山谷深處不斷蒸發的鹹水湖中。這是世界上最深的土地。當風吹過懸崖時，

越發沉重的大氣重量向下推動，降落到深淵中。當一團空氣向下移動時，氣壓就會升高。就像內燃機中的空氣一樣，壓力的增加會導致氣團收縮和加熱。風每下降一公里，溫度就會升高約攝氏十度。這是地球歷史上的涼爽時期，但即使如此，在炎熱的一天中，平原底部四公里處的夏季最高氣溫，可能會達到地獄般的攝氏八十度，比現代有紀錄以來在加州死谷（Death Valley）測量到的最高溫度還高出了二十五度。地中海盆地的底部此時由鹽構成，鋪在超過三公里深的地方，總共有體積超過一百萬立方公里、閃閃發光的石膏和氯化鈉。除了在其他生物無法生存的地方茁壯成長的極端微生物（extremophiles）[*]外，沒有任何生物能在地中海山谷的板塊上生存。[5]

　　對人類而言，地中海的水域是相通的，將來自歐洲、亞洲和非洲的文化匯聚在一起，透過比陸地更快的交通，將城市和文明連結起來。但對陸棲動物而言，海洋是一道屏障。雖然不是完全無法逾越的障礙，但水會減緩遷徙並使群落隔離，造成的障礙甚至比沙漠等遼闊的陸上棲息地還要嚴重。隨著海水消退，在這些高地山峰間相對較高的地面上，脆弱的島嶼生態系統就此暴露出來。包括馬略卡島（Mallorca）、梅諾卡島（Menorca）、伊比薩島（Ibiza）和福門特拉島（Formentera）的巴利亞利群島（Baleares）等等，由一個僅一公里深的平原連接，延伸至西班牙大陸，更向北延伸至法國和羅納河峽谷。薩丁尼亞島（Sardinia）和科西嘉島同樣與義大利北部相連；而西西里島和馬爾他島（Malta），則在通往亞平寧山脈的高地上連接非洲和歐洲。從克里

---

[*]　譯注：是一群能生存在極端環境，例如在高溫、低溫、乾旱、高鹽、幅射照射或極端酸鹼值生存的微生物。

特島（Crete）到羅德島（Rhodes）的希臘島弧（island arcs），[†] 還沒有達到現代的高度；而賽普勒斯（Cyprus）還是一個與世隔絕、呈桌面形狀的火山高原。[6]

在加爾加諾，古老的石灰岩山體與義大利山脊分開相望。當時的義大利山脊還是一座孤零零的碳酸鹽瞭望塔，守衛著亞德里亞海的天空。直到最近，加爾加諾還是一個與歐洲其他地區分開的島嶼，在與世隔絕的環境中演化後，如今成為侏儒和龐然巨物的土地，也是有可能會永遠消失的獨特景觀。它在過去幾百萬年的大部分時間裡一直是座島嶼，僅與附近的斯孔特羅內（Scontrone）短暫相連，直到地中海消退並開啟通往大陸的通道為止。這裡剛開始時繁茂肥沃，但缺乏大量海水就代表著幾乎沒有蒸發的水可供降雨，這個地區也就變得越來越乾旱。儘管溪流仍在合適的季節裡流動，但這裡沒有湖泊，也談不上什麼積水。雪松在多岩石的山坡上展開了樹蔭的翅膀，而無生氣的綠頂山鐵杉叢生在更深的山谷裡。減少的降雨量對一些針葉樹不利，露出地面的較乾燥岩層上只生長了開心果、黃楊、彎長角豆和多節橄欖這些乾旱地區的果實。[7]

草叢中有灰白色的頭隨著起伏的節奏起落，一群約十幾隻的巨雁裡有蒼白色的大雁，以及剛換完絨毛沒多久的黑色幼雁。其中最大的約為啞天鵝體重的兩倍，每隻雁都專心地為秋天覓食。大雁、鵝和鴨是出了名的貪吃者，牠們本能地會大吃大喝，直到嗉囊填滿為止，這個特性將在幾千年後被法國農民利用，但在野外卻是有用的。長途遷徙的衝動需要大量能量，所以這些雁會把自己填飽，為長途旅行做好

---

† 譯注：位於大陸附近，向海洋凸出形成圓弧狀的一長串列島。

準備。但這些雁並沒有要去任何地方，牠們巨大的體型和身材比例相對較小的翅膀，代表著牠們跟島上許多鳥一樣不會飛行，不過牠們源自祖先進食的本能仍然存在。冬天要來了，鵝與雁越來越胖。[8]

加爾加諾似乎是透過水運的方式來完成殖民的。許多祖輩的小動物，例如老鼠和睡鼠，都在漂浮的植物碎片上隨著水流被風吹拂，而鳥類則在牠們頭上飛過。這類殖民通常是偶然發生的，是對大陸上的生物進行隨機取樣。像巴利亞利群島（Baleares）這些其他島嶼，則是在短暫的乾旱期間進行陸上殖民，在水位上升造成群落再次孤立之前，較大型的動物有可能走過地面完成移居。島嶼上的群落是大陸群落的子樣本，通常不平衡且獨特。食物鏈的壓力可能使它們進一步失衡；獵物數量少，表示肉食性動物無法輕鬆養活自己，因此加爾加諾幾乎沒有肉食性哺乳動物，沒有貓、沒有黃鼠狼、沒有狗、沒有熊，也沒有鬣狗。幾百年前還有一小群水獺生活在這裡，當時潮汐仍然沖刷著白堊海岸。也許牠們還在這裡的某處居住著，令人難以相信地在山中某個陰暗潮濕的角落裡生存下來。[9]

在缺乏這些哺乳動物的情況下，鳥類扮演了大型掠食者和草食性動物的角色，亦即由近代恐龍主導的景觀。這些鳥類中有許多是來自其他地方的遊客，是景觀裡短暫的組成分子，例如雨燕和鴿子。不過這座島嶼已經創造了一些本地居民。島上最大的草食性動物是短翅鵝，叫做 *Garganornis*，意思就是加爾加諾鳥。有兩隻鳥彼此對峙，可能是進食時靠得太近而發生了爭鬥。牠們的翅膀像柔道選手張開雙手一樣，發出男中音的叫聲，雙方都試圖咬住對方的翅膀，以防遭到打擊。這場打鬥結束得與開始一樣迅速——體型較小的鵝認輸了。另有一隻鵝蜷縮在群體邊緣，垂著一隻癱軟的翅膀。跟所有鴨子、鵝和天

鵝一樣，加爾加諾鵝不需要任何理由就會開始打鬥，而且牠們翅膀揮出的恰當一擊，力道足以擊碎骨頭。也許翅膀對飛行沒什麼幫助，但牠們的翼端有突出的骨節隱藏在羽毛之下，根本就是裝飾著羽毛的狼牙棒。如果雙方都不肯讓步，加爾加諾鵝就會用此來互相爭鬥。[10]

　　遠處傳來的呼嘯聲代表出現了猛禽掠食者。自海水退去後，夏天便幾乎不下雨，而在萬里無雲的白色天空中，粗短彎曲像禿鷹般的翅膀在空曠的天空翱翔，有著熱滑翔機一樣懶散拍動的襟翼，加上獨特的哀鳴。這片翅膀的陰影屬於這裡最大的肉食性恐龍——弗洛登塔爾（Freudenthal）的加爾加諾鷹（*Garganoaetus freudenthali*）。確切而言，這是禿鷹及其同族的近親。島上有兩種特有的「鷹」，加爾加諾鷹是頭巨獸，比金鵰還大，是有史以來最大的猛禽，雖然沒有紐西蘭的普凱鷹（pouākai，音譯）那麼大。這個更新世的恐鳥（按：一種紐西蘭不會飛的鳥）獵人，翅膀張開可達三公尺。儘管這種可怕的鷹滅絕了很久，都還在毛利人的傳說中存在著。猛禽並不關心這些鵝，因為牠們太大也太結實了。鷹的眼睛盯的是別的東西。[11]

　　樹枝劈啪作響，一張參差不齊的臉出現在灌木叢中。一隻身形像鹿的小生物俯伏在河邊，身高不超過成年人的一半，在蘆葦叢中喝水。牠的頭很不符合謙卑的形象，因為頭上裝潢著一排像皇冠一樣的角，一共有五個。耳朵之間有兩個長角，兩邊眉毛上各自還有一個向側面突出的短角，另外在兩眼之間還有一個壯觀的長角。牠莊嚴地抬起頭，在夕陽映照的銹褐色下巴上，是閃閃發光如匕首般的白色犬齒。哈利托米克斯鹿（*Hoplitomeryx*，音譯）是一種「武裝鹿」，與許多同時代的鹿一樣長有劍齒。這些牙齒不是用來打獵的，就像現代麝香鹿或中國水鹿一樣，牠們也有劍齒，但主要是為了互相爭鬥。隨著發情期接

近，這隻雄鹿需要讓劍齒和角處於最佳狀態，才能找到配偶。[12]

那些是角，而不是鹿角，儘管角、鹿角和長頸鹿的骨石起源，可能都是一個單一的演化事件。在中新世晚期，鹿角這種每年脫落又再生的特殊外部骨骼，是個相對較新的演化創新。從亞洲穿過東歐青翠的草原來到這裡後，長著鹿角的鹿正在演化上進行試驗，從簡單實用的單齒或單叉鹿角，轉向更具裝飾性的設計。想要每年長出新的骨骼需要大量的鈣，這種需求強烈到讓赫布里底群島（Hebrides）上的現代紅鹿，在春天時會在水雉鳥的巢穴外，等待雛雞第一次爬出地面時咬碎牠們，好從牠們的骨頭中獲取鈣質。北美洲的白尾鹿更是臭名遠播，是各種小型鳴禽的雛鳥掠食者。[13] 鹿角確實很昂貴。*

哈利托米克斯鹿的角更像綿羊或牛的角，是覆蓋著永久性角蛋白鞘的骨質核心。哈利托米克斯鹿的五角排列很獨特，但由於角既是性擇的特徵也是武器，因此在世界各地也發現了其他奇怪的角結構。中新世的北美洲有一種像鹿的動物，叫做奇角鹿，雄性有單一的長角，以鼻尖處的圓盤來平衡，頂端分岔開來像烤肉叉一樣。[14] 加爾加諾的劍齒鹿通常在針葉樹的覆蓋下，獨自覓食柔軟的葉子和莖，因為在上面盤旋的加爾加諾鷹是牠們的主要掠食者。牠們頭上的角不僅是為了炫耀，而是覆蓋了老鷹這種肉食性猛禽經常攻擊的地方——兩個在眼睛上方，兩個在脖子上，另一個則在鼻骨上。大多數的加爾加諾鷹殺死哈利托米克斯鹿的情況，都發生在即將到來的發情期，這時鹿群會

---

* 作者注：但它們確實有好處，鹿角的生長機制與癌症非常相似，但由於鹿可以控制鹿角生長，因此牠們對癌症的抵抗力極　，罹患癌症的機率僅為其他野生哺乳動物的 20％。

聚集在一起，一小群、一小群地冒險進入開放空間。而隨著島嶼變得乾燥，這種場景越來越普遍。然而，只有小鹿才是犧牲品，因為即使是最小的哈利托米克斯鹿，成獸也有十公斤重，對一隻翅膀展開達二公尺的鳥類而言，是個沉重到難以背負的獎品。[15]

即使沒有老鷹的威脅，在一天剩餘的炎熱氣候中，躲在隱蔽處也很有吸引力。形成加爾加諾海角的中生代石灰岩隆起，經過數百萬年的降雨，緩慢地溶解岩石，將其侵蝕成洞穴系統。水浸入泥土並加以滲透，在洞穴中覆蓋一層柔軟的銀色碳酸鈣，形成石筍的滴水石柱、褶皺的幕狀石，還有地上的裂縫。它們摸起來潮濕、涼爽和濕潤，是所有物種的避難所，並將成為牠們的墳墓。像這樣的喀斯特岩溶系統（karstic system）景觀，是需要耐心形成的。表面的小裂縫不斷擴大、斷裂，打開了洞穴並吞噬河道。這些地下河川和溪流沖刷著各種動物遺骸以及鵝卵石和環境碎片；它們通常被困在裂縫中，被石灰石的細粉覆蓋、注入、轉化和保存。[16]

加爾加諾的海角，儘管已經在水線以上數百萬年了，但它本身就是由海構成的。令人眼花撩亂的石灰曾經是完全消失的大亞德里亞（Greater Adria）大陸棚的一部分。大亞德里亞在地質學上是非洲的一部分，直到距今約二億年前分離，穿過狹長的海洋嵌入南歐。現在的加爾加諾，以及更向外推的普利亞（Puglia）、卡拉布里亞（Calabria）、西西里島及更外面的地區，都曾是這片面積和格陵蘭差不多大小的大陸深水邊緣。在將非洲和歐洲連結在一起並使地中海乾涸的長期碰撞中，曾經是大亞德里亞的板塊，現在大部分被埋在阿爾卑斯山下一千多公里的地方。這塊失落大陸的近海大陸棚，如今只剩下碎片，散布在從西班牙到伊朗等地區。嵌在這個洞穴的牆壁以及歐洲邊緣數千個

類似洞穴裡的，是亞德里亞物種的最後遺留物。海螺和蛤蜊的鈣化外殼化石，保存在由浮游生物微觀外殼組成的雪花石膏基質裡。[17]

　　一隻戴著黑面具的鳴禽在月桂的蠟質樹蔭下，唱出悅耳的暮色之聲。洞穴裡面很涼爽，空氣中充滿了鐘乳石的潮濕麝香。地上是大草鴞（*Tyto gigantea*）遺留的小顆殘骸，裡面有當地巨型睡鼠、巨大的老鼠和帝王鼠兔的骨頭；而帝王鼠兔是現代小型山居兔子和野兔親戚的巨大版本。加爾加諾所有生物的尺寸都錯了。巨大的倉鴞在大陸的纖細近親，從喙到腳高約三十公分，但倉鴞卻足足有一公尺高，與雕鴞一樣大。鼠兔也比牠們的大陸近親要大得多，在這裡數量上佔優勢的鼠類，體重在一到二公斤之間。這裡的鵝和禿鷹在尺寸上也屬於大型物種。至於一些沒成為巨大動種的動物則成了縮小版，例如劍齒鹿和此刻被困住了的小型鱷魚。這種小型鱷魚最近才從非洲游到這裡，卻被困在不適宜的無水環境中。[18]

　　島嶼侏儒化（island dwarfism）這種島嶼動物體型趨於中等大小的一般規則，最早是在羅馬尼亞哈特格（Hateg）的白堊紀化石遺址中被注意的。當加爾加諾洞穴的石灰岩被埋在歐洲的海洋下時，哈特格還是一個較大的島嶼，上面住著小型恐龍。人們認為牠們的小體型是因為島嶼的資源較少，巨大生物無法依靠有限的營養生存。這不僅適用於像恐龍一樣龐大的生物，隨著時間經過，在沒有獵食者的情況下，許多原本因大型身軀而不易被捕食的動物，例如鹿和在其他島嶼上生活的河馬和大象等，都會隨著食物的缺乏而體型變小。至於小型動物，由於不能輕易儲存能量或水則會變得更大，在資源缺乏時期有助於種群的生存。在中新世的世界裡，這種模式在地中海各個島嶼上都在重複上演，不過與所有生物學法則一樣，這也有例外。在中新世，巨大

的動物居住在世界各地的島嶼上，高達一公尺卻不會飛的鸚鵡生活在紐西蘭，三公尺高的象鳥在馬達加斯加遊蕩，它們的近親是體型矮小的奇異鳥。[19]

在不同的地中海山脈上，小型哺乳草食性動物的生態區位，已被正好在島嶼隔離時移到島上的生物超大版或縮小版後代所佔據。在加爾加諾，有成群的哈利托米克斯鹿。在馬略卡島，一隻小山羊正不安地凝視前方，並咬食著黃楊灌木叢。黃楊是出了名的有毒物質，含有大量通常足以阻止掠食者的生物鹼化合物。然而，巴利阿里山羊（*Myotragus*）對這種毒性有獨到解方——牠會在河床吃少量黏土，中和葉子中的有毒生物鹼。這種磨蝕性的黏土泥解毒劑會磨損牠們的牙齒，因此牠們演化出像囓齒動物一樣不斷生長的門牙，以及帶有高牙冠的臼齒。島上生活的壓力常常會產生這種不尋常的反應。在生理構造上，巴利阿里山羊甚至與大多數哺乳動物截然不同。為了避免營養供應波動造成的問題，牠可以改變其代謝率。牠們生長緩慢，只在環境良好時才會加速生長，就像變溫動物或「冷血」生物那樣。在梅諾卡島，中型草食性動物的角色由巨大的兔子梅諾卡島兔王（*Nuralagus*）負責扮演，牠的樣貌看起來很倒楣，走路時不會跳躍但步履歡快，形狀像是風滾草，與袋熊很像。[20]

• • • • • •

隨著一陣激烈的羽毛鬆散抖動，洞外的鳴禽消失不見，被一隻蒼白掠食者的長鼻緊緊抓住。這隻掠食者的屁股渾圓，有著裸尾，和一顆有硬毛鬍鬚的大頭，在鳴禽歌唱到高潮時伏擊了牠。這名詭異

獵人的下顎皮膚在癱軟的屍體周圍摺疊起來，然後飛快離去。加爾加諾缺乏類似貓科的動物，這為獨特的小型哺乳動物掠食者恐毛蝟屬（*Deinogalerix*），即所謂可怕的月鼠（Terrible Moon-Rat）留下了機會。月鼠，或稱鼠蝟亞科生物，是現代僅在亞洲存在的一類動物，牠們從黃昏到黎明都醒著，在其他現存的哺乳動物中，牠們的近親是刺蝟，儘管牠們並沒有刺。在大多數情況下，牠們的體型與刺蝟相似，並且都以蚯蚓、蠕蟲、昆蟲和其他無脊椎動物為食。與刺蝟不同的是，所有的鼠蝟亞科生物都會產生強烈的氨氣氣味，讓人聯想到腐爛的大蒜，這讓牠們更容易建立領地，並在受驚嚇時威懾敵人。當你的獵物是通常嗅覺很差的無脊椎動物和鳥類時，這不會構成障礙。在加爾加諾島上，有兩種恐毛蝟是最接近掠食者頂端位置的哺乳動物，以較小的哺乳動物和鳥類及無脊椎動物為食。[21]

· · · · ·

在西部，大壩已經決堤。老普林尼報導了羅馬傳說，認為直布羅陀海峽是由大力士海克力斯（Hercules）之劍在岩石上刻出的通道。在中新世的黃昏，這條通道正被雕刻著，數百公尺深、數百公里長的通道，正被海洋扎扎實實地雕刻著。兩個板塊相互咬合多年，已形成極大的構造張力，以至於它們平行滑過彼此。這次走滑使直布羅陀寬闊平坦的地峽水平面顛簸而下，打開一個九英里寬的水閘，體積約為整個大西洋。水以每小時四十英里的速度流下，順著天然堰流入地中海西部。一旦大壩決堤就無從挽回，因為水會侵蝕出一條更深的路徑。但地中海盆地的深度並不平坦，天然屏障阻止水像浴缸一樣均勻地充

滿大海。馬爾他島和西西里島所處的高地，以及亞平寧山脈綿延的山峰，暫時阻止了水流入地中海東部。在馬略卡島，矮山羊停止吃有毒的黃楊，警醒地眺望下方紛亂的霧雲。梅諾卡島拱著背的巨型野兔，則被噪音嚇了一跳。隨著海水重新填滿，水流速度減慢，在新海床上開闢出通道，使海底乾燥的蒸發沉積物煥然一新。主要島嶼一個接一個地開始形成現代型態。能忍受懸崖和谷底環境的植物和細菌都被淹死了。然而，地中海還需要掃除最後一道障礙，才能讓賽普勒斯完全孤立，並填滿愛琴海和亞德里亞海。[22]

　　從加爾加諾以南，沿著亞平寧山脈的義大利東部山脊，天氣開始變化。當第勒尼安海（Tyrrhenian Sea）被填滿時，乾燥的天空吸收了水分，形成了暴雨雲。儘管天氣發生了變化，南面和東面的深淵仍未受到干擾。在將義大利山脈與西西里島地塊分隔開來的山鞍處，北面平地上有黑暗的湖泊，而遙遠的西面則有海岸的微光。地中海的西面幾乎被填滿了，但東面還是一如既往的乾燥。

　　直布羅陀海峽首次開啟的四個月後，情況開始發生變化。在南部，數百公尺高的煙霧從西西里島東部邊緣升起，在許多公里外都可以看到。咆哮聲繼續向南推進，接近現代希拉庫莎（Siracusa）的遺址。馬爾他－西西里岩床是一座巨大的天然大壩，是地中海兩個最深盆地之間的屏障。在這片廣闊的區域上，此時到處散布著海湖。隨著海水開始溢出大壩，東部盆地將被地球上有史以來最大的瀑布所填滿。它有一千五百公尺高，接近一英里，是委內瑞拉現代安赫爾瀑布（Angel Falls）高度的一倍半。水流以每小時一百英里的速度傾瀉在懸崖上，其中大部分到達地面之前成了薄霧。與直布羅陀海峽不同的是，直布羅陀海峽逐漸下降到地中海盆地西部的高度是漸進的，類似堰形成的

過程。而這裡是一個非常陡峭的下降，整個海洋的力量被引導到一個五公里寬的地方。即使這場持續的洪水每兩個半小時就將地中海東部抬高一公尺，也花了一年多的時間才填滿地中海東部，直到馬爾他島、戈佐島（Gozo）和西西里島最後與非洲和義大利隔絕，於是加爾加諾再度成為一座島嶼。[23]

海洋的回歸形成了新的島嶼，這些島嶼最後將會吸引新的殖民者，並演變成規模更大的群落。進入更新世後，將會出現獨立的地中海島嶼，這些島嶼將擁有異常大小的生物。河馬將以牠們自己的方式橫掃馬爾他島、西西里島和克里特島，然後演變成矮小的體型。矮象也會在許多島嶼上四處遊蕩。牠們的頭骨有單一的大鼻孔來支撐鼻子，眼窩也沒有完全被骨頭包圍，牠們的頭骨為早期文明提供一個謎團，讓古文明的人們想像生活在地中海洞穴中的是巨大的獨眼巨人。高高聳立在矮象上方、從喙到尾高達二公尺的，將是西西里島的巨型天鵝——法柯內里天鵝（*Cygnus falconeri*，音譯）。[24]

在現代，地中海仍是一個幾乎封閉的海洋，依靠大西洋的持續關注來補充物種。如果海峽再次關閉一千年，地中海將再次乾涸。奇怪的是，就在一個世紀前，這個想法還被當成一個深思熟慮的工程計畫而提出，那就是亞特蘭特羅帕計畫（Atlantropa）。[*]計畫的目的是跨越直布羅陀海峽，在西西里島和博斯普魯斯海峽修建水壩，將地中海降低二百公尺，並利用由此產生的水力發電為整個歐洲提供電力。這個計畫充滿了殖民主義意圖，完全沒考慮到這會對脆弱的地中海生態系

---

[*] 譯注：20 世紀 20 年代，由德國建築師瑟格爾（Herman Sörgel）提出的殖民主義巨型工程計畫。

統造成破壞。隨著非洲繼續向北推進到歐洲，這個海峽很可能在未來
幾百萬年內自然完全關閉。整個北非、南歐和中東是相對較低的地區，
四周群山環繞，阻止河流流入海洋。這使得它成為眾多海洋的所在地，
被稱為「內流盆地」（endorheic），[†] 水流入其中，但只會透過蒸發的
方式離開。除了地中海之外，這裡還包括最著名的內流水域——死海。
在這裡，約旦河將水溢入沙漠山谷中，從那裡上升到空氣中，留下鹽
和礦物質，形成著名的高密度水域。中新世末期地中海的一個比較適
當的現代類比是以前的鹹海（Aral Sea），它與黑海和裏海（Caspian
Sea）一起，都是古老的副特提斯海（Paratethys）最後的遺蹟，這片古
海曾覆蓋大部分的歐洲地區，曾經由阿姆河（Amu Darya）和錫爾河
（Syr Darya）供水，但沒有出水口。隨著這些河流的水被轉用於農業
後，它已慢慢乾涸。由於水分消失，南鹹海（South Aral）一分為二，
不再有任何地表水流入，變成一個停滯且不斷縮小的地下水池。南鹹
海的生態群落已經崩潰，依賴這些生態群落的人類社區也同樣跟著崩
潰。曾經多樣化的漁場現已枯竭一空，取而代之的是難以忍受的海水，
以及有毒且被風吹過的鹽鹼沙漠。[25]

• • • • •

　　五百三十三萬年前的贊克爾期洪水（Zanclean flood），將地中海
重新填滿，這也標示著中新世的結束和上新世這個新紀元的開始。加

---

[†]　譯注：在地球上大部分陸地地區，各種降水均通過河流流入海洋，以完成水循
　　環。但內流盆地的水沒有與外界的水系相連。

爾加諾的輪廓確保了它的群落在整個乾旱期間的生存，在荒涼的平原上是一個與世隔絕的避風港，但它的分離也造成它的衰落。地中海重新填充後，阿普利安板塊（Apulian plate）繼續向北移動，透過地殼運動不斷變化的陸地高度，意味著到上新世中期，加爾加諾已處於波浪之下，它獨特的物種已經滅絕。地殼運動仍持續不斷地讓陸地起伏不定。當加爾加諾後來再次升起時，它加入了義大利大陸，而歐洲大陸的生物也搬遷進來了。[26]

從贊克爾期洪水到現代的五百萬年間，地中海島嶼上矮小和巨大物種的消失，是常見的故事。薩丁尼亞島鼠，是最後一種較大型的地中海義大利鼠兔（Prolagus），幾乎在羅馬人引入的入侵物種競爭和捕食下消滅殆盡，只能在孤立群落中生存，直到可能在過去兩百年內滅絕。薩丁尼亞島本地的小型鹿，是愛爾蘭巨型麋鹿的近親，在距今約九千年前人類殖民薩丁尼亞島的一百年內被消滅。已知最近的矮山羊約在四千年前滅絕，距離島上首次發現人類出現的證據只早了一百五十年。也沒有發現年代上比更新世的侏儒河馬或大象更靠近我們年代的個體，人類頻繁帶入島上或是游泳而來的入侵動物，已奪走地中海島嶼上許多特有動物群。然而，每當物種抵達與世隔絕的陸地時，矮小症和巨人症的島嶼規則仍然適用。科西嘉鹿（Corsican deer）是瀕臨滅絕的歐洲馬鹿亞種，在八千年前引入，但牠的高度卻只有大陸上典型歐洲馬鹿的一半。生活在孤立的赫布里底群島上的聖基爾達（St Kilda）田鼠，大約在一千年前搭乘維京長船引入，但牠們已比大陸上的老鼠重得多。[27]

未來，隨著兩極的冰融化以及海平面上升，加爾加諾有可能再次與義大利其他地區分開，而來自大陸的流亡物種，將再次把這些古老

的石灰岩峭壁，變成矮小和巨大物種的領地。

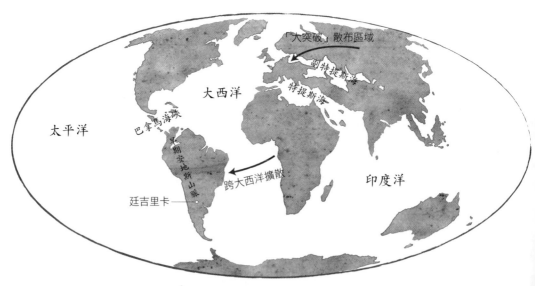

漸新世地球，3200 萬年前

# 第四章　家園
## Homeland

智利，廷吉里里卡（**Tinguiririca**）

漸新世（**Oligocene**），3200 萬年前

「我作了一個夢，這個夢讓我深感不安。

在山間峽谷裡，山濕淋淋地落在我身上，像蒼蠅一樣。」

——欣勒奇 - 阿尼尼（Sîn-lēqi-unninni）<sup>*</sup>，《吉爾伽美什史詩》（*Epic of Gilgamesh*）（科瓦奇〔Maureen Kovacs〕翻譯）

「光是站著看水，是無法穿越大海的。」

——泰戈爾（Rabindranath Tagore）<sup>†</sup>，《暗室之王》（*The King of the Dark Chamber*）

---

\* 譯注：大約是西元前 10 世紀與 13 世紀的人，編纂了最完整的《吉爾伽美什史詩》版本。

† 譯注：19 世紀到 20 世紀中葉的孟加拉族人，英屬印度詩人、哲學家、反現代民族主義者，是第一位獲得諾貝爾文學獎的亞洲人。

在塵土飛揚的景色中，一波波的漣漪在草叢上舞動，莖桿彷彿被一隻看不見的手刷過而彎了腰。一股涼風吹過世界，帶來新地平線的承諾。對於陸地上的生物而言，直到最近才有真正的地平線出現。一個植物物種改變了這一切。在漸新世的南美洲，地球上第一片草原最近出現了。儘管草在大約七千萬年前就已經存在於南美洲、非洲和印度，但只是以樹木為主的景觀之一小部分，是熱帶和叢林植物群中相對不重要的部分，僅在世界的南部地區出現。隨著南極洲終於與鄰近的大陸分離，洋流的路線發生了變化，過往的強風削弱，而其他的風則在以前不存在的地方上升。縱觀整個歷史，世界一直在兩個穩定的狀態之間轉換，一個是兩極有永久冰雪覆蓋的「冰室」（icehouse），另一個則是沒有冰的「溫室」（greenhouse）。現代世界是一座冰室，這種趨於寒冷的轉變始於漸新世。儘管這是全球的模式，但南美洲特別變得更寒冷也更乾旱。具有適應新氣候特性的草開始大展身手，在新生的安地斯山脈（Andes）山麓低海拔半乾旱的氾濫平原上，它們首度構成了主要景觀。[1]

太平洋底部的海洋地殼一直向東移動，俯衝著滑到南美洲下方，導致該大陸彎曲成新的山峰。安地斯山脈在白堊紀開始上升。隨著南美洲西部沿海低地開始折疊，岩層像紙板一樣傾斜和彎曲。在現代，廷吉里里卡（Tinguiririca）這地方長成一座巨大的火山，此刻正高高伸入南美高原（Altiplano）的白堊紀海灘，並將扭曲旋轉整整九十度，讓石化的沙土層直接進入地下。在玻利維亞附近的卡歐科（Cal Orcko）現代遺址中有一堵岩壁，恐龍在白堊紀時代的河流中留下的腳印，就像壁虎爬上了陡峭的垂直懸崖一樣。但這一切此刻還沒有到來。安地斯山脈現在還很矮小，甚至不足一千公尺，隨著它們的生長，草

智利聖塔古羅獸（*Santiagorothia chilensis*）

的影響力也越來越大，一種新的生活方式很快將出現在世界上。這裡曾經是森林，但現在是零星的小灌木林。幾片開闊的林地，在廣闊純淨的空間中顯得渺小，只有天空與地面相交處的起伏線條當作標記。代廷吉里里卡並非現代生態系統的簡單類比。在這裡，草很常見，但棕櫚樹也很常見。在現代環境中，它最像是一片大草原，樹木稀疏，空間廣闊，但在其中生活的生物對生態空間的劃分方式不同：食葉動物的數量是其他現代動物群的三倍，並且少有爬樹的哺乳類動物。[2]

　　高山是造成雨水的地方。當空氣被迫上升越過山脈時，它會冷卻並凝結，迫使所含水分在迎風面以雨水的型態落下。等到空氣越過這些山峰的山脊時，它已變得乾燥，並在背風面投射出雨影區（rain shadow），*幾乎沒有來自天空的降雨。在現代，安地斯山脈投射出非常強烈的雨影區，導致阿他加馬沙漠（Atacama Desert）極度乾旱。儘管漸新世的安地斯山脈高度只有現代的一半，但更矮山脈的背風面降雨量，也同樣只有迎風面的一半。結合安地斯山脈中部早期自然形成的高壓，這表示漸新世廷吉里里卡的降雨有很強的季節性。一條蜿蜒的河流穿過廷吉里里卡黑土覆蓋且山峰環繞的平原，每年一次從火山高地更高的溝壑和層疊的河床流下。此刻河床已經乾涸，灰白色泥漿鑲著有裂紋的天然瓷磚，鋪在一條二十公尺寬的平坦水道上。旱季的酷熱烤熟了小泥塊，讓它們四周的角都捲了起來；一旦河水回流，一支赤陶船隊將會浮在水上，這些小土船將急速沖向大西洋。莖桿刺穿

---

＊　譯注：雨影區是指山脈的背風面降雨量較少的地區。因盛行風向變化不大，潮濕氣流受高山阻擋，被迫抬升致雨降落於迎風面，使氣流中水汽大大減少，翻山後下沉增溫，造成背風面地區少雨。

被蜿蜒流水遺棄的舊河道泥土，從上方望下去，一排排的河邊植物讓人發現了河岸的舊曲線，就像一連串落後的歷史圖像，也像一本供人翻閱的書，記載著水流年復一年流經這片氾濫平原的路徑。[3]

　　沿著當前河岸的邊緣，地下水使土壤保持濕潤，絨毛狀的草在蘆葦和莧菜中生長，在某些地方長成多刺的棕櫚樹和豆科植物的長廊森林。在遠離河道的地方，生氣勃勃的灌木與草混合在一起，一些耐寒的多肉植物則在灌木叢生的棕色地面上綠化著岩石。就是在此時此地，在漸新世的智利安地斯山脈，最早的仙人掌被認為與它們的馬齒莧姐妹分離；馬齒莧本身也是從這個長年乾燥的世界中誕生出來的物種。剩下的草又脆又短，但得益於最近富含礦物質的火山灰漂移，可以勉強生存，不必為了雨水等待太久。雨季才剛剛開始，北方的天空漆黑一片，暴雨的條紋光澤掩蓋了北方的山峰，淡水補充著消散中的霧氣。隨著雲層的到來，空氣冷卻了，山上的湖泊也開始重新注水。[4]

　　此刻的草原被成群的草食性動物佔據，這個全景讓人想起塞倫蓋提（Serengeti）[*]最多樣化的區域。草食性動物聚集在樹下遮蔭，等待河流上漲，但牠們不是成群結隊的斑馬、角馬羚、犀牛、長頸鹿或河馬，而是更小且更精緻的生物。南美洲是一個島嶼大陸，它的動物是獨特的。在最早的草原上，牠們更是特別明顯。撥開濃密乾枯的莖幹，一群矮胖、身材約有狐狸大小、長臉長尾的草食性動物正聚在一起吃草。牠們在狹長的森林邊緣，包圍了一頭更大且毛髮蓬亂的落單野獸。

---

[*]　譯注：指非洲坦尚尼亞西北部至肯亞西南部的地區，面積三萬平方公里，約七十種大型哺乳類動物和五百種特有鳥類，半年一次的大型動物遷移是世界十大自然旅遊奇觀之一。

如果在雨季開始時草已充分生長，那麼較矮的草食性動物將完全消失在草叢中；但作為一個聚集牧群，牠們終年修剪這一大片草地，維持了天然草坪的景觀。在像這樣半乾旱草原上，放牧有利於能快速生長的植物，並淘汰那些被吃掉的速度比長回速度更快的植物。被草食性動物完全拋棄後，森林會從河邊蔓延得更遠，但是，幼苗不斷被修剪，就意味著很少有樹苗能存活很久，所以在崎嶇的地形中只有零星的幾棵樹。草是雨水的快速利用者，比樹能更快地使用雨水，這意味著草原往往會處在一般氣候的地區；在這些地方，雨量比較大或是蒸發量較低，水分足以供應所有植物，所以森林仍然比比皆是。而在降雨量低或蒸發量高的地方，環境變成沙漠灌木叢，就屬於內陸地區了。在廷吉里里卡，一片茂密的森林在雨季回來之前就會乾渴而死，但草叢依然存在。當降雨來臨時，強度足以使山谷和平原變綠，並幾乎在瞬間帶來一場花的狂歡節。降雨量的變化、雨量豐沛的時間和乾旱的時間，是大多數以草為主的世界之特徵。在經歷了更溫暖、更潮濕也更茂盛的始新世之後，大氣中風和水的新模式，為南美洲的草地創造了一個完美的搖籃。[5]

動物群在草叢中緩慢且斷斷續續地移動，沒有任何個體長時間移動，而是以聯合和持續的方式尋找新芽。這是一場共同的運動。但這個毛髮蓬鬆的野獸不是這樣，牠轉過身體，心滿意足地靠在後腿上，在陽光下盤腿坐著，像熊一樣。牠的手臂長而肌肉發達，末端是彎曲的長爪。牠用手將一棵不幸的樹苗拖向自己，若有所思地咀嚼著。偽雕齒獸（*Pseudoglyptodon*）是一種樹懶，但與牠現代表親不同。現代還存在的兩個樹懶屬，是一個曾經龐大而多樣的樹懶目之殘存者，這些樹懶目動物大多生活在地面上。在樹上懸掛的樹懶，也就是所謂的二

趾樹懶和三趾樹懶，與樹懶的關係其實並不那麼密切，但牠們個別適應了在樹冠上的生活方式。樹棲樹懶只吃樹葉，因此有 90％ 的時間都在進食、休息和消化。生命是被動的，因此會避免在運動或抓住樹枝上面消耗太多能量，彎曲的爪子非常適合被動地懸掛在樹枝下，或是抓著樹坐在樹枝上。一些地面樹懶會用同樣的爪子挖掘、覓食和防禦。到了中新世，也就是距今二千三百萬到五百萬年前，樹獺將達到頂峰，一些地面樹獺甚至會慢慢適應祕魯海岸附近的海洋生活方式，牠們使用高鼻孔、密度大的骨頭以及跟海狸一樣的尾巴，能像河馬那樣沿著海底行走尋找海藻。[6]

樹懶、犰狳和食蟻獸都是南美洲的奇特動物，牠們形成了當地特有的哺乳動物群體，稱為異關節總目（xenarthrans）或「奇怪的關節」，指的就是牠們脊骨內獨特複雜的關節。除此之外，還有圍繞著偽雕齒獸的多物種草食性動物群，牠們都屬於某個哺乳動物目，該目是根據牠們神祕的性質鬆散組成的，叫做南美本土有蹄類動物（South American Native Ungulates），簡稱為 SANUs。用英文字母縮略詞來稱呼牠們，聽起來有種半官方的正式感，但這其實反映了我們對牠們究竟是什麼其實並不確定。關於牠們如何與世界其他地方的哺乳動物以及彼此相關的證據是有限的。換言之，牠們之間沒有明顯的密切關係，但卻往往佔據類似的生態區位。[7]

舉例來說，在這種偽雕齒獸周圍放牧的動物，在許多方面與非洲和中東的蹄兔非常相似，但在其他許多方面卻又明顯不同。真正的蹄兔是蹲著且方顎的野獸，就像粗獷的短耳兔一樣，眉上的標記讓牠們永遠帶著憤世嫉俗的表情。至於這些被稱為假蹄兔屬（*Pseudhyrax*），也就是假蹄兔（'false hyrax'）的南美洲動物，有著相同的方形下顎，

但四肢更長、更優雅，臉上有某些相似於鹿的東西。有些聖塔古羅獸（*Santiagorothia*，音譯）也在這個混合群體裡，牠們是柔軟像野兔一樣的生物，身體和四肢都很長。牠們小心翼翼地吃著低矮的植物，眼睛時刻警惕，不斷留意著是否有南美袋犬這種有袋的掠食者。南美袋犬是有袋動物的親戚，有著鬣狗般可咬合的下巴以及有凹槽而不斷成長的犬齒。[8]

聖塔古羅獸像野兔，而假蹄兔像蹄兔，這可以歸結為趨同（convergence）現象，也就是無關且獨立的群體，各自平行演化成相同的解剖結構。每當像廷吉里里卡這樣的新環境誕生時，在那世界謀生的方式歸結起來也就只有這麼幾種，所以經常會出現同樣的生活解決方案。開闊平原的其中一個問題是覆蓋物；與森林不同，這裡可以藏身的地方較少，因此速度成為一種優勢，所以像野兔和聖塔古羅獸這樣的小體型動物，會變得靈活且四肢很長，而大體型動物則將會四肢縮短為細長且有蹄，以便更有效能地奔跑。幾乎在世界上所有其他地方，都能找到與 SANU 相對應的有蹄哺乳動物，例如像大象和河馬的閃獸目（*astrapotheres*）物種和焦獸目（*pyrotheres*）物種，就在北方剩餘的潮濕叢林中打滾；而長肢的滑距骨目（*litopterns*）物種，正在發育成羚羊、馬和動物的對應生物。至於駱駝，則在世界其他地方獨立演化成牠們現代的型態。[9]

這種驚人的相似度，通常是在不同血統彼此之間沒有接觸的情況下，在遙遠的不同大陸上各自產生。距離意味著不存在排除一個物種的競爭，而趨同物種確實親緣關係非常遙遠。舉例來說，來自南美洲的犰狳長期以來被許多人認為與非洲和亞洲的穿山甲關係密切，直到後來證實牠們有背甲的身體、大爪子和減少的牙齒，只是對類似生活

方式的適應演化結果。在今日，我們知道穿山甲與海豚、蝙蝠或人類的關係，比與犰狳的關係更為密切。但無論一個群落多麼孤立，總會有從別處來的物種。在廷吉里里卡的南美洲原住民中就有新移民，牠們來自半個地球之外的大西洋彼岸。[10]

· · · · ·

長期的氣候降溫席捲了整個世界，生命正在調整適應。世界上某個地區物種的滅絕，通常為其他物種的擴散提供了機會，牠們的活動範圍會沿著阻力最小的路徑擴大，以填補那些被遺棄的區域。在歐洲，海狸、倉鼠、刺蝟和犀牛從亞洲遷徙而來，消滅了一些歐洲本土的物種群體，例如眼鏡猴和猴子的夜間活動近親始鏡猴物種，以及幾個有蹄類哺乳動物家族。南美洲與其他容易發生遷徙的大陸沒有接觸，就像今日的澳洲一樣，因此發展出了獨特的動植物群。這些草類本身就是南美洲植物生物學的創新。儘管如此，它的孤立狀態並不完全，因為還有一些新來者從遙遠的地方經過不太可能的路線來到這片大陸。在廷吉里里卡，我們發現了這些新來者的蹤跡——有些非洲生物在美洲的草地上行走。[11]

非洲的大河湧入大西洋，在天氣晴朗時，樹木和其他植物會從侵蝕的河岸上被沖刷流走。這些樹上經常長滿了生物，包括昆蟲、鳥類和哺乳類動物，有時候整排植被被完全沖走，或者水生植物會自然聚集在一起，形成一個天然木筏，然後被沖到海裡。看著一座大型島嶼像木筏一樣順著雨水漲起的水流順流而下，最後流入海洋，是一種自然奇觀，就像觀賞一部慢動作戲劇。在這個木筏上，樹木仍然矗立不

倒，由交纏的根部支撐，這些根部又將土壤編織在一起；這個灌木叢中充滿了對即將到來的航行渾然不覺的生物。在其周圍，小型未連接的斑塊，像渡輪周圍的拖船一樣成群結隊。在原始森林的背景襯托下，這種運動以持續不斷又不屈不撓的視差呈現。只有在激流不穩或在拐彎處與河岸相撞時，這塊流動島嶼才會停止行進，如果阻礙都沒發生，島筏最後會從河口進入開闊的海洋，並隨著洋流的動能帶離河口岸邊。這些浮島上的居民遇到好事的機率很小，但機率已足以讓它們當中的幾座島筏被幸運的風吹動，載著一小群物種或一隻懷孕的生物抵達南美洲。[12]

等到廷吉里里卡的生活時代來臨時，來自非洲島筏的一種南美洲物種已經開始呈現多樣化，那就是猴子。亞馬遜雨林中的每一隻猴子，從蜘蛛猴到吼猴、從獠狨到猄猴，都要感謝在艱難痛苦的海洋航行中少數活下的幸運倖存者。當時從非洲穿越到南美洲的航行距離要短得多，大約是現代大西洋寬度的三分之二，但是要依靠雨水和樹葉中的積水充當飲用水，這仍然是長途的距離。就算牠們一直朝著正確的方向移動，漂流的猴子群落也一定得在海上存活六週以上。抵達之後，牠們在始新世時期已擴散並遍及整個西海岸。猴子不是唯一從非洲漂流過來的哺乳動物，豚鼠小目（Caviomorph）這類囓齒動物也在新家變得多樣化，在廷吉里里卡可以找到其中兩個物種。所有南美洲本土囓齒動物，從水豚到刺豚鼠再到豚鼠，都是跨越一千英里海洋倖存下來的種群後裔，至少都在始新世晚期之前抵達。[13]

這條路線出奇地普遍，有幾個在非洲和南美洲分布的奇異物種本身還太年輕，因此不可能在距今一億四千萬年前、當這兩塊還沒分開時就已存在。蚓螈是穴居的兩棲動物，即使在沒有淡水的情況下，也

能在短時間內存活，這個特點幾乎不為人所知，而牠們也是跨大西洋的旅行者。海洋擴散移居甚至已證明也發生在淡水魚身上。有兩種被認為有相當接近的共同祖先、因此密切相關的蝦虎魚，分別只在馬達加斯加和澳洲為人所知；更增添一層神祕感的是，牠們是盲目的穴居動物，無法在任何其他地方生活。在現代的北美洲，似乎也跨越了看似無法跨越的障礙，只在內華達州一個洞穴中找到的魔鬼洞幼魚，竟與死亡谷和墨西哥灣的一些物種有密切關係。這些譜系在距今二萬五千年前發生分歧，而且東西方遺址之間沒有直接的淡水路線，因此有人認為，可能是魚卵利用遷徙的水鳥轉移的。遠距離的擴散移居可能很少見，但在一個嘗試次數夠多的世界裡，只需要一次嘗試成功就已足夠。值得注意的是，有多少物種看起來已經成功了。[14]

　　散布在草原上的一些多刺灌木，在根部附近有縫隙，這是小型生物的活動形成的小門。在內部，經常使用的隧道沿路一直會下降到始新世移居而來的囓齒動物後代伊歐維斯卡恰（*Eoviscaccia*，音譯，的殖民地。牠有著柔軟的皮毛、盤繞的尾巴和長著鬍鬚的臉，是南美栗鼠和山絨鼠的近親，以大家庭的形式生活在這裡的地下。像伊歐維斯卡恰這樣的南美栗鼠，還不能良好適應高海拔或南緯度地區的涼爽氣候，到了漸新世末期，牠們將移居到達巴塔哥尼亞（Patagonia）。從中新世開始，上升中的安地斯山脈將產生廣為人知的現代山絨鼠高海拔巢穴。儘管如此，牠們在這些地區仍然很常見，只是有點難以捉摸。更常見的是安地斯鼠，牠是刺豚鼠的近親，但不如那些自由奔跑、像鹿一般的生物那麼專化（specialized，又譯特化）。與伊歐維斯卡恰相比，牠們更喜歡吃比較嫩的樹葉，而不在粗糙的草地上覓食。牠們在這片大陸上生活的時間還不長，但南美洲囓齒動物已在生態上相當多

樣化，考慮到牠們原本很少的初始種群，這樣的成就實在了不起。[15]

當然，後來草類物種會離開南美洲、前往世界各地。它們的特性使它們成為出色的分散者：它們的種子很小，很容易透過風和在動物身上與體內傳播；它們很快就到達繁殖年齡；它們的種子含有澱粉，能為發育中的胚胎提供充足的能量；它們能夠在燃燒、冷凍和近乎連續的放牧狀態中存活。草很容易長距離散播，一旦長成就很難被殺死，並且能夠讓環境根據自己的優勢而改變，這使得它們成為地球上最有效能的殖民者，以及最成功的物種群體。[16]

當我們聽到遠距離擴散的激進故事時，很容易以人類的心態來思考這些事件，因此我們值得花一點時間來檢視這個議題。人們很容易將這些囓齒動物和猴子描述為充滿希望的冒險家，講述一個以開拓精神在未知的荒涼土地上克服生存困難的故事。然而，這種不恰當的框架，某種程度上是殖民主義時代留下的觀念。當一種動物或植物從世界的一處出現在另一處時，有些人可能會使用入侵的說法，即採用被新來者掠奪和削弱的本土生態系統視角訴說。這通常是一種懷舊的訴求，強烈對比出童年熟悉的景觀與今日已改變且往往枯竭的世界。這種觀點帶著一種含義，那就是**過去的是對的，現在的則是錯的**。

生態保護的最重要部分就是保護各種功能，亦即生物個體之間的關係形成的完整而相互作用的整體。事實上，物種確實會移動，而「本土」物種的概念鐵定是武斷的，經常與國家認同有關。在英國，「本土」植物和動物被歸類為自上一個冰河時期以來就在英國定居的植物和動物。然而在美國，「本土」植物和動物的定義，卻是在哥倫布登陸加勒比海之前存在的動植物。這些植物和動物受到的法律保護，超過了對「外來物種」的保護。但就物種來說，本土和非本土的

界定範圍並非那麼容易區分，而非本土植物也不一定就會破壞本土的多樣性。舉例來說，歐蕁麻並不被認為是一種「本土」英國植物，但它們卻幾乎普遍存在，並在英國早在更新世就有紀錄。野萵苣（*Lactuca serriola*）野生生長於歐亞大陸和北非，是栽培萵苣的祖先，在德國被視為本土植物，但在波蘭和捷克共和國卻被明確稱為「古代引進植物」（ancient introduction），在荷蘭更被稱為「入侵」植物。[17]

因此，即使是像擴散和遷移這些中性的生物學術語，也帶著一些令人不安的政治語言意味。回顧過去的歷史，那些反對個別人類移民的人，和那些想要保護某個生態系統的人所使用的這些共用隱喻，只是將他們的愚蠢暴露無遺。沒有固定的理想環境這回事，也沒有可以讓懷舊之情錨定的礁石，人類強加給世界的邊界，不可避免地改變了我們對什麼「屬於」哪裡的看法。但如果深入研究時間，只會看到一個或另一個生態系統中不斷變化的居民名單。這並不是說本土物種不存在，只是我們這種輕易將本土與地方連結起來的概念，也同樣適用於時間。

這並沒有阻止一些當前的地理實體將它們的身分延伸到過去。國家政治和古生物學之間的互動，確實有其實際的影響力。二十世紀初的阿根廷古生物學家就違背了當時的科學共識，錯誤地認為人類起源於南美洲。儘管這可能是錯誤的，但這是試圖拒絕歐洲和北美古生物學家以北方為中心的信念（這也是不正確的）的一部分，亦即南方大陸是演化落後的地方。即使在今天，我們對演化的概念仍被北半球觀點所主導，在那裡研究的時間更長，富裕的機構也更集中，也已經產生了更完整的化石紀錄。[18]

甚至到了 21 世紀，人族化石仍被用來影響民族認同，例如在西班

牙阿塔普埃爾卡山脈（Sierra de Atapuerca）發現的早期人類。在今日，美國大部分州都有官方的州化石，從比較現代的伊利諾州的塔利怪物屬（Tullimonstrum）*，到阿拉斯加州的猛獁象。西維吉尼亞州選擇了傑氏巨爪地懶（Megalonyx jeffersonii）。以樹懶而言，牠是原產於南美洲樹懶目的一部分，而不是原產於北美洲。然而，它作為美國化石代表的地位，是因為它被當作一個更早流行觀念的反動案例，這個觀念刻意注入了種族主義的假設：與歐洲的動物相比，不僅僅是南美洲，整個美洲的動物在某種程度上都是退化的。什麼是一個地區的原生物種，什麼又不是？取決於你選擇觀察的尺度。因此將早已滅絕的物種或生態概念，與當今的邊界和旗幟等技術連結，是一個必須謹慎以對的遊戲。[19]

我們可能要特別注意漸新世跨大西洋擴散的情形，因為牠們也包括了我們的近親靈長類動物。無論這個行為多麼在潛意識層面發生，我們都太容易在過去的事件中解讀人類的動機，因此我們必須避免將我們自己與歷史無關的想法，加諸在完全偶然的旅程上，儘管這一定是危險而不太可能成功的旅程。

●●●●●

風把雨從高處刮下，一團漩渦般的烏雲遮住了天空。隨著第一滴雨水落下，樹懶抬起頭、拖著腳步，然後繼續進食。野外的牛群開始

---

\* 譯注：一種分類不明、已滅絕的兩側對稱動物，大約三億年前生活在美國賓州河口沿海水域。

向河岸邊彎曲處的一片樹林移動，以躲避降下的雨。當雨滴的撞擊聲給空氣帶來歎息聲，土地鬆了口氣的氣息隨即撲面而來。但在這聲歎息之下還有另一種聲音，一種噓聲，一種倒水和馬蹄的聲音，音量越來越大，變成了怒吼。從豆科植物的突出棲息處，一隻鳥發出尖銳的叫聲並開始飛翔，隨後還有其他幾隻鳥，警覺性立即在地面上的混合群體中傳播開來。隨著伊歐維斯卡恰毫不猶豫地消失回安全的洞穴時，灌木叢留下了顫抖。

順著河流傳來了劈開木頭的響聲，接著是一波三公尺高的浪頭。警覺變成了逃跑，樹懶呻吟著四肢著地，泰狍瑟耳斯（typotheres，音譯）嚇了一跳，立即四散逃離。浪花向前洶湧流動，撞到樹旁的彎地，在岸邊激起了一個黑色的膨脹水包，然後坍塌到地面，接著又是一個，仿佛在草地上丟了濃密潮濕的天鵝絨布。泥石流有節奏地傾瀉，像煮沸的粥一樣自行攪拌，而後再次傾瀉而下。水流的平滑力量，以每秒數十公尺的速度蔓延整個景觀，並填滿了山谷。河床精緻的方形黏土被擊碎成碎片，巨石像失重一樣搖動，樹幹被隨意抬起，彷彿樹枝一樣輕盈，這股浪頭抓住、淹沒或破壞路徑上的一切東西，在下面的土壤中開闢新的路徑，並將谷底變成粗暴的灰色湍流。

廷吉里里卡周圍火山峰的豪雨引發了山洪暴發，隨著洪水下降會帶走細灰，形成火山混凝土泥漿，侵蝕河岸，使其變得更大、更快與更重，直到形成一種速度驚人的破壞力。[*]樹懶所在的地方，現在成了二公尺深的冒泡洪水，泰狍瑟耳斯和囓齒動物已經不見蹤影了。那些

---

[*] 作者注：舉個例子，1980 年聖海倫火山噴發後的火山泥流，其測量速度高達每小時一百公里。

生長在離河岸最近的樹木，隨著支撐它們的土壤被沖走而一一倒塌。幾棵比較結實的樹木仍然佇立在水面上，隨著火山泥流的持續咆哮而不受控制地顫抖。在大雨中，草已經消失了，景觀只剩下洪水，河道的唯一指標就是洪水傾瀉在彎道時的駐波（standing wave），[†]以及標示出河道、快速流動的彎曲條紋。[20]

　　一個小時後，誇張的戲劇化效果終於結束。我們很難理解，怎麼有這麼多泥土從山上跑到這麼遠的地方？草地上散布著手指狀的軟泥。隨著河流將其內容物傾倒到比較平坦的土地上，水流變慢並凝固。現在它又是堅硬又光禿禿的泥土，曾經自由跳躍的巨石，現在牢牢固定在原地。被火山泥流吞沒的動物沒有一隻倖存，牠們永遠被封存在石頭裡了。石板已被擦乾淨，覆蓋著灰燼、沙子和土壤，準備好讓青草在山谷中重新定居。

　　然而，儘管這裡的動物將成為化石而保存下來，但廷吉里里卡的草類都不會直接進入化石紀錄——沒有身體化石，也沒有花粉，什麼都沒留下。火山泥太粗糙，保存得太雜亂無章，無法顯露出植物的軟組織或昆蟲的花邊翅膀。那些可以逃跑的生物都消失了，逃離了即將到來的洪流，只有陸上哺乳動物骨骼和斷牙的碎片，在這場岩石記錄的踐踏中倖存下來。但是，儘管它們沒有出現在廷吉里里卡生態系統的實體清單裡，草仍然留下了自己的印記。環境塑造了它們的居民，正如居民也塑造了環境。從一個地方移除草食性動物以外的所有生命，將草食動物從最小的到最大的排成一排，透過身體大小的分布可

---

†　譯注：又稱定波，當兩個方向相反、波長、週期、頻率相同的波相遇時，形成無法前進的駐波。

以畫成一種稱為家系圖（cenogram）的圖表，該圖表的形狀在預測環境的相對開放性和乾燥度方面非常準確。廷吉里里卡若純粹被視為數學空間，仍明顯具有開放性。即使只有一兩個標本，草的存在也十分明顯。仔細觀察廷吉里里卡哺乳動物的嘴巴，就會發現牠們一直在做新的事情，而這個事情受到草和草食性動物彼此間互動的方式，以及與牠們周遭世界互動的方式所驅動。[21]

　　植物非常渴望讓身體的某些部位被吃掉。水果含糖且炫目，是為了讓自己被找到並被食用，如此一來種子就可以散播開來。花朵明亮且氣味濃郁，還含有吸引傳粉者的花蜜，有些植物甚至會傾聽傳粉者的聲音，並在飛過的昆蟲翅膀發出的聲音輕輕振動它們的花瓣時，迅速產生額外的糖分來增加花蜜的甜味，這相當於市場小販的叫賣聲。草就沒有這樣的合作意願，草是靠風傳粉的，其種子是透過風或水傳播的。它們不會開出誘人的花朵，只會產生營養不良的果實，即所謂的穀物。人類已經把從小麥到水稻，以及從玉米到黑麥等草類物種，變成了飲食的主要成分，這是數百代人歷經數萬年持續進行的選擇性育種的結果。但即便如此，我們通常還需要將大量的收穫加工，以取得讓人愉快享用的可食用食物。葉子也不是很有營養，而且為了防止潛在的草食性動物，草的內部有一種類似帶刺欄杆的物質，這種被稱為植矽體（phytolith）的尖銳乳白色晶體，分布在它們的組織中，足以讓草食性動物感覺嘴裡有砂礫，而且明顯會劃傷且緩慢磨損琺瑯質。總而言之，想要成為草食性動物，就必須讓自己承受營養不良和持續磨損的硬性飲食，以及慢慢被腐蝕的牙齒。[22]

　　我們甚至不需要低頭看顯微鏡，也能看到草原對這裡的動物在解剖結構方面的影響。即使是軟性食物，一輩子的咬食和咀嚼也會對牙

齒產生大量的磨損。以草為食，這種磨損更是大幅增加。但在近乎頑固智慧的影響下，天擇並沒有以放棄作為回應，因為資源就在那裡等著被利用，所以對某些生物來說，無論要花上多少功夫，取草為食都是有好處的。吃草的動物正在持續演化長出牙齒，無論它們會被磨損得多厲害。這種牙齒有高而平的牙冠、大量堅硬的琺瑯質和牙骨質，以及有限的、甚至完全沒有牙根，稱為高冠齒（hypselodon）。在極端情況下，有些生物的牙齒會不斷生長，即使牠們的牙齦會隨著終生咬食沙礫和草而退化。這種策略此時只在毛犀牛和大型動物中的南方有蹄目（notoungulates）動物身上發現。在漸新世早期，草還沒有在北美洲廣泛傳播時，馬是家貓大小的吃枝葉動物，以掙扎求生的闊葉林樹葉為食。隨著平原和大草原在轉為冰室世界中展開，牠們也將適應成為開放空間裡的生物，成為長肢奔跑者、高齒的吃草動物與游牧的食草性動物。從牙齒到四肢，許多生活在開闊草地棲息地的生物，在運動和飲食方面都獨立找到了非常相似的解決方案。造成這種結果的驅力是複雜而混合的，開放程度、體型和地面硬度，都影響了這種型態的發展。羚羊、美洲叉角羚、鹿和一些南美本土有蹄類動物，牠們都將趨同至一種新的生活方式，成為典型的吃草動物。[23]

　　南美洲特有的哺乳動物遲早會滅絕。當北美洲和南美洲在距今二百八十萬年前匯合時，隨著巴拿馬地峽（Isthmus of Panama）從加勒比海升起將大西洋和太平洋分開，北方的物種將向南移動，而南方的物種也將向北移動。這個從距今約二千萬年前開始，一直持續到距今三百五十萬年前。地峽完全關閉為止的雙向大規模遷移事件，被稱為南北美洲生物大遷徙（Great American Biotic Interchange）。事實上，這次遷徙事件將有利於北方物種，儘管原因還不清楚。在南美洲的本土

動物中，只有北美豪豬和維吉尼亞負鼠真正能在北美繁衍生息，另外在南部沙漠地區也發現了犰狳。[24]

　　而即使在南美洲，北方物種也在這次大遷徙中勝出。所有的大袋肉食性動物都會消失，這包括所有的南美本土有蹄類動物。在現代，南美洲本土哺乳動物的多樣性內容裡，只剩下一百零一種已知的負鼠、六種樹懶、四種食蟻獸和二十一種犰狳。巨大的地懶將存在相當長的時間，牠們在加勒比海地區一直存續到距今約四千年前。就在八千年前的巴西和阿根廷，樹懶還是地球有史以來最大的隧道挖掘動物，牠們挖掘出整個家族都能住在裡面的龐大洞穴通路網，這些洞穴至今仍然存在。一種類似無角犀牛的南方有蹄目生物箭齒獸（*Toxodon*），以及像駱駝的後弓獸（*Macrauchenia*）這樣的滑距骨目生物，也一直存活到距今不到一萬五千年。加勒比地懶和最後一群南美本土有蹄類動物的滅絕，就發生在人類到達其棲息地的大約同一時間，這也許並非巧合。[25]

　　雖然牠們在生態學和解剖學上趨同於世界其他地方的物種型態，阻礙了我們將牠們精確地置於哺乳類動物家譜中的能力，但這些後期倖存者，為科學家提供了識別牠們究竟是什麼物種的機會。保存在巴塔哥尼亞乾燥和寒冷環境中的最新的南美本土有蹄類動物化石遺骸裡，仍含有膠原蛋白串等結締組織成分。它們就像 DNA 序列一樣，可用來查出物種之間的關係。透過比較其氨基酸序列，這些獨特的南美洲物種的身分已被揭示出來。我們現在知道，牠們與奇蹄目物種最緊密相關，這是一個有蹄動物群，包括今日的馬、犀牛和貘等生物。[26]

　　與任何答案一樣，這種關係產生了一個更大的問題。許多來自古

新世和始新世的譜系、被稱為奇蹄目動物的親屬，則來自遠至北美洲、歐洲和印度。有鑑於最早的奇蹄目動物生活在亞洲，這個發現又對全球遷徙造成什麼影響？在這部分的地球歷史中，世界是分離的，大陸之間的距離是有史以來最遠的，那麼所有這些譜系家族的祖先，是如何如此迅速地分散到全球各地？又或者，這些僅僅是早期的趨同收斂，是在相同問題的相同解決方案之間所得出的相似之處？[27]

　　旅程本身不能成為化石，但那些完成旅程的生物目的地，卻由牠們的後代最後出現的地方透露了出來。無論是跳島或者漂流，也無論選擇了哪條路線，在整個地球的歷史上，物種都在旅遊、分散，並在新的環境中繁衍生息。隨著南方的草類多樣化，創造了地球上最大的生命擴散行動，從北美洲的大平原到歐亞大陸草原，再到非洲大草原，在廷吉里里卡開始的故事很快就會擴散到全世界。從竹林到白堊草地，草的時代已經開始。

南美洲

德雷克海峽 —— 西摩島

西南極洲

非洲

東南極洲

馬達加斯加

紐西蘭大陸

凱爾蓋朗群島

澳大利亞

南極洲和南冰洋，4100 萬年前

# 第五章　循環

Cycles

南極洲（Antarctica），西摩島（Seymour Island）
始新世，4100 萬年前

「但地球仍然在轉動啊！」

——伽利萊（Galileo Galilei）[*]

「他們在孤獨的夜幕下，穿過黃昏前行。」

——維吉爾（Virgil）[†]，《艾尼亞斯記》（*Aeneid*）

（衛斯特〔David West〕翻譯）

---

[*]　譯注：17 世紀的義大利物理學家、天文學家與哲學家，有人稱他為自然科學之父。

[†]　譯注：奧古斯都時代的古羅馬詩人，本名為 Publius Vergilius Maro。

　　海灘上到處都是海鳥的叫聲，年長的海鳥不停呼喚牠們的配偶，年輕的覬覦者則尋找著可能的築巢點。海灘上散落著錐螺屬海蝸牛如獨角獸角一樣的背殼、螺旋狀的乳玉螺屬（Polynices）腹足類動物，以及像戴了帽子、成片的光滑圓魁蛤（Cucullaea），早已成為異常擁擠的繁殖地。鳥糞將石頭塗成白色，並對所有東西注入了刺鼻的氨味；磷酸鹽滲入沙子，改變了這個將成為岩石的物質之化學成分。每個角落都建造了鵝卵石巢穴，較小的鳥更喜歡在裂縫中或被植被遮蔽處築巢，較大的鳥則必須在戶外露天築巢。在狹長半島背風側有一個大的遮蔽入口，附近有條小溪在通往河口的沙質河岸上，切割出撕紙般的斷崖，這是育雛的理想地點。海灘周圍的山坡陡峭、森林茂密，披著鱗片狀樹皮的假山毛櫸（Nothofagus）樹從山坡上魚貫而下，之間散布著密密麻麻的針葉樹，包括智利南洋杉、柏樹和芹菜松樹。這些樹都被附生植物覆蓋，而這些附生植物則完全生長在其他植物的表面上。藤本植物和木質藤本植物、蕨類植物和毛髮狀苔蘚，在海神花屬花朵複雜又炫目的花序襯托下，形成一片渾濁的綠色調色板。海洋西風帶裡的濕氣，在撞擊延伸到南冰洋（Southern Ocean）的狹長地帶時，變成了雨水。這是一片溫帶沿海雨林，每個表面都像是綠色的拼貼畫。即使在一棵樹的半腰處，植物也可以向空中長出根，或是從落葉中收集自己的堆肥，吸收足夠的水分來維持生計。森林地面上倒下和腐爛的樹枝，證明這片林地已趨成熟。這是一個古老而未受干擾的地方，植物相互攀爬，抵達低垂的太陽照射處。[1]

　　各個大陸可能會相互接觸，全球氣候可能變得更溫暖或更涼爽，但有些不可改變的天文常數，定義著生物賴以生存的實體世界。陽光來自遙遠的地方，幾乎可以說，所有光束都來自相同的方向，並以相

諾氏劍喙企鵝（*Anthropornis nordenskjoeldi*）

同的能量照射到地球上。然而光線落下的位置，對於地表感受到的強度卻有很大的差異。但若地表正對著太陽，那麼熱量會集中在較小的區域，環境會變得比較溫暖。如果地球與太陽形成一個偏離的角度，偏離到在地球上的觀察者看到太陽懸掛在天空低處，那麼陽光就會散布在較廣泛的區域，環境溫度就會比較冷。這粗略解釋了為什麼黃昏和黎明時分比中午冷，而在高緯度地區，也就是離赤道更遠的地區，氣候會更冷。[2]

　　然而，這本身並不能解釋為什麼有季節的存在。對地球上任何地方的生物來說，一年的節奏是地球早期歷史造成的特殊結果。擁擠的太陽系中不小心發生的碰撞，使南北軸失去了平衡。如果沒有地軸的傾斜，我們的運行軌道將是一致的，每天都不會改變，我們在地球上的進展也不會被標記下來。但隨著地球的傾斜，年這個名詞有了意義。以六個月為循環，地球每個極點都會面對太陽或遮蔽了太陽，因此有了無盡的夏日和持續的冬夜。地球這種傾斜的華爾茲舞決定了季節變化，高緯度地區的居民就必須遷移以避免不斷變化的環境條件，不然就要留下來因應這些變化。在現代，我們這個冰室星球的一個大陸扎根在世界底部，終年結冰，整個冬天在陸地上幾乎什麼都沒有。但是在始新世，兩極的生活是不同的，這裡是南極洲西部的北部半島。[3]

　　在始新世開始時，由於高濃度的二氧化碳和甲烷，世界以幾乎前所未有的速度變暖。儘管還不確定，但人們認為二氧化碳含量在那時候高達百萬分之八百，是現代的兩倍多，更是十九世紀時的四倍。古新世—始新世兩個世代交界的那時刻，是地球史上一個溫暖的時期，它的代表標誌就是所謂的「極熱事件」（Thermal Maximum）──無論氣溫和二氧化碳濃度都達到高峰。當時二氧化碳和甲烷大量湧入，

在一千年裡約有十五億噸，是世界有史以來最高的紀錄，直到我們自己的後工業時代才被超過。氣溫則至少上升了攝氏五度。這麼大量碳的確切來源尚不清楚，因為它來得非常突然，但岩石紀錄顯示，在深海中有一種比二氧化碳更有效的溫室氣體——甲烷——的固體晶體溶解在海洋裡，而海洋則在格陵蘭島經歷了一次強烈的火山噴發後變暖。海洋變暖加劇了溶解，在升溫的惡性循環中變得更暖。[4]

　　世界各地的生態系統也都做出了反應。整個北半球的哺乳動物都變小了，熱血生物產生的熱量與身體質量（mass）成正比，但熱量散佚的數量與身體表面積成正比。體型較小的動物，體表面積相對其體重而言較高，因此在過熱的環境中，比較不容易過熱。在海洋和陸地上，從微小的浮游生物到巨大的草食性哺乳動物不是滅絕，就是迅速演化成新的型態。始新世也被稱為「近代的黎明」，在許多方面都是現代世界誕生的時期，全球生物學的基本結構都是在溫室世界的高溫環境中形成的。截至目前，西摩島的極熱事件最高溫度已經下降，但全球平均溫度仍然遠高於現代水準。赤道地區的溫度並不比現在溫暖太多，印度島的平均陸地溫度也與現代濕熱生態系統的溫度非常相似，但在高緯度地區，情況就大不相同了。這不是我們的冰室世界，地球的兩極沒有被雪染白，水沒有被鎖在高山的冰河或無邊無際的海冰中，因此海平面比現在高出一百公尺，從人類的角度來看，各大洲的氣候都相當宜人。[5]

　　即使在南極洲這個被遺忘的大陸，被描述為現代物種全球分布的例外之地，在這時期也是溫暖的，夏季溫度可達攝氏二十五度，海洋溫度則是溫和的攝氏十二度。整個大陸覆蓋著茂密的樹冠森林，到處都是鳥鳴聲和灌木叢沙沙作響的聲響。但地球一直在旋轉，界定生物

與牠們所居住的土壤和海洋之間關係的物理定律，也仍然存在。南極洲仍然扎根在世界最南端，被鎖在無盡的夏日和永恆的冬夜循環中。相同的陽光規則，以及控制著地球周圍空氣和水流的相同規則，都在有效地實施中，並主宰著這片極地雨林的生態。[6]

從陡峭的森林斜坡很難直接進入海灘，因此可以與掠食者隔絕。海鳥的巢穴不僅有地理上的庇護，還有數量上的保護。這個海鳥群體是該地區比較大型的，容納了多達十萬隻，非常具有代表性。但即使氣候看來異常溫暖，也不會有人誤認這是南極洲以外的任何地方。沒有哪種鳥比企鵝更能喚起人們對整個南極大陸的回憶了。紐西蘭是牠們的祖籍地。來自西摩島的企鵝，則是最早在化石紀錄中留下印記的企鵝。群體遍及整片海灘，長度超過四百公尺。從沙洲上望去，牠們融成一股黑、黃和白色的混雜體，一個嗡嗡作響並發出輕笑的群體，每個個體都發著微光並隱沒在團體之中。[7]

近距離觀察下，這些鳥的體態規模更令人震驚。其中最小的鳥類，海豚企鵝屬的德爾菲諾尼斯（*Delphinornis*，音譯），與現代國王企鵝差不多大小，但牠們與這裡大多數物種比起來，身材大小就完全相形見絀了。所有這些鳥類都是巨型企鵝家族的成員，比牠們現今體型更小的近親要大得多。一些企鵝，例如諾氏劍喙企鵝（*Anthropornis nordenskjoeldi*），身高約一百六十五公分，相當於一個普通人類的高度。在這個混合繁殖地，牠們通常是最大的生物，儘管有幾隻雌性卡氏古冠企鵝（Klekowski's penguin，音譯）可能高達二公尺、體重接近一百二十公斤，相當於一名大型橄欖球運動員的身型。與現代企鵝相比，牠們的矛狀喙長得不成比例，最長可達約三十公分。除了巨型企鵝，還有其他七種企鵝，都比大多數的現代企鵝更大。一個單一群體

能展現出這麼大量的物種多樣性，尤其是在這些物種的進食內容物高度雷同的情況下，這相當不尋常。通常物種只在其生態區位足以明顯區分，可以在避免競爭的情況下分配環境資源，彼此才能共存，這就是所謂的生態區位區隔（niche partitioning）。然而在這裡，浩瀚的海洋有足夠大的資源吸引力，使得企鵝在生活於較貧瘠處，與在相當於擁擠的鳥類大都會地區爭奪生存空間之間，選擇了後者，並建立了一個多元化的社會。[8]

　　牠們已適應了海洋生活，有可以克服福利的高骨質密度，步態也更顯蹣跚，不過牠們仍然保留著未來企鵝已失去的內腳趾。牠們的翅膀比較鬆，更像海鳩的翅膀，而不是後來企鵝演化出來用於水下快速游行的堅硬鰭狀肢，而且牠們的羽毛也不那麼密集，還不能適應極端寒冷的氣候。那些沒有在鵝卵石上磨蹭的企鵝正漂浮在海灣中，準備出發前往漁場，牠們將在那裡捕獵鯡魚、瀨魚和鱈魚、海洋鯰魚以及刀口魚、旗魚和白帶魚。章魚、魷魚和墨魚的帶殼親戚鸚鵡螺在淺水區活躍著，這在高緯度地區相當罕見。最重要的是，這片水域充滿了鱈魚的親戚。這裡的浮游生物非常豐富，魚類利用這種極好的食物來源，當作海洋苗圃和小魚的成長校園。[9]

　　半島一旁的德雷克海峽（Drake Passage），是一個隆起的海床區域，形狀就像南美洲和南極洲伸出的手指部位，直到最近才跟大陸分離。它是大陸的交匯處、海洋的交匯處，也是開放水域生物繁衍生息的地方，是遠洋的天堂。在這裡，冷水從深處升起，有時還會帶來深藏在深海中的奇異生物，例如大眼睛的金眼鯛，牠們有閃亮而帶著粘液的頭部和尖牙。冷流還帶來營養物質和溶解的氧氣，為從海床到地表的各個群落提供燃料。它們在德雷克海峽較淺的水域開路，然後轉向往

北，接著再次如此盤旋，這在約兩千萬年當中持續不斷地進行。[10]

　　這種上升洋流的存在取決於當地的地理位置，但這個驅動傳送帶的引擎，卻是落在數千英里以外赤道上的陽光。赤道的空氣被加熱得最快，因此它會上升到高層大氣中，然後從它後方的熱帶地區吸入潮濕的空氣。熱空氣上升後，會冷卻並被其下方仍在增溫的空氣推向北方或南方，然後下沉，在大氣中形成一個氣流循環，這也是熱帶地區的氣候特徵。在這些氣流循環邊緣的空氣運動，會將更多空氣拉向極地，形成另外兩個大氣流循環，而這些循環明確劃分了溫帶和極地區域。

　　而地球在這些氣團下的自轉形成了信風（trade winds），[*]也就是在整個熱帶地區海平面吹來的強烈東西向風。在北緯六十度的極地空氣也是如此，在被太陽加熱後，升起並向南北移動。向極地移動的空氣迅速下降，並在同樣的柯氏力（Coriolis force）[†]作用下向東西方向流動。向赤道移動的空氣與遠離赤道的冷空氣發生碰撞，被拖拉下沉。結果，在極地和赤道地區，地表風向西移動，而在這些中間緯度地區，風則是向東移動。因此，南極洲周圍的南冰洋受到西風帶的控制，風從西吹向東方。[11]

　　在現代的南冰洋，持續不斷的西風給沒有被任何大陸阻擋的地表水提供了動力，導致水流在摩擦力允許的情況下，以最快的速度不斷向東移動，這就是環極海流（circumpolar current）。但地球的自轉對

---

*　譯注：由於每年反覆出現，華語稱為「信風」。西方國家古代商人借助信風來進行海上貿易，因此稱之為「貿易風」。

†　譯注：地表上的水與空氣流動時，受到地球自轉影響而產生偏移的一種慣性力量。

水流的影響與對氣流的影響一樣大，就像環形交叉路口的路流會將騎手向外推送，海水也被迫流向寬闊的赤道。太陽產生的風和地球的運動結合起來，將水從南極洲帶走，深處的肥沃水域因此湧出，讓生命在極地海洋中得以綻放開來。

　　豐富的魚類引來了掠食者，企鵝並不是唯一利用這片寒冷海域的生物。在前灘企鵝群中穿梭的是小鴴科（charadriid）鳥，牠們是鴴亞科（plover）和小辮鴴（lapwing）同種的鳥類，以被大量動物吸引而來的昆蟲為食。在河口更上游處則是泰然自若的朱鷺，在潮汐泥灘中尋找軟體動物和甲殼動物覓食。駕馭著長而窄的翅膀、在風的邊緣遨翔的是海洋上天空的主人，是小型的管鼻信天翁和海燕，以及巨大有假牙的歐當他佩巨恩（odontopterygian，音譯）鳥。牠們居住在離海岸更遠的懸崖頂上，利用南半球的西風，不費吹灰之力地進行長距離的飛行。牠們最明顯的特徵就是白色邊緣的翅膀，某些種類的翅膀張開來超過五公尺，長度比深度多得多，適合快速且以風為助力的飛行，就像滑翔機一樣。牠們的體型讓牠們無法從水中起飛，於是牠們成了衝浪運動員，面向迎面而來的風勢高速俯衝到浪頭上，從水面上抓魚。滑溜的魚和魷魚即使在最好的情況下都很難抓住，更不要說在南極的大風裡了，為了捕抓牠們，成年歐當他佩巨恩鳥的頭部長成像麵包刀的鋸齒狀下顎。牠們銳利的眼睛高高嵌在小小的頭骨上，喙則像翠鳥一樣是長矛狀。有一根骨刺從牠們的喙下突出，而看起來像鱷魚微笑的牙齒則從骨頭裡直接長出，但只在成年後出現。幾乎和所有海鳥一樣，歐當他佩巨恩鳥的壽命很長，但一次只能繁殖很少的後代。沒有牙齒的幼鳥無法自行捕捉食物，因此必須由親鳥照顧牠們一年以上。親鳥雙方會輪流坐著照顧幼鳥，另一方則會在浪間覓食。[12]

　　在現代，信天翁在海洋上繞著大圈飛行，白天順著西風走，晚上則睡在海面上。始新世的信天翁和歐當他佩巨恩鳥可能也是這麼做，會一次在大海上消失很長一段時間。飛行時，會使用彎刀狀的翅充滿活力地遨翔，幾乎不拍打翅膀，隨風不斷下降到較慢且較低的空氣中，然後轉向並利用空氣的動量以更快的速度上升，牠們就是大氣的縮影。[13]

　　鳥類在水面上唯一需要害怕的，就是鯊魚顯著的多樣性。至少有二十二種鯊魚生活在這裡，或者定期來此處海域捕食蓬勃發展的魚類種群，然後在彼此之間劃分獵食的物種和獵場。在近岸，清澈的海洋隱沒在河口淺淺奶茶色的河口裡，海水突然冒出泡沫，一個尖灰色的鼻子來回閃爍，像一塊擺動著的有齒木板，然後又迅速潛回水中。那是一隻鋸鰩科的魚。鋸鰩是一種鼻子像水平電鋸的鯊魚，即使在始新世的炎熱夏季裡，牠們也是南極洲不尋常的遊客，因為牠們通常只在熱帶和亞熱帶水域活動。事實證明，西摩島豐富的食物太有吸引力了，這尾鋸鰩大概是沿著南美洲東部沿海水域到達目的地的。鋸子狀的鼻子既是食物的定位器，又是捕捉器，沿著鼻子有數千個敏感的壺腹，可以探測電場的變化。脊椎動物會透過帶電鈣離子的流動來控制肌肉運動，所以哪怕鯡魚只是抽搐一下，鋸鰩都會察覺，將鋸子般的鼻子高速劃過水中，用其邊緣劈開海床，或者用扁平處將獵物固定下來，把魚推近嘴邊。[14]

　　當一股霧氣從水中爆開時，漂浮的企鵝擔心地拍打翅膀。海蛇的身體翻滾著，這是身長長得可怕的怪獸，彷彿直接從水手的傳說故事裡現形。這是二十一公尺長的龍王鯨科生物，是所謂「帝王蜥蜴」（emperor lizard）家族的成員。這其實是早期科學家的一個分類判斷

上的錯誤，但嚴格的命名規則不可原諒地將錯誤保留下來，不過牠實際上是頭鯨魚。就在數百萬年前，第一批鯨魚就在遙遠的印度次大陸的特提斯海海岸演化成功。巴基斯坦古鯨（*Pakicetus*，音譯）就是最早的鯨魚，是一種長腿的兩棲掠食者和食腐動物，一種海豹狼（seal-wolf），牠的骨骼密度緊緻，眼睛高聳以便躲藏在水中，也許是為了伏擊獵物。從那以後，牠們便下定決心在水中生活，龍王鯨科類是最早一種無法返回陸地生活的鯨魚。[15]

這種原本在淺灘上吹風的動物已大幅改變了牠的身體。為了適應新的生態環境，牠的手長出了鰭，尾巴也變得彎曲。牠的鼻孔已縮回到頭頂，但頭骨還沒有成為現代鯨魚的鏟出式伸縮結構。水的支撐讓動物身形長得更大，不用再擔心被自己的重量給壓碎，並且因為無需在陸地上移動。牠的後肢已縮小為微小的外部腳蹼，就連轉身也用不著它們了。牠們的內耳對低頻越來越敏感，在水下能聽得更清楚。牠的耳蝸也變得更長、盤繞得越來越緊，耳壁也越來越薄，這些都有助於傾聽在水中長距離傳播且更深的低頻聲音。不過，目前牠們還沒長出脂肪的「瓜狀」結構，即包括海豚在內的齒鯨用來增強回聲定位叫聲的凸起前額。龍王鯨可以聆聽海洋的音樂，但牠們還沒有學會唱和。[16]

· · · · ·

進入河流並往上游走，河道變窄、變深，蜿蜒在佈滿森林的山坡之間。在這個被極熱事件導致海水上升而被淹沒的山谷中，一個笨拙又長著毛的生物大步沿著岸邊走，把像戴著頭盔的青蛙送入水中。牠

長著馬唇，鼻子有點像貘，身軀是桶狀，但有著細長的五趾腿，牠像棕熊追逐鮭魚一樣走進河口，將聚集的朱鷺驅趕飛起。牠用兩顆突出的上齒和隱藏的長牙，啃食著水邊柔軟的莎草和燈心草。這就是閃獸目（*Antarctodon*）裡的埃斯崔佩斯爾（astrapothere，音譯），即「閃電獸」（lightning beast）。牠也是南美洲和南極洲共同生物歷史的線索。[17]

　　從地理上看，南極洲是個十字路口，連接著曾經組成岡瓦納（Gondwana）超級大陸的幾塊大陸——南美洲、非洲和澳洲。印度—馬達加斯加（Indo-Madagascar）已經脫離，印度也正與亞洲相撞，地形構造的推土機以造山的力量向北部大陸衝擊。儘管如此，西摩島還是連接鏈的一部分，西南極洲半島向巴塔哥尼亞伸出手臂，長出非常相似的森林，直到距今約一千萬年前，才因為威德爾海（Weddell Sea）淹沒了地峽而分開。越過東南極洲的高山，澳洲就在離海岸不遠處。南極洲的動植物，包括南部的山毛櫸和企鵝，都是更廣泛的岡瓦納動植物群的一部分。這個生物群形成了橫跨南部各大陸的生物省份。閃獸目的閃獸親戚是我們在廷吉里里卡遇到的本土有蹄類動物，在西摩島也有其他的品種。[18]

　　儘管有成堆的殘骸、數百年之久的針葉床墊、懸空的附生植物和真菌滋生的原木斜放在活生生的樹木之間，這個森林斜坡並非完全無法穿透。樹間的缺口標誌著爬上山坡最容易的路線，這是由幾代三趾動物腳印組成的老舊小徑。像駱駝一樣的諾修洛弗斯（*Notiolofos*，音譯）是一種滑距骨目動物，正穿過森林破土而出。牠的體型約有一隻小型單峰駱駝那麼大，在南部山毛櫸林吃著低垂的嫩葉。生活在一年內的波動比長期波動更大的環境中，諾修洛弗斯的解剖結構在數百萬年間都沒有改變。從解剖學的角度來看，演化已停滯不前，讓諾修洛

弗斯成為一個全面的廣食性動物,可以良好地應付環境的變化,而不是只能適應某一種變化。這種面對混亂而出現的停滯稱為「加變化」（plus ça change）模型。在潮汐帶或極地等野生環境中,多功能是一種珍貴的特性。恆久不變的環境可以培育專長能力,但從演化的角度來看,這是一種自滿。沒有一個環境會永遠不變,如果你的生態區位消失了,滅絕就會隨之來臨。[19]

　　森林更深處,有一棵最近才倒下的巨大智利南洋杉,它還活著的時候一定有三十公尺高,現在被茂密的植被以一個傾斜角度支撐著。它正在迅速腐爛,蘑菇沿著兩側發芽,看不見的菌絲,也就是真菌的根和通訊網絡,已穿透樹皮,強行進入枯木,並將其細胞逐一撬開。在這種潮濕的環境中,腐爛很快就會發生。在這棵倒下的巨人的一個樹洞裡,有個看起來像兒童足球的綠色東西,它的外面由大的防水葉片構成,時尚又緊密地包裹成一個球體。穿過入口,樹洞裡面長滿了苔蘚和春天的幼苗,修短之後成為溫暖的乾草,像羊毛拖鞋一樣柔軟乾燥。這裡沒有靈長類動物,這棵樹還沒有如它的英文名字那樣讓猴子感到困惑。這個巢穴屬於西班牙語系的人後來會稱為山上猴子的動物親戚,是一種住在樹上的有袋動物,叫做南猊（monito）。

　　南猊是一種有迷人大眼、毛茸茸的夜行負鼠,體型約有老鼠那麼大,有可以抓握的手,以及一條腹面無毛、盤繞且肥大的尾巴。而且反直覺的是,它有幫助攀爬和冬季儲存脂肪的雙重功能。牠們和睡鼠有一樣的生活習性,白天和寒冷的月份都在睡覺。西摩島是南猊兩個早期物種的家園,但其中包括一個重約一公斤的物種,是當今物種大小的二十多倍。事實上,南美洲會出現南猊,可能要歸功於南極洲。有袋類動物分為兩大類,美洲有袋類和澳洲有袋類。美洲有袋類動物

包括還存活著的負鼠，以及一些已經滅絕的群種，包括有劍齒的肉食性動物代勒柯斯麥利的斯（thylacosmilids，音譯）。顧名思義，牠們是美洲特有的品種，大多在南美洲。澳洲有袋類動物包括來自澳洲和附近陸地的所有型態，包括袋鼠和無尾熊、袋熊和袋獾、袋食蟻獸、蜜袋鼯、短尾矮袋鼠和袋鼬屬動物。其中還包括南猊，目前僅在智利和阿根廷西部的高海拔瓦爾迪維亞（Valdivia）溫帶雨林中發現。事實上，現代的南猊無法在其他地方存活，因為牠們依賴特定的植物才能存活。昆卓（quintral，音譯）是一種槲寄生，是一種寄生植物，其種子利用南猊傳播，是假山毛櫸森林生態系統的關鍵部分。南猊與這個生態系統的緊密關係，進一步加深了生物地理學的謎題——南猊的祖先是不是從澳大利亞的假山毛櫸森林搬來的？澳洲的生物血統是否跨越到其他地區，然後變得多樣化？西摩島的其他有袋類動物都是美洲有袋動物群的一部分，因此對這個謎題沒有任何啟示，答案隱藏在將要覆蓋這片熱帶雨林、厚達數公里的南極冰層之下。[20]

但現在，在這片雨林的某個地方，潛伏著一些難以捉摸的鳥類。平胸鳥類是鴕鳥、鴯鶓、鶴鴕和奇異鳥的近親，牠們是另一個典型的南方群體，成員遍布南部大陸。不過，平胸鳥類之間的關係並不因大陸而決定，就好像紐西蘭的兩種平胸鳥類——奇異鳥和恐鳥，就不是近親。奇異鳥的近親反而是馬達加斯加已經滅絕的象鳥，牠們適應於在夜間覓食、視力差、嗅覺極好、頭上有鬍鬚，羽毛比歐當他佩巨恩鳥的高科技飛行羽毛，更接近蓬鬆的毛髮。對像這些馬達加斯加所產、不會飛的特殊鳥類，在始新世南極洲冬季的黑暗森林中找到方向，並不是很大的挑戰。但除了一個具有獨特平胸鳥類外觀的踝骨，我們沒有任何關於西摩島平胸鳥類的具體證據。[21]

除此之外，還有第三組不會飛的巨型鳥類生活在河邊森林中，牠們是駭鳥。駭鳥的四肢長而笨重、翅膀乾癟，半數以上的頭骨由喙組成，深而窄、呈長方形，末端還有像開罐器的鉤子。西摩島上的駭鳥被稱為伯托尼提尼（brontornithines，音譯），即「雷鳥」（thunderbird），你可能會看到牠們正在清理腐屍，或是潛伏在沿著該島的滑距骨目動物小徑等著伏擊獵物。與歐洲的蓋斯托尼信鳥（gastornithine，音譯）和澳洲中新世的米希朗鳥（mihirung，音譯）一樣，牠們都是水禽的肉食性親戚，是大型陸地肉食性恐龍的最後成員。後來在中新世，一種輕盈、高約三公尺的駭鳥克倫肯（*Kelenken*，音譯）將會有七十一公分長的頭骨，其中大部分是一個深而有刃的喙，大小和形狀都像一把灌木斧頭，牠是以巴塔哥尼亞民間傳說中的惡魔來命名的。[22]

駭鳥具有極佳的視力，因此當地球繼續圍繞著太陽運行，季節開始變化時，黑暗不會成為牠的阻礙。不過，隨著西摩島從夏季的午夜盛宴轉變為黑暗季節，環境的變化也包羅萬象。太陽隨著它的轉動而越沉越低，明日將不會升起，這是一個持續三個月的夜晚的開始。[23]

雖然太陽自身不會出現，但冬季的天空仍然每天都在變化。當太陽掠過地平線時，天空彎曲的光線將照亮這一天。在黃昏和黑夜的循環中，普通的生活節奏停止了。當日光的變化變得不那麼明顯時，生物時鐘，也就是身體內部的晝夜節律，就無法維持下去。對於不習慣極區夜晚的人類來說，這會導致一種永久性的時差壓力，即身體的預期無法符合外在確認的現實。對於一些極區動物來說，這個循環就這麼停下，生命遵循了內在需求。動物疲倦時就睡覺，精神恢復時就醒過來。其他物種則在沒有白天的情況下，維持著日常生活。但並非一

切都是不變的，浮游生物仍然根據月亮的盈虧，在海中起起落落，但對許多物種來說，冬天只是一個停頓。植物本身會停止呼吸，減緩新陳代謝。針葉樹可能會保留它們的針葉，但包括假山毛櫸的許多植物則會落葉，森林屏住了呼吸。在牠們的樹枝間，南猊直接以冬眠來躲避冬天的寒冷，舒適地棲息在苔蘚球巢中。由於對能量的需求，較大的動物不能輕易做到這一點，因此閃獸目動物、諾修洛弗斯和平胸鳥類就必須冒險外出，以尋找食物。[24]

在逐漸變暗的森林裡，夜行動物自成一派，那些適應了一半光線的所謂黃昏動物也一樣。在這最後一天的暮色中，從柏樹根系的洞穴中冒出一個長著鬍鬚的頭，表面上看起來像海狸，但實際上小得多。牠的大眼顯示了牠很能適應使用從極地夜空降下的少量光子。從印度到南美洲都可以發現像這樣的岡瓦納獸目（Gondwanatheres）動物，牠們屬於一派從中生代延續下來的、更古老的哺乳類動物譜系。牠們的前肢伸向一側，後肢被夾在下面，這讓牠被芳香的落葉吸引、猶豫地向一棵假山毛櫸樹爬去時，呈現出一種好奇又好鬥的相撲選手姿勢。而且尋找假山毛櫸的，還不僅只有岡瓦納獸目動物。因此，與其每年老實地播種、冒著不斷被吃掉的風險，這些樹通常根本不會產生任何種子。在一個像去年夏天那樣所謂的「栗食堆」（mast）年裡，每棵樹一次會結出大量種子，同心協力地為種子的捕食者提供成堆的食物。由於食物供不應求，加上吃假山毛櫸種子的生物從來不是很大的數目，所以釋放出來的種子數量遠遠高於需求，這就確保了有些種子得以存活下來，並長成樹苗。我們不知道這種狡猾行為是怎麼協調出來的，它們是透過荷爾蒙信號進行交流，還是都對來自環境的某種刺激源做出反應？這種刺激源發出暗示：該是時候大量散發種子了！？

岡瓦納獸目動物，與負鼠、南狳和鳥類一樣，都在尋找還沒被吃掉的假山毛櫸堅果，這是一種裝了七八粒種子的小型袋狀物，散落在地上，很容易找到。牠們會把堅果塞進嘴裡，津津有味地咀嚼著，咀嚼時下巴前後搖晃。[25]

• • • • •

　　生命會演化以適應所處的世界，但是地理、洋流、大陸的位置、風的模式和大氣化學等，決定了那個世界的參數。由於地球物理狀態累積出來的結果，西摩島的生物變得多樣化。這種資源可用性（resource availability）帶來大量的動植物，推動了競爭、適應、專化和物種形成。氣候也決定了生命的極限；黑暗的冬天仍然很冷，使得許多物種無法在此生活。與加爾加諾不同的是，此地島嶼的規則有利於中等體型的生物，即小型生物的巨人版和大型生物的矮小版。相反地，在極地地區，極端的生物更有優勢。有兩種方法抵禦寒冷。一種是冬眠，就像南狳和其他小動物那樣，透過改變體內生理流程以捱過冬天。另一種是增加身體尺寸，減少相對於體積的表面積，並透過體積保持溫暖。中等體型的生物兩者都做不到，所以在始新世的西摩島上找不到體型介於兔子與羊之間的生物。[26]

　　這種壓力只會與日俱增，因為南極洲的豐饒歲月已接近尾聲。在中心的高峰，山頂積雪持續了整個夏天。目前，寒冷仍只留在高海拔地區，但隨著地球再次冷卻進入漸新世，冰會下降、蔓延到整個大陸，並驅離幾乎所有的植動物。這個過程將緩慢地開始，冰河流向西南極半島的東部，並將一些生命短暫的冰山崩解，接著流入威德爾海。隨

著印度與亞洲大陸的碰撞，喜馬拉雅山開始上升，導致新暴露出的岩石受到日曬雨淋，與二氧化碳產生反應，並將其吸入地球。隨著二氧化碳含量下降，冰的數量也會增加。這樣一來，白色表面會將更多陽光反射回天空，減少了陸地吸收的熱量，更增加了冰的生長。氣流和降雨的模式將發生變化，洋流會重組，溫度會下降，南極雨林的物種將一個接一個地發現生活環境已超出它們對自然的承受度能力。即使是廣食性的諾修洛弗斯，也會發現自己無法生存下去。每個物種都有其極限。[27]

南極生物群在南極洲本身滅絕的確切時間和地點目前尚不清楚，我們只有漸新世以後的零碎紀錄。與早期注定失敗的人類南極內陸探險不同，此處沒有日記，沒有物種死亡日期和地點的紀錄。那些確實存在的紀錄被深埋在冰原底下，偶爾才破冰而出。在內陸的比爾德摩爾冰河（Beardmore Glacier）附近，假山毛櫸灌木叢能存活到上新世，但在茂密的始新世植被中，只有少數耐寒的苔蘚、地衣和地錢，一種漆姑草和一種髮草，能一直存活到現在。始新世南極洲生態省份的縮影仍然存在，散布在大洋洲的澳大拉西亞（Australasia）、南美洲和非洲南部邊緣的假山毛櫸森林中，但自極地雨林時期以來，已發生了徹底的變化。在這些動物中，只有國王企鵝因其社交群居行為、異常強烈的配偶忠誠度，以及一連串的保暖特性，讓牠們成為最後的永久居民，頑固地留在牠們和親屬稱為家園的土地上長達幾千萬年。[28]

在西摩島初冬的天際線上，太陽在未來三個月裡最後一次下山。在南極風的邊緣，也許是靠著明亮的星星，或是地球深處旋轉的鐵形成的磁場，鳥兒在夜裡自在翱翔。[29] 天空似乎圍繞著南極旋轉，就像星座在天空中行駛一般，傾斜的地球也在四季中滾動。在下方，在群

星的照耀下，雷鳥和閃電獸在剛結霜的地面上劈啪作響，準備破土而
出。

第五章　循環

地獄溪

拉拉米迪亞

阿帕拉契亞

西部內陸航道

●希克蘇魯伯撞擊點

北美洲，6600 萬年前

# 第六章　重生

Rebirth

美國，蒙大拿州地獄溪（Hell Creek）

古新世，6600 萬年前

「就通往下一個世界的大門而言，沼澤地不是一個糟糕的選擇。」

——瑞格斯（Ransom Riggs）<sup>*</sup>著《怪奇孤兒院》（*Miss Peregrine's Home for Peculiar Children*）

「特魯默．馮．斯特恩（**Trümmer von Sternen**）：
我用這些廢墟建造了我的世界。」

「破碎星辰的殘骸：我從這些碎片中建立了我的世界。」

——尼采（Friedrich Nietzsche）<sup>†</sup>著《戴歐尼修斯酒神頌歌的片段》
（*Fragment of the Dionysos Dithyrambs*）（哈利迪〔John Halliday〕翻譯）

---

\* 譯注：美國當代作家。
† 譯注：19 世紀的德國哲學家、思想家、文化評論家。

　　世界已經終結。兩年前，一塊至少長十公里的岩石出現在北方高空，以每秒數千公尺的速度向南和向西移動。幾乎在點燃平流層的同時，就立即撞擊到現代墨西哥猶加敦州（Yucatán）希克蘇魯伯（Chicxulub）的淺海。地殼因撞擊而破碎融化，熾熱的岩漿高高飛濺到空中。在涼爽的空氣中，岩石的融化液滴凝固了，在三天的時間內，熱玻璃球子彈散落在半個北美洲地區，伴隨而來的高溫燒毀了森林，全球三分之二的樹種死亡，直到最後一個樣本都不保，並導致遠至紐西蘭的森林全都消失。地震的聲音在地球周圍響起，在地球受到撞擊的相反一側，印度洋的海脊裂開，衝擊波摧毀了附近陸地上的生態系統，大規模的海嘯攪動了海床。捲起的海浪高達一百多公尺，不到一小時就越過了海灣，不僅淹沒了海岸，還淹沒了遙遠的內陸地區，摧毀了整個加勒比海地區已建立的群落。穿過覆蓋北美部分地區的淺海航道，一道駐波來回晃動，彷彿那只是一個浴缸。在直徑一百公里的隕石坑下，長期埋在撞擊地點下的石油立即被焚化。由此產生的大火，將煙霧和煤煙排放到大氣中，煙霧透過高空風力傳播，迅速將地球掩蓋在一層微粒覆蓋層下。在接下來的幾個月裡，降雨量下降到原來的六分之一。天空變暗，沒有太陽光，植物和浮游植物停止生產能量。它們還沒有重新開始。在某些地方，溫度至少下降了攝氏三或四度，全球陸地平均溫度更降至冰點以下。經過兩年的黑暗期；這兩年當中，全球沒有任何地方可以行光合作用，還把充滿硝酸和硫酸的雨水注入海洋，各種群的生存都已宣告失敗。適應溫暖環境的物種無法生存，身體龐大的草食性動物和肉食性動物都因缺乏可靠的食物供應而餓死。分解者出面接管了一切，真菌在白晝漆黑的天空下消化死亡和垂死群落的殘骸。地球上有四分之三的物種，每個雄性、每個雌性、每

熊犬獸（*Baioconodon* sp.）

個成年動物和每個幼年動物都死了。這是持續了一整個世代的冬天。[1]

　　古新世的開始，是從火中誕生的紀元，在化石紀錄中，它的出現就像閉路電視錄影畫面中的一個小故障，在幾幀顫抖的靜止畫面後，畫面又回來了，但一切都改變了。世界各地都發現了一層銥，這是一種在隕石中含量很高的化學元素，被塵封在距今六千六百萬年前的岩石中，這是外星物質造成死亡打擊的象徵。據估計，只有八分之一的地表含有濃度夠高的碳氫化合物，可以產生導致滅絕冬天的煤煙斗篷，但厄運改變了一切。在下面幾公分處，在更古老的地層裡，就是恐龍世界的遺跡，有像纖角龍（Leptoceratops）這樣有小褶飾的吃植物動物、圓頂頭骨的厚頭龍（Pachycephalosaurus）、沒有牙齒的似鳥龍（Ornithomimus），以及牠們的獵食者霸王龍。神翼龍（Azhdarchid pterosaurs）是有史以來最大的飛行生物，比奧維爾（Orville）和威布爾・萊特（Wilbur Wright，按：即萊特兄弟）的早期飛機更大、更輕，在頭頂上方滑行。大海怪類[*]的爬行動物在附近海域翻滾。就在銥層上方幾公分處，我們發現了各種各樣的中小型哺乳動物，牠們以根、塊莖和昆蟲為食。旁邊還有幾條鱷魚，也許還有一隻烏龜。多達四分之三的植物和哺乳動物物種，以及除了少數鳥類之外的所有恐龍都消失了，取而代之的是新的生物。這種轉變快得讓人難以理解。事實上，它阻礙了早期科學對於理解的努力。經過一百多年的地質研究，學界才認定古新世確實存在過。最後，它被安插在始新世初期，當作將由翼龍、恐龍和鱷魚的親屬等古龍類（archosaur）主宰的世界，與由早期的馬、靈長類和肉食性動物組成的世界連接起來的過渡階段。[2]

---

\* 　譯注：在《聖經》中是指一種海怪，形象原型可能是來自鯨、鱷魚或龍王鯨等。

威爾斯（H. G. Wells）在 1922 年寫道：「此處仍有一層面紗籠罩著生命歷史的輪廓。當它再次被掀開時，爬行動物時代已結束了。我們現在發現了一個新場景，一個嶄新而更強壯的植物群，以及一個嶄新而更強壯的動物群，佔據了這個世界。」[3] 為了認識這些嶄新、強壯的動植物，並瞭解牠們是如何繼承地球的，我們必須在時間和空間上比那次毀滅性的碰撞走得更遠一點。在世界末日後，我們只能去一個地方——我們必須越過河。我們必須前往地獄。

在小行星撞擊地球三萬年後，不只是氣味潮濕又令人振奮，空氣中還瀰漫著由蕨類植物和沼澤混合而成的感覺，實在太有侵入性。 在這下方，則是吸收水分但永不流動的潮濕地面。當熱帶風暴通過時，雨水不是落下，而是滲入環境的每一個角落，這是一種完完全全、滲透到底的潮濕。在遙遠的西部山丘上，綠野上一筆油膩的灰色了無生氣。大雨又造成另一處的土石流，把最新一代的樹苗一掃而空，就好像群山已放棄希望，正慢慢沉入海洋。這是西部內陸航道的西緣，一片溫暖的淺海淹沒了低海拔的北美中心，並把它分成了兩塊較小的陸地，西邊是由後來的洛磯山脈（Rocky Mountain）地區形成的拉臘米迪亞（Laramidia），右邊則是包括從佛羅里達經田納西（Tennessee），一路到加拿大新斯科舍省（Nova Scotia）全部土地的阿帕拉契亞（Appalachia）。在過去幾百萬年來，這片大海一直在後退，因此拉臘米迪亞與阿帕拉契亞的最北端開始連接起來。儘管如此，大部分的北美大陸仍被這片多產的淺海分隔開來。拉臘米迪亞東部海岸的平原地帶，曾是一條蜿蜒曲折的河系，邊界有高大的森林，裡面棲息著龐大的野獸，這條河到了現代，則稱為地獄溪。在世界變暗的那一天，當炙熱的紅色玻璃如雨點般落下，南方爆發了一股強烈的熱流，一種強

大的紅外線波流。森林都被燒毀了，在這地區將近五分之四的大型植物物種被永遠消滅。盤根錯節的根系維護著地球的完整性，在煤渣與灰燼中不再能支撐上面的軀幹。沒有樹木可以擁抱山丘，或從河流中深深吸收水分，暴風雨現在浸透了土壤，而水這個地球永恆的建築師，將山丘夷為了平地。緊緻的地下岩石讓水無法滲流下去，導致地下水位上升。河流變成了沼澤、泥炭沼澤、池塘處處的積水景觀。在這些水域邊緣地帶的高地上，倖存的樹種開始從避難所蔓延開來，長成一些稀疏的林子，與骯髒的沼澤水道交織在一起。[4]

就好像地球上的生命已被重新設定一般，地衣、藻類、苔癬，特別是蕨類植物，在新的地貌中擴散開來，重演了植物的早期演化過程。環境要求世界再選擇一次居民。災難過後，機會主義者會首先崛起，而在植物中，蕨類屬於最強大的機會主義一族。它能附著在貧瘠的土壤上，生長迅速，而且功能廣泛。蕨類的孢子可以在其他植物無法生存的地方發芽、成長。在全世界所有的地方，都有經歷過蕨類植物數量的巔峰期，因為它們把獨特的孢子拋到風中，每個都是對於嶄新土地的廉價投資，在荒涼土地上闖出一片立足之地，當其他物種在受苦時，它們快速取得了繁衍的勝利。這些就是災難類群的前驅物種，是讓世界更適合居住的調節者。有些時候，這些物種也可以改善環境，例如透過培養更肥沃的土壤，創造出其他適應性較差物種可以興旺成長的條件。其他時候，這些成功物種就是更有競爭力，是能快速利用免費資源並快速成長的物種。它們盡可能地排斥其他物種，但最終在成長變慢時仍須屈服，因為更不愛風險的物種會超越它們。不管是什麼機制，演替最後會讓生態系統恢復到以前的多樣性。蕨類植物的巔峰是激烈而短暫的，這種演化冒險者的興衰約有千年尺度，但要恢復

滅絕之前的多樣性則需要將近一百萬年。在地質學上，時間與距離密不可分；在此，蕨類巔峰期持續的時間是岩石紀錄的一公分，那個地層中充滿了孢子與黏土。[5]

從一個小斜坡開始，蕨類沼澤似乎綿延了數英里，但這個相對的高地也是其他植物的避難所。有些突出於泥潭邊緣的歐洲水松（*Glyptostrobus europaeus*），像是坐在半公尺高飄著浮萍水面上的水中救生員，彎曲的根部從表面拱起，讓它可以呼吸。在靠內陸一點的地方，年輕瘦長的西部水杉（*Metasequoia occidentalis*）正攀向天空。這裡大部分的樹是驕傲筆直的納氏楊樹（*Populus nebrascensis*），它是白楊與楊樹的表親。也有很多樂氏波羅蜜（*Artocarpus lessigiana*），這是波羅蜜與梧桐樹的早期親戚，鴨腳般的葉子奇異地適合這裡的天氣。[6]

你可以從葉片中瞭解一處地景的很多資訊。葉子是主要的食物攝取與呼吸器官，結合了肺與腸的功能，同時很容易維持在植物末端。這帶來了挑戰。如果環境太乾燥，氣孔把水排到空氣中的速度就會太快。在四碳光合作用的演化之前、在多肉植物出現之前，還有解決這問題的方法，比如說葉子可以減少數量或尺寸，或者葉子所產生的蠟變得更密集、更厚，以防止水分流失。如果環境很多雨，積水會折斷葉子或造成真菌感染的環境，因此葉子形狀會演變成有把雨水導向盡頭的舷緣，就像水壺壺口有個「滴頭」（drip tip）那樣，把水導向地面卻不會折斷葉子。測量某個有滴頭結構的葉子比例，就可以合理猜測出當地的雨量。楊屬（*Populus*）的白楊，就有一個滴頭結構，葉子本身就是雨滴形狀。雷氏懸鈴木（*Platanus raynoldsii*），俗稱法國梧桐樹，每片葉上有三個滴頭結構。[7]

好像到了截止日期一樣，雨突然停了，樹木也得以放鬆下來。隨

著天氣解除了重量，樹枝得以向上嘆息。它們繼續滴水、滲出，流進土壤的水也帶走一些防水蠟。從葉子滴下的每一種蠟，都含有那葉子的化學成分特性，並賦予土壤一種曾經遮蔽它的葉子之特徵。開花植物比毬果植物生產更多的蠟，組成這兩種植物蠟的分子比苔蘚植物的更長。這在更乾旱的環境中，可以防止水分流失到乾燥的空氣中。即使土壤變硬、礦化成岩石，這些化學成分仍被保留下來，並在某個程度上透露曾出現哪些植物。在植物死亡很久並融入岩層之後，留下的合成而斑駁的化學成分，依然保持不變。[8]

不只植物在這片沼澤地中開發著這座島嶼。一種稱為擬間異獸（Mesodma）的小型獸類主宰著這個生態系統，將進佔了此地族群的四分之三。牠有大門牙、方下巴與攀爬動作，乍看之下容易誤以為是林間鼠類，但**擬間異獸**並非囓齒類動物。在牠的嘴巴深處，有一顆完全不像現代任何哺乳動物的牙齒，而是很像牙齦上嵌著半個圓鋸，大型的前臼齒也實現了類似的目的。細齒在凹槽中向下延伸到牙齦線，像是為了快速咬掉木質莖而客製化的圓形刀片。擬間異獸是一種多瘤齒獸目（multituberculate）獸類，屬於一個自侏羅紀時代以來就分化的群體，體型大多是老鼠大小，從吃種子的到吃水果或莖的，有挖洞也有攀爬的。[9]

從白堊紀已知的哺乳動物群存活下來的並不多，存活下來的也沒有不受到傷害的。在南半球，包含現代鴨嘴獸與針鼴的單孔目勉強存活了下來。牠們是演化上的耐力運動員，也許不是很多，但牠們將會腳步蹣跚地走進現代，從未分化，也不常見，但始終存在，只是在化石紀錄中看不到。有袋的後獸亞綱動物（metatherians）是有袋動物的祖先，過去在整個北美地區都很常見，現在只有少數還在此地

生存。最後，牠們也將會被限制在南方。另有兩個不常見的食蟲哺乳動物群——有著銳利三角臼齒與腳踝骨刺、笨拙爬行的對齒獸類（symmetrodonts），以及像沒有脊椎的刺蝟的樹掠獸（dryolestid）——可能倖存了下來。唯一的對齒獸類標本，是個名為「時間遊獸」（*Chronoperates*）具爭議性的標本，它是個時間流浪者，是從中生代化石群中找到的一顆晚古新世牙齒，在地質紀錄中錯位了。至於樹掠獸，有一種體型大小類似狗的鴨嘴獸（*Peligrotherium*），俗稱「懶惰的野獸」，是在巴塔哥尼亞的古新世早期就已經知道的動物；至於另一個俗稱「盜墓者」的屍掠獸（*Necrolestes*）也來自同一地區，但時間是在很久以後的中新世。屍掠獸非常特別，有像鼴鼠的挖洞動物那樣敏感的鼻子，專化到我們仍不確定牠確實屬於哪個群體。至於鴨嘴獸，則被某些人認為是胎盤類哺乳動物。要確認這兩種都是樹掠獸，還需要將近四千萬年消失的演化史，這是一段巨大但並非不可踰越的鴻溝。也許就像單孔目動物，這些動物的確存活下來了，但由於生態上的特性，沒有被保存下來。[10]

　　說到保存，所有的環境都不一樣。要能夠成為博物館的標本，死亡的生物本身必須不會朽壞，要被沉積物覆蓋，還要不會被磨損、變質，或是沉到鑿子與錐子挖不到的地方。在這方面，地獄溪的哺乳動物比鳥類有個優勢——牠們的牙齒。由於牙齒外層有琺瑯質，在物理與化學性質上都比骨頭更硬，因此保存下來的機率高上很多。哺乳動物的牙齒，尤其是臼齒，有特殊的突出點與凹槽點型態，還有環繞在邊界的各種類型的隆起線，負責連結與分隔它們。單單一顆臼齒的下方形狀就可以準確辨識出一個物種，只是要用牙齒瞭解物種之間的關聯較不容易；對類似飲食的趨同適應，某種程度上覆蓋掉了來自家族

史的特徵。[11]

對於很多科、屬、種來說，古新世不是結束，而是開始。全世界都在一種復甦的狀態。這必然意味著，少數倖存下來的譜系開始變得多樣化，以及整個全新群體的起源，亦即一個物種可以演變成為一個目（order）。在生態區位還是空的、並準備好等著生物取用的世界中，硬骨魚、蜥蜴、有袋動物，還有很多種鳥類都在多樣化。[12]

身為人類，我們屬於真獸下綱（eutherians），用維多利亞時代的術語表達，就是「真正的野獸」（true beasts）。在白堊紀時代，我們的真獸親屬（kin）十分多樣化，而且也在大滅絕事件中存活了下來。我們的祖先是食蟲的，就像很多哺乳類群體一樣，是由他們的後代胎盤哺乳類動物定義的。雖然在白堊紀期間，牠們在北半球非常多樣化，但在印度這個一如既往與其他大陸一樣遙遠的島嶼大陸，也有牠們的存在。即使分布如此廣泛，超過一半的真獸家族完全消滅了，只有三個真獸群體短暫存活過：大致上是掠食性的克莫土獸（cimolestids）、類似跳鼠的小古猬（leptictids）以及胎盤類。我們並不知道到底有多少種胎盤譜系倖存並留下後代，大多估計是十種左右。我們也無法直接知道這些倖存者的胎盤譜系解剖結構，因為在滅絕事件之前的事情沒人知道。可以往後推論的是，牠們是一種小型夜行食蟲動物，只有從這個時間點之後，才在化石紀錄中發現了胎盤。幾乎是在大災難發生後立刻出現，這是牠們的黎明。[13]

一條狹窄的小溪對面，一群蕨類植物吱吱作響地展開，撕毀了一隻蜘蛛的球網。這時一隻貓大小的纖瘦動物，後面還跟著兩隻小的，冒了出來喝水。也許牠們更適合叫小牛，但很難知道；談牛或狗，或者猴子或馬，都沒有意義。這些群體都還不存在，但在這個正從希克

蘇伯魯隕石撞擊的殘骸中恢復過來的世界裡，這是牠們開始的地方，或至少是開始的時期。這是最早的胎盤哺乳動物。名字在久遠的過去中失去了確實性，而在這些群體開始分裂時，我們也沒有描述這個年輕共同祖先的語言。生物部落就存在某些地方，在更廣泛的分布中聚集起來的殘餘份子，由於被災難分隔，在生命之樹的分支上不再會相遇。兩隻年輕的熊犬獸（*Baioconodon*）是手足，但也許長大後，有一隻會遷移到新的牧場，也許牠們的孩子永遠不會再相見，牠們的族群也不會混合。有人推測，這些可能分別是蝙蝠與馬的祖先。[*] 在這些動物的家譜中，牠們的血統一定集中在祖先的種群上，而對大部分的胎盤目來說，古新世是牠們的搖籃。[14]

　　這時期的熊犬獸與很多其他神祕的哺乳動物，還不確定該位於哺乳類生物譜系樹的哪個位置。跨過這片沼澤，抓一把頭髮，萃取一些DNA，就可以滿足很多古生物學家的幻想。但六千六百萬年實在太久遠，而且熊犬獸肯定會嚇一大跳地逃走。[15]

　　目前，我們必須滿足於觀看並希望有更好證據的美好日子。牠們的解剖構造太不明確，與很多存活著的目太像又太不像，所以無法很有信心地確認其位置。就臉部相似度來看，牠的外表像巨大的短鼻刺

---

[*] 作者注：據推測，物種一定不是來自個體，而是來自種群。然而在這些種群中，如果兩個手足發現自己處於某個分裂線的對立面，在不同的基因庫中，牠們的分歧將是很多分歧中的一個。至於蝙蝠與馬，牠們的關係意外地密切，都在胎盤「超級目」勞亞獸綱（Laurasiatheria）中。有人認為，蝙蝠、四肢動物（包括馬）與食肉動物，形成一個緊密的團體，還有趣地稱牠們為飛馬獸（Pegasoferae，意為野蠻的飛馬），但眾所周知，勞亞獸綱的相互關係很難確定。像熊犬獸這樣的生物，位於胎盤類與勞亞獸綱輻射底部附近的某處，但如果要肯定地宣稱一個物種是另一物種的直系祖先，既不符合潮流也不明智。

蜩，或像馬達加斯加貓鼬的親戚——馬島長尾靈貓，但這是在牠們身上強加了太多後期群體的特徵。牠們是還沒專化的柏拉圖式胎盤，是塊活黏土，從中延伸出所有其他形狀，或捏或拉而被定型。對很多古新世哺乳動物家族來說，這在某種程度上是正確的說法，我們現在把牠們歸為一個稱為「古蹄獸目」（’Condylarthra’）的群體，還被稱為廢紙桶，一個貼著棕色剎落標籤的博物館櫃子，我們把所有不知道如何歸檔的早期哺乳動物都丟在那裡。在那個大雜燴裡，熊犬獸是熊犬類（arctocyonids）家族的一份子，而熊犬類也許就是廢紙桶本身。[16]

　　雖然祖先是食蟲動物，但在這些動物的細胞深處，為了分解昆蟲堅硬外殼的酵素基因正在關閉功能。即使某種動物已適應了吃昆蟲維生，不管挑戰有多高，為了避免競爭，嘗試了一種更新、更不常見的飲食，例如植物。如果消化昆蟲的酵素沒在用了，保有這些酵素就不再是優勢，因此在父母將基因傳給孩子時，並沒有檢查製造幾丁質酶指令的機制；在演化的傳話遊戲中（按：傳話遊戲是一種多人遊戲，通常一句話傳到最後，意義已被大幅扭曲），其中包含的資訊也慢慢變得無用。這些基因的殘留物可以在人類、馬、狗與貓的身上找到，這是對食蟲過往一種模糊的遺傳記憶，而有趣的是，這些遺失似乎是各自獨立發生的。[17]

　　一隻擬間異獸快速經過熊犬獸，像松鼠一樣沿著白楊樹枝攀爬，尋找著食物。牠頭朝下爬上一條木質藤蔓，拒絕了在月籽藤匕首狀葉中低垂著的深色漿果。一隻體型稍大的動物普羅瑟貝魯斯（Procerberus，音譯）就躲在藤蔓下方，有點像大而好鬥的鼩鼱，警戒地吠叫著，然後匆匆穿過牠藏身的植被離去。月籽藤的果實並不是擬間異獸的好食物，因為它長得很快，會爬過大樹、向上爭取陽光，產量也很多，但

種子本身有毒。這種神經毒素可使哺乳動物癱瘓，但對鳥類比較沒有
影響，這是植物用來傳播種子的一種抗性（resistance）。生活在稀疏
林子裡的鳥，是類似鶴鶉或鴯鶓等地上居民。對於住在樹林裡的生物
來說，森林大火確實是毀滅性的。很可能的情況是，在每一個鳥類家
族中，只有在地上築巢的才能在大火中倖存。牠們脆弱的骨骼，代表
牠們在很多方面的紀錄都是零碎的，而已知最早的古新世鳥類符合這
個理論。牠們都是在岩石上築巢的海鳥，棲息在西大西洋沿岸一帶，
延伸到阿帕拉契亞上的西部內陸航道。[18]

　　沒有人可以確定是什麼因素，讓像樹棲的擬間異獸（*Mesodma*）、
普羅瑟貝魯斯（*Procerberus*）或最早的胎盤動物親屬，得以在很多物種
都滅絕的地方存活下來。牠們生活史的某些面向可能有幫助；較小的
動物需要較少的食物就能生存。另外就像蕨類一樣，牠們繁殖得很快，
也有很多後代，在一個無法預測的環境中，散彈槍播種的方式更能收
到成效。較早的繁殖有助於適應，因為個體在族群中多次取代自己之
前，需要的時間較短。住在溫度較少變化的地下洞穴，可防止所有的
炎熱，以及充滿輻射性微塵與流星衝擊的冬天，幾乎可以確定是很多
動物倖存的一個影響因素。在 1960 年代，內華達沙漠地區大量進行了
核武試爆時，最深處在地表下五十公分的更格盧鼠（kangaroo rats）洞
穴，就足以隔絕傷害，這意味著，儘管有原子彈爆炸，牠們也能倖存
與蓬勃發展。[19]

　　水生也許也是一種保護。海龜、蠑螈與其他兩棲動物活得相對較
好，但即使如此，幾種水生動物如鱷魚親戚與其他海洋爬行動物，不
是被毀滅，就是幾乎失去所有的多樣性。與白堊紀的同類相比，今日
剩下來的鱷魚多樣性令人驚訝的小。白堊紀的鱷魚絕非全都是半水生

的伏擊掠食者，包括坦尚尼亞敏捷、像貓一樣的貓鱷魚（*Pakasuchus*），擁有鰭狀肢、像鯊魚的尾巴、完全海生的海鱷（thalattosuchian）家族，還有擁有獅子鼻的獅鼻鱷（*Simosuchus*）這種來自馬達加斯加的有丁香齒（clove-toothed）的穴居草食動物。獅鼻鱷的體型只有鬣蜥大小，即使牠的生活方式有其優勢，仍然沒有存活下來。即使流星撞擊帶來顯然無差別待遇的死亡方式影響了某些物種的生活方式，但生活史依然很重要。[20]

　　有時候，平平凡凡就已足夠。在滅絕之前，地獄溪地區的河流至少接待了十二種蠑螈。其中只有四種倖存下來，這四種佔了滅絕前蠑螈族群的 95％。牠們的數量很多，因此得以承受族群數量的大損傷。地獄溪的水中仍保有牠們的凝膠狀卵塊，但現在幾乎完全是一個物種。在新鮮但低氧的水中，主要居民是有鰓但能呼吸、像弓鰭魚一樣棲息在底部的魚，以及埋在土裡找蛤蜊吃、慢活的犁頭鱝。淡水龜則高高地撐在原木上。而在某個地方，名為鱷龍（champsosaurs）的掠食性蜥蜴，以及像短吻鱷的大型鱷魚潛伏著，大部分都淹沒在水中，突如其來地劈啪出現猛咬住魚。活在最近的白堊紀的鱷形超目（crocodylomorphs），在世界各地的倖存者都是適應鹹度範圍更廣的，也就是生活在世界邊緣地區與周圍的物種；那裡是鹹水與淡水相接的地方。我們再一次看到，多功能的物種才能生存下來。[21]

　　在水面，浮萍漂在墊子上。在水面上輕輕飄盪、墊子圓圈重疊的奎瑞莎（*Quereuxia*，音譯），也開始發芽開花。豆娘在水上一翼長的地方搖搖晃晃地盤旋。半藏在樹叢中的是真正的食草專家米馬圖塔（*Mimatuta*，音譯），體型像狐狸梗犬大小，是另一種有長期體內孕期胎盤策略的哺乳動物，已經走出沼澤地去啃食薑裸露的根部。就體

型來說，牠的尾巴偏長、個子低矮，脖子後方就像一隻棕色小獾，半蹲著而且粗壯。牠的頭頂比獾圓，下巴比熊犬獸更深，是一種習慣咀嚼的動物。佩瑞提契德（periptychids，音譯）家族也同樣正在適應草食生活。米馬圖塔的親戚長得越來越大，也發育出球狀牙齒，非常適合嚼碎森林深處美味的根部，有幾分像野豬。米馬圖塔的臉上密密麻麻佈滿了髭鬚與鬢鬚，對於灌木叢中的食物可以敏銳地覺察。[22]

　　恐龍消失之後，像米馬圖塔這樣新的大型哺乳動物，是陸地上最大的哺乳動物。米馬圖塔是個創業家，現在不受三角龍（*Triceratops*）或厚頭龍競爭的限制，到處去開發植物。生薑的辛辣味是為了趕走掠食者，但米馬圖塔無論如何就是堅持啃食下去；甲蟲的幼蟲也是一樣。靠近一點看，一棵月桂的葉子上被寫上了明顯隨意的灰白色線條，一開始覺得像蝸牛的足跡，但在葉子裡面，這些小通道顯示有微型幼蟲鑽了進去，並以葉子的組織為食。當幼蟲在牠的小豎井裡搖頭晃腦地蠕動前進時，葉子的薄皮就成了內部活動的透明窗口。牠是一種潛葉蟲，屬於一種纖細蛾的絲狀毛蟲。幼蟲在葉子的一邊孵化，接著在第四次蛻皮之後，刺穿進入葉子。牠們會一直待在那裡，直到準備好化蛹，再把自己裹在絲裡面，最後以一隻微型振翼者出現。[23]

　　昆蟲在化石紀錄中保存得不好；除了最細的沉澱物之外，由於牠們太小、太容易隨塵土飛揚，通常無法完整保存下來。在地獄溪，河系與沼澤沒什麼決心保存牠們，但在靜止的深處，的確保存了訴說一切的葉子，因為它們沉入泥潭底部。它們也保存了所有的活動痕跡，包括它們的微型掠食者、鑽孔、在葉脈與蟲癭之間挖出的通道、還有被蟲刺穿吸吮的傷口。沒有一種植物可以免疫，成千上萬的鐵蘇、銀杏、針葉、蕨類植物的葉子，甚至奎瑞莎的浮墊都遭到破壞。到處可

見獨特的半圓形咬痕，這是地獄溪蝴蝶的唯一證據，牠們將在地質的破壞中留存下來。在滅絕事件中，不只是脊椎動物被奪走生命，即使是數量眾多的昆蟲，也不像以前那樣多樣化了。維持生存的方式，即生態型（ecotypes）<sup>*</sup>的不同數量已經減少。在寄主植物滅絕的地方，幼蟲沒有可吃的食物，也會跟著滅絕。在專化的昆蟲中，有85％已經失落，倖存下來的都是廣食性昆蟲。以薑為食的甲蟲幼蟲不挑食，所以還在這裡；纖細蛾會活下來，只因為月桂樹活下來了。[24]

在生態系統的複雜賽局中，每個玩家都與某些玩家相連，但不是全部。而其他玩家的關係網，不只是食物網，也包括競爭、住處、光線與陰影，以及物種內部的競爭關係網路。滅絕事件爆破了那張網，打斷了連結，威脅到那網路的完整性。切斷一條線，它會搖晃，然後重塑，倖存下來。扯下另一條，它還撐得住。在很長的一段時間內，當物種適應後就會修復，也會達到新的平衡，建立新的關係。但如果一次斷掉的線太多，這個網路就會崩潰並飄盪在微風中。而世界，只能用所剩無幾的東西來將就了。

所以在一次大滅絕事件之後，就會發生一次大**翻轉**。隨著新物種的出現，網路也會自我修復。米馬圖塔和熊犬獸到底來自哪裡，並不完全清楚。牠們在白堊紀晚期並沒有明顯的祖先，所以我們不得不問牠們是否演化得太快，讓化石紀錄的框速率（frame rate）<sup>†</sup>來不及跟上？或者，牠們來自某個沒有被化石紀錄保存的地方，儘管已部分走上雜

---

\* 　譯注：主要用於植物，指同一物種因適應不同環境而具有一定的結構或功能的不同類群。

† 　譯注：又稱幀頻率、影格率，用於測量每秒顯示影格數的度量單位。

食生態區位，但被跨越地理空間與時間、不穩定的保存環境所掩蓋？牠們是不是在鏡頭之外演化，在某個白堊紀的搖籃裡彼此分離，然後只在某個擴大地理與生態範圍的機會出現之後才變得如此不同？

這些是關於這些神祕野獸的未解之謎，而且有些問題通常很難斬釘截鐵地回答。好像牠們在死亡時越過了忘川（Lethe），[*]也就是遺忘之河。有關祖先的記憶已被流逝的時間抹去了。

地獄溪與最早的古新世全球各地的哺乳動物，一直具有近乎神話般的吸引力。徘徊在水邊的熊犬獸物種，一開始被命名為「諸神的黃昏」（Ragnarok），這是取自北歐神話的啟示錄中，三個老太婆預言的世界末日。她們在命運的編織機上編織著，不斷編了又拆去，把世界縫起來，又任憑它破碎瓦解。[25]

其他則取自較近的神話；另一個最早的古新世哺乳動物，被稱為安氏埃蘭迪爾（Earendil undomiel，音譯）。在托爾金（J. R. R. Tolkien）[†]的阿爾達（Arda）神話中，埃蘭迪爾（Eärendil）是位航海家，是預告即將到來的喜樂的晨星，這神話參考自一首盎格魯薩克遜（Anglo-Saxon）[‡]的詩，詩中用這個形象來描述基督教中的基督使者施洗約翰。由於分類學的改變，名為安氏埃蘭迪爾的標本，現被認為是米馬圖塔的一個物種，是這裡的米馬圖塔的近親，也許是後代。米馬

---

[*] 譯注：希臘神話中的一條冥河，亡者到了冥界會被要求喝下忘川之水，以忘記人間的事。

[†] 譯注：英國作家、語言學家與大學教授，因創作《魔戒》、《哈比人》奇幻故事而聞名。

[‡] 譯注：指西元 5 世紀初到 1066 年諾曼征服英格蘭之間，生活在大不列顛島東部和南部地區的一些文化習俗上相近的日耳曼人。

圖塔本身有個辛達林語（Sindarin）[§] 的精靈語詞源，意思是「黎明的寶石」。這個名字讓人想起早晨是有原因的；古新世早期的佩瑞提契德與熊犬科可能有、也可能沒有留下活到今日的後代，但牠們是哺乳動物時代的生態先驅，牠們去的地方，其他群體就跟著去。從現在往回看，很容易看到牠們是後來探險行動的先驅；而促進探索行動的生理邊界，最後形成了蝙蝠、鯨魚、犰狳與大象等各種奇形怪狀。[26]

還有世界要征服，還有破損的生態網要修復，儘管今日恐龍更為普遍（鳥類的物種數量仍是哺乳動物的兩倍），但一般來說，哺乳動物終將登上食物鏈的頂端。在整個哺乳動物史上，牠們現在正達到物種數量的多樣性，以及解剖構造差異性的新高點。對我們來說，摺齒獸科與熊犬科是這個新的哺乳動物群的一部分。[27]

在希克蘇伯魯隕石撞擊的那一刻，所有的靈長類、飛狐猴、樹鼩、兔子和囓齒動物都還沒有多樣化。牠們都合成一種，也許是兩或三個物種，是所有後代的共同祖先。我們的祖先在這裡，牠們的基因密碼中包含了意味著靈長類動物的本質要素。有史以來某些最大陸地動物的祖先，重達十七噸的犀牛表親巨犀屬（Paraceratherium）就在這裡。而且，相同個體的有些後代會變得很小，並會像最小的大黃蜂蝙蝠一樣飛行。解剖形式的範圍將大幅擴大，在最後專化成我們今日所知的群體之前，探索著身為哺乳動物的各種可能性。這看起來幾乎實現了一個聖經承諾：你的後代將會抵達地球的每一個角落，甚至更遠。[28]

但是，往前看太遠就落入了目的論（teleological；按：只用功能與目的來瞭解事物）；地獄溪的世界並不是由我們所謂現在的朦朧未來

---

§　譯注：托爾金發明的一種精靈語，在《魔戒》與其他相關著作中有大量的運用。

所決定的。這裡的很多物種並沒獲得譜系上的成功。普羅瑟貝魯斯家族，即克莫土獸，將會遷移到新的生態區位，變得多樣化並存活另外三千萬年，最後屈服於滅絕事件。牠們最後演變成歐洲漸新世早期的一些半水棲、類水獺的形式。同樣的道理，像擬間異獸的多瘤齒獸目，現在是北美無所不在的統治者，會持續到始新世晚期。另外，還有一個艾克泰佩獸（Ectypodus，音譯）屬，在這個群體存活一億兩千萬年後永遠消失之前，還可以在北極發現。滅絕是生命不可避免的一部分，但很少真的發生大滅絕，也很少如此快速推翻了既定的秩序。現在，多瘤齒獸目、克莫土獸、 佩瑞提契德，全都是探索這個破碎地球的哺乳動物群體的一部分，而這個世界的多樣性也被毀滅性的偶然事件與氣候改變破壞了。要重新恢復地球的自然循環，將需要幾百萬年。[29]

　　復甦已在進行。即使是在小行星撞擊現場，生命也已回復到一個非常多產的生態系統了。在未來將成為科羅拉多州的地方，沿著這片相同的海岸往南，一個被稱為科拉爾懸崖（Corral Bluffs）的地方，詳細記錄了這星球之後的復甦。最早的群落，就像地獄溪那個一樣，顯示了一個由蕨類主導的景觀，還有一些少數的災難類群，構成了其主要生活。在大滅絕的十萬年內，哺乳動物物種的數量將會翻倍。在三十萬年內，生態區位的專化會開始發生，與古新世嶄新且更強壯的動物群一起，新的植物類型正在成為生態系統的重要組成部分（除了蕨類與棕櫚樹之外）。核桃科最早的樹木，以及最早的豆莢很快就會出現，營養的種子為草食哺乳動物的飲食提供了富含蛋白質的補充品。而牠們最近的祖先，大致上是以昆蟲為食。氣溫會再次溫暖，隨之而來的是，從南極到北極，森林將再次生機勃勃。[30]

　　即使是在諸神黃昏的北歐神話中，也是有希望的。雖然地球已被

火魔蘇特爾（Surtr）*焚毀，大部分的神祇也死了，但這並不是結束。在世界之樹（Yggdrasil）†下，將所有世界連在一起的大灰燼裡還有光。女人麗芙（Lif）與男人利芙沙（Lifthrasír），他們名字的意義是「生命」（life）與「身體的生命」（life of the body），從某個地下避難所走了出來，他們是僅存的人類。一個新的時代開始了，有新的神祇與新的世界。死後，是生命；滅絕後，物種形成。在拉蠟米迪亞沼澤中，蜘蛛將一根新絲高高舉起。米馬圖塔懶洋洋地咀嚼著一朵鮮花。春天來了。

---

* 譯注：北歐神話中的巨人，有一把比太陽更耀眼的炎之魔劍。在與諸神的戰爭中，他把劍拋向空中，產生的巨大火焰吞沒了地球。
† 譯注：又稱宇宙樹、乾坤樹，在北歐神話中，這棵巨木的樹枝構成了整個世界。

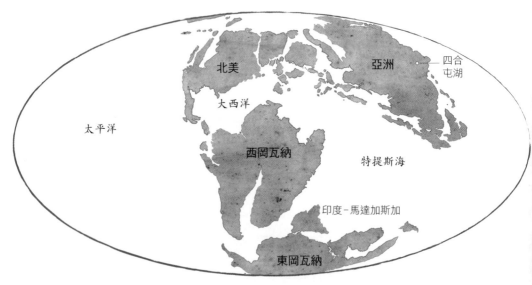

白堊紀早期，1.25 億年前

# 第七章　信號
## Signals

中國，遼寧義縣

白堊紀（*Cretaceous*），1.25 億年前

「在地球上，只有花能作為裝飾品，
也只有歌能把我們的苦難化為歡樂。」

——特爾（Nezahualcoyōtl）（柯爾〔 John Curl 〕翻譯）

「隱藏在雪中的，會在解凍時暴露出來。」

——瑞典諺語

隨著黑夜退去，遼寧湖畔，靠近不寧靜的火山處，金色漣漪向四處擴散開來。在遼闊水面對面的狹窄沙灘上，早起的翼龍慢慢地低下頭，光滑的倒影炫耀著牠禿鷲般的鬃毛。牠滿嘴的針狀物接觸到空寂的水後便潛入水中，在鏡面上送出了陣陣起伏。牠用牙齒一咬，就從夜晚寒冷的湖水中撈起小蝦。空氣逐漸變暖，隨著黎明到來，蟋蟀的聲音逐漸沉寂，沉睡的森林現在變成了生氣勃勃的市集。

這是白堊紀初期一個清新的春日，這隻特別的翼龍太專心於眼前的任務，而顧不上擔心自己的表現。牠是梳頜翼龍科（ctenochasmatid）的一員，一種約烏鴉大小的飛行性爬蟲動物。牠來得很早，想趕早抵達湖邊。就像所有梳頜科動物一樣，北票翼龍（*Beipiaopterus*）用梳子狀的齒網過濾食物，大致上就像現代紅鶴的喙或是沒有牙齒的鯨魚鯨鬚。牠以四肢站立在水邊，緊緊歛起翅膀，這兩個動作讓牠不會礙事，並且避免透過薄膜散失太多熱量。與鳥類相比，翼龍有大而長的頭部，看起來與身體不成比例地擺放在相當長的脖子上。因此一般來說，牠們並非天生的漂浮好手。牠們可以游得很好，而且確實可以從水中得到大部分的食物，但牠們的前面太重，以致無法像鴨子一樣優雅地滑行。事實上，這一隻還往前傾，把嘴浸在水中，把身子擱在手上，那手就在翅膀下三分之一處。每隻翅膀的其餘部分則緊靠著身體，支撐飛行膜的第四指，則像一對滑雪杖一樣往後指。從這裡開始，翼膜本身下垂到腳踝，下方則是有蹼的腳。[1]

在樹枝的折斷以及摩擦皮膚的聲響中，暴露了一群正在離開的雷龍行蹤。四和屯湖的周圍全是針葉林，上千棵古老的柏樹讓這片森林在季節性的雪中依然保持青翠，而且像針一樣直直扎入膝蓋高的灌木叢中。當雷龍地震般的腳步通過時，壓倒性的力量創造出了空地，讓

伊氏麗蛉（*Oregramma illecebrosa*）

蕨類植物、細長的馬尾草與其他植物幼苗，得以在這個開放空間中成長茁壯。白堊紀的壯觀景色是古老地球的典型景觀，這是非鳥類恐龍的鼎盛時期。恐龍確實是各處最大的生物，而這些蜥腳類動物是陸地上有史以來最大的野獸，屬於雷龍東北巨龍屬（Dongbeititan）。牠們又長又粗、肌肉發達的脖子高達十七公尺，而且每隻成年的龍重達數噸。雷龍以小群游牧的方式生存，為了維持龐大身軀，四處移動以尋找新鮮的食物來源，因此會隨著季節變化在不同地區之間移動。[2]

　　牠們的腳步很寬，會在堅硬土地上留下新月型的腳印。走路時，牠們的脖子會高高舉起，勉強搆著高處的樹木。與一般的看法相反，牠們不會用後肢站立，因為靈活的脊椎會阻止牠們穩定地將前肢抬離地面。事實上，牠們每一次向前只擺動了一隻腳。當牠們加快速度，會忽然變成快步的步態，隨著每一個動作滾動四肢，先是擺動左腳，後是右腳。從前面看起來，牠們幾乎就像個指節行走者（knuckle-walkers，按：以前手掌指關節背側面著地，支撐前部體重）。從某種意義上來說，牠們是這樣做沒錯。像東北巨龍這樣的雷龍，前腳沒有腳趾。同樣的骨頭，在翼龍身上已經加長、加強為翅膀，但在蜥腳類動物中減少到幾乎沒有，最多就是一個簡單的痕跡。事實上，東北巨龍是走在沒有爪、沒有指關節的腳上。[3]

　　蜥腳類恐龍雖是大型草食性動物，但不僅僅是像大象的爬行動物版本；牠們有一些因必要而相似的特徵，例如所有的大型草食性動物都必須是大量攝食者。白堊紀早期的一隻三十噸的蜥腳類恐龍，每天必須消耗至少六十公斤營養豐富的林下植物，或甚至更多的樹冠層植被。不過，牠們也有很多特徵與大象不同，通常是基於生理因素。與大象相比，蜥腳類動物的骨頭非常輕，牠們的脊骨也被到處充斥的氣

囊給包圍，這個特徵也許有助於牠們變得如此龐大。有幾個招搖的外觀特徵，也比哺乳動物更令人印象深刻；南美叉龍有一排很大的刺，從脖子後方突出，這是釘狀的角蛋白鬃毛，被認為具有展示與防禦的功能。其他的蜥腳類動物，如薩爾塔龍（*Saltasaurus*，音譯），在鱗片狀皮膚裡面還有盔甲。不像哺乳動物，恐龍有卓越的色彩視覺，很多蜥腳類恐龍都有斑點與條紋的大膽圖案，對親屬提供了吸睛的視覺信號。[4]

四和屯湖是個充滿商旅活動的旅館，到了晚上，白日的喧鬧也幾乎沒有停下。這座湖很多產，海龜與翼龍、水生蜥蜴、弓鰭、七鰓鰻、蝸牛和甲殼動物彼此爭奪著生存空間。在一個起伏的高地景觀中，湖泊是陸地上生物的主要飲水來源。解凍之後，在柏樹林內，一小群雷龍離開之後，地面上留下一隻二十噸重的雷龍屍體。牠就像一棵倒樹般破碎而龐大，冰冷、開腸破肚、散發著惡臭。牠身上帶有清理、搔抓與撕剝的痕跡，羽毛四處散落，還有一顆來自獅子大小、雙足獸腳類掠食者的牙齒。獸腳類是包括霸王龍、像迅猛龍（*Velociraptor*）的馳龍科恐龍族群，還有鳥類，沒騙你。[5]

在清晨微亮時出現、改變夜晚節奏的第一個變化是聲音，因為鳥兒與昆蟲開始鳴叫了。在澳洲，鳴禽直到始新世才出現，所以黎明合唱團現在還沒有雀形目悠揚複雜的曲調。從蟋蟀在三疊紀率先開始一起摩擦鞘翅以來，昆蟲的叫聲一直是世界各地景觀的一大特色。幾個昆蟲群體把堅硬外殼改成了樂器，用脊狀的「銼刀」（file）摩擦光滑的槌骨（plectrum），就像小孩子拿著棍子沿著一排欄杆刮擦一樣，就可以發出聲音。到了侏羅紀，這想法在很多不同群體獨立演化中變得複雜；眾所周知，當時的某些螽斯唱的歌並不是粗糙的銼磨聲，而是

純粹單一的音調。蟋蟀或螽斯、蚱蜢或甲蟲，每一種都以些微不同的方式唱歌。在白堊紀，蟋蟀高亢的嘰喳聲中，交織著長角甲蟲溫和的銼磨聲。這些展演讓空氣中充滿活力，因為昆蟲渴望找到配偶，於是對著空中大力宣傳牠們的性能力和位置。在一個擁擠的生態系統中，這是保證交配成功的最佳方式。當白天即將到來，不管有多響亮或多清晰，每一種生物都在發出信號，希望讓所有人聽到，或向自己的物種發出密碼。[6]

　　一個月前，在附近的一個清晨，地面上覆蓋著一片白霜，但因地下火山熱能加溫的關係，湖水並沒有結冰。現在，到處都是春天的跡象。當世界從冬眠中甦醒，在一段麻木發呆的時間後，似乎每一隻動物、每一棵植物都在交頭接耳、重新認識彼此。在高大的柏樹中，有較矮的樹木與灌木叢，包括蘇鐵，寬闊的多葉樹冠下有厚厚的林下構造；長滿苔癬與新芽的銀杏，它們的新葉像喇叭鈴鐺一樣歡快地長出；紫杉褐色的紅色毬果；還有彼此相連低矮叢生的買麻藤，這是麻黃與摩門茶的親戚。這些植物都是裸子植物，代表「裸露的種子」，因為它們的種子就暴露在專化的葉子表面，而且這群體現已在陸地生命中稱霸一億八千萬年了。通常，裸子植物含種子的葉子會變成顏色明亮的毬果，在暗色的針葉中以黃色與粉色凸顯自己，用來吸引甲蟲、蠍子蠅與草蛉。[7]

　　一棵從剝落樹皮的條紋狀紅色傷口處滲出黃色樹液的老柏樹，危險地長在近水邊的地方。它不調和地探出水面，一根下垂的樹枝隨風輕輕撫觸著水面。在柏樹陰影下方的水中，是長著長而尖種子莢和刷狀黃色細絲簇的小莖，聚集在空氣中。其下，在淡綠色纖細的葉片波浪中，新鮮的莖朝向水面生長，長成不發達的圓形。這個不起眼的水

生植物是性革命的一員，永遠改變了地球生態系統的樣貌。它是地球上最早的花。不像大多數裸子植物，這些像百合一樣從水中出現的花是雌雄同體，在同一個莖上同時具有雄性與雌性組織。黃色刷毛是雄蕊，上面覆蓋著花粉。其上，是雌性心皮，種子在裡面發育成只有幾公分長的豆莢狀外殼。在這段發展的初期，花還不會過於鮮豔，也還沒有花瓣。很難想像花沒有花瓣，但現代演化出很多這樣的花，從像澳洲鮮豔的串錢柳與大多數的銀蓮花家族，到不起眼的草花等都是。這種植物屬於古果屬（*Archaefructus*），長在深度約三十公分的水中，葉子基部有小囊袋，幫助瘦弱的莖浮在水面上。為了幫助授粉，只有花高出水面。在四合屯湖的周圍，幾種水生植物都有這種發育種子的新奇作法。另外，雖然沒有得到證實，但開花植物可能起源於淡水，被認為是合理的推測。不久之後，古果屬和它的同種族群會長在四合屯湖中，睡蓮與金魚草也將在各地被發現，在未來將成為葡萄牙與西班牙的地方。一旦種子開始長得更有肉、也更營養，植物也開始選擇脊椎動物作為擴散工人。大約有四分之一的被子植物已利用多瘤齒獸目動物、爬蟲類，也許還有鳥類，來散播種子了。[8]

小鳥站在柏樹的針葉間啁啁鳴叫，但其他鳥兒卻不確定地在樹枝間滑進滑出。牠們頭上裝飾著松鴉般的羽毛冠，脖子上有個斑駁黑點，還有張開的翅膀，充滿藝術性的華麗部位是原本很短的尾巴上一對特別長的飾帶，彷彿滿天都是孩子的風箏。這是聖庫斯恐夫需瑟瑞斯鳥（*Confuciusornis sanctus*，音譯），意思是神聖的孔子鳥（Sacred Confucius-bird），牠的尾羽有兩個裝飾性的目的；第一個是為了展示，雄性通常更大，尾巴很長，牠們顯示的是生育力，跳舞是為了讓觀看的雌性留下深刻印象，雌性身上就沒有這些裝飾性的羽毛。不像大多

數的羽毛都有一個圓柱形的中心軸或「羽軸」，這種帶狀羽毛非常薄，幾乎沒有重量，而且橫切面是半圓形，開放而輕盈，厚度大約就和一條蜘蛛絲一樣。雖然它們有一公分寬，二十多公分長，但在最薄處只有三微米厚，比微小的霧滴更薄。清晨的陽光穿透它們時，被薄組織給染紅，所以每隻鳥屁股後面看起來都有煙霧環繞。第二個目的是在逃避掠食者時，有助於分散注意力。中國美羽龍（*Sinocalliop teryx*），即中國美翅（the Chinese prettywing），是種巨大的馳龍，像鴕鳥大小，屬於獸腳類恐龍，通常以捕食小鳥為生。這些纖小羽毛很容易剝落，因此若被中國美翅的下巴咬住，就可以拋下羽毛，斷羽求生。但是，不只是掠食者會咬走羽毛，在柏樹的樹幹上，一處流著黏性樹脂的傷口伸出了一根羽毛，這是一隻笨拙的孔子鳥在樹上磨蹭後，不小心留下了最好的衣裳。[9]

　　像北票翼龍的梳頜翼龍，是專食性的濾食動物，與紅鶴很相似，但孔子鳥卻是機會主義者。有時，可以看到牠們潛水去捕魚，尋找閃亮的銀色狼鰭（wolf-fins），這名字讓人對這種有閃亮橢圓形鱗片、鱖魚般的小魚產生一種錯覺。其他時間，牠們會捕捉水面或空氣中的昆蟲。青蛙在半淹沒的柏樹根的安全角落裡，一邊留意著飛行的獵人，一邊呱呱叫著求偶演出。向潛在的伴侶宣傳自己的存在，也意味著對掠食者宣告自己你的存在。而且，大多數時候，動物都不想被發現。然而在交配季節期間，為了求偶，只能大聲歌唱，後果的風險也許可以用其他時間的謹慎來彌補。春意盎然，對青蛙的歌聲與孔子鳥之舞來說，湖邊是絕佳的展示場所。[10]

　　沾滿露水的蕨類植物，在一條巨大的腿通過時沙沙作響。翼龍嚇了一跳，飛了起來。稍微蹲低後、用翅膀一撐，就展翅高飛而去，在

空中安撫自己的情緒。牠低低飛過湖面，又高高飛起，鬃毛依然蓬鬆警戒著。腿的主人大約有亞洲象的高度，長約八公尺，是隻成年的羽暴龍（*Yutyrannus*），意思是有美麗羽毛的暴君（Beautiful-feathered Tyrant）。和牠更有名的表親霸王龍一樣，牠是一種霸王蜥蜴，是有兩條腿、尾巴與身體以蹺蹺板方式來維持平衡的掠食者。有三根指頭的小手則緊貼著身體。牠不像霸王龍將在未來將近六千萬年後的白堊紀末期生活在溫暖的地獄溪，羽暴龍是真正的北國動物，已適應了義縣溫和的夏天與冷冽的冬天。在這裡，整個冬天持續下雪，樹林周圍的火山山頂在未來幾個月中仍會被白雪覆蓋，因此即使是大型恐龍也需要一件羽毛外套來保暖。棕色夾雜著白色，在光線照亮下，牠的輪廓因斑點而顯得不清晰，甚至可以偽裝成最大的掠食者。大型恐龍不一定特別吵鬧，牠們的發聲器官比小鳥的小得多，所以無法發出鳴禽複雜的顫音或捲舌音。大型動物通常不會發出太多聲音，常見的是嘶嘶聲、拍打翅膀的聲音或下巴的劈啪聲。鱷魚與較大的現代恐龍，例如鴕鳥與食火雞，會閉著嘴巴發出低沉的咕嚕聲。羽暴龍也像這樣，用腫脹又退縮的喉嚨來發出隆隆聲。然而，現代鱷魚與鳥類有不同的發聲器官，分別是喉頭與鳴管，這顯示在每一個群體中，發聲是獨立演化的。我們並不清楚白堊紀的恐龍究竟如何發聲，但並未發現非鳥類的恐龍鳴管。至少，恐龍對視覺展示的偏好將會持續到現代，因為沒有任何脊椎動物像鳥類一樣，在色彩與形狀上有豐富的多樣性、細節與活力。事實上，從鳥類到蜥蜴，爬蟲類動物有人類看不見的色彩，也有在紫外線下發出螢光的圖案。由於這似乎是祖先留下的特徵，包括翼龍與恐龍的非鳥類古龍展示的色彩，很可能超出了人類的視覺範圍。羽暴龍對時尚的讓步，是眼睛上方一對引人注目的羽狀冠，這也

許是一種視覺擾亂圖案。此外，還有一條橫切的彩色條紋掩飾了眼睛的黑斑。其他恐龍利用顏色來躲藏。獵物物種，如三角龍早期的親戚鸚鵡嘴龍（*Psittacosaurus*），體型是狗的大小，有喙與褶邊，就躲在羽暴龍居住的擁擠森林裡。牠們深色的背部與淺色的臀部，意味著在牠們生活的世界裡，光線全是從上方而來，陰影抵銷了牠們的色彩，移除了對比，讓牠們看起來很平淡，不容易被發現。不過如果特別留意，從牠們後肢淡色內側的獨特水平黑色條紋，還是可以看到牠們。這還有部分欺瞞的功能，就像歐卡狓鹿的條紋一樣，但或許還有另外的好處，像斑馬條紋一樣能防止昆蟲叮咬。黑色條紋讓飛蟲無法近距離判斷著陸的距離，否則鸚鵡嘴龍脆弱的大腿內側，不但皮膚很薄，也沒有鱗片，當夏天一熱起來，樹林裡到處都是會叮咬的馬蠅、蚋與糠蚊，就會很不好受。[11]

羽暴龍不是過來進食的，事實上，牠在水中走了幾步後就進入湖中，並從水面深深向下劃了一下，在抬起頭完成吞嚥之前，一直抱持著警戒。這個動作反覆了幾次，現在太陽已完全高掛在地平線上了。隨著時間過去，總是會有某些東西從樹林中冒出來，也總是會有其他生物來到這座位於樹林中心、長滿苔蘚的寂靜湖泊。一隻擁有扁平外殼及長長脖子與尾巴的鄂爾多斯龜（*Ordosemys*）在水面上畫圈圈，湖面上有好幾群糠蚊盤旋，形成令人窒息的雲朵。小翼龍在其中呼嘯而過，快速捕捉空中的牠們。一隻閃閃發光、色彩斑斕的蜻蜓，正乘著翅膀捕食黃蜂與馬蠅。另個地方，一群血紅色的蝸牛，懸掛在淺灘上像漿果一樣的植物上。其上，麻雀大小的始反鳥（*Eoenantiornis*），即「黎明相反鳥」（dawn opposite-birds），在一棵銀杏樹枝間四處偵查昆蟲的影子，而翼龍中的莫干翼龍（*Moganopterus*）在天空中拍擊著七

公尺長的慵懶翅膀。[12]

　　從落葉到林冠上的天空，到處充滿生機。整個冬天大部分時間都在睡覺的無脊椎動物，現在真的完全清醒了。蟑螂在倒下的枝條周圍跑來跑去，在腐爛的木頭或樹皮裡隱密的裂縫中產卵。植入樹幹裂縫裡的，是一個小小的皮革似囊狀物，這是一種深棕色結構，每隔六、七十顆蟑螂卵就會像碗豆莢一樣鼓起來。卵囊是種保護措施，但蟑螂在白堊紀的遼寧省有個特別的敵人：在空中嗡嗡響的，是小巧而有腰身的斧頭黃蜂，牠的腰非常細，以致在高速飛行中，看起來就像是擁有一對分開的身體，一個尾隨著另一個。奎特維尼亞（Cretevania，音譯）是種寄生蜂，是一種會在另一動物身上繁殖的動物，並在過程中導致另一動物的死亡。更特別的是，雌性的奎特維尼亞蜂會尋找卵囊，然後用長得像注射器的產卵管，在每個蟑螂卵莢上產下一顆自己的卵。原本要用來滋養成長中蟑螂寶寶的營養，反而會養出更多的斧頭黃蜂。這種關係令人意外地穩定，而斧頭黃蜂與四合屯湖另一個寄生蜂科姬蜂科，在未來的幾億年左右，也將扮演相同的生態角色。至於水蛭、馬蠅與糠蚊，未來只會適應新的宿主。畢竟，馬蠅比馬更早出現大約七千萬年。[13]

　　雖然白堊紀的植物與脊椎動物，與我們在現代所熟悉的截然不同，但昆蟲與其他微型動物大致上很容易辨認。蟑螂與黃蜂標誌鮮豔，都是黑黃或黑紅色，這是一種危險、有毒或單純難吃的警告。有這些顏色的生物想要被看見，因此昭告天下牠們不適合作為食物，以免被鳥兒一嘴誤咬了。即使對沒有彩色視覺（colour vision）的生物，甚至那些對危險還不熟悉的個體而言，黑色與黃色的高度對比在綠葉下也非常凸顯，能發揮嚇阻作用。這種作用有連續性，讓恐龍對於是否要去

招惹黃蜂得先三思而後行。這也是現代野餐者遇到黃蜂時會先嚇一跳，然後才恍然大悟的色彩信號。昆蟲的警告色彩應用了相同的視覺語言，已持續了一億多年。[14]

與蜥腳類動物的鱗片一樣，即使是大型的獸腳類動物，牠們的羽毛外套也有各種顏色。在恐龍時尚圈中真正的一個異常，是北票龍（*Beipiaosaurus*）這種類似樹懶的大型恐龍。北票龍在完全長大之後，體型只比鴕鳥小一點，屬於稱為「收割蜥蜴」的鐮刀龍。就像所有的收割者，牠們最顯眼的特徵就是尖端長著鐮刀狀爪子的長前肢。北票龍是最早一種，之後的物種會把爪子發揮到極致，像鐮刀龍（*Therizinosaurus*）的爪子就長達五十公分。這些爪子精確來說並不是武器，通常是用來抓取植被，將食物攬送到嘴裡，是對類似大型地懶與大猩猩進食方式的一種適應。北票龍的羽毛密密麻麻，還有流蘇狀的外觀，短而淺色的絨毛底毛覆蓋全身，但在頭頸部周圍有一撮又長又粗又硬的棕色羽毛，有幾公分長，有點像豪豬的刺。[15]

北票龍經過一棵身上長著綠色苔蘚的老蘇鐵時，把身體靠在蘇鐵上，利用粗糙樹皮刮著身體側邊，從牠暗淡而柔軟的絨毛上刮掉一些不整齊的舊羽。與蜥蜴和很多其他恐龍不一樣的是，手盜龍（包括鳥類）不會大面積脫皮，因為這會影響到羽毛。相反地，牠們一次只脫落一小塊，就像哺乳動物的皮膚與頭皮屑會不斷生長與剝落那樣。遼寧的冬天很寒冷，但夏天很溫暖，過多的羽毛會造成負擔。[16]

受到獸腳類恐龍突如其來搖晃的驚擾，一群看不見的草蛉從蘇鐵中衝出來，牠們每個翅膀都完美模仿了蘇鐵的葉子。昆蟲也有欺敵的信號，牠們通常住在植物上，並把自己偽裝成植物的一部分。其中的模仿大師，是稱為竹節蟲（phasmatids）的竹節蟲家族。蘇鐵底部有根

成長中的樹苗，被早期的竹節蟲覆蓋著，牠們細長的身體與翅膀上的深色條紋，就是在模仿植物的葉脈。竹節蟲這個目的昆蟲，自侏羅紀時代以來就會模仿樹枝與莖，現在也開始模仿樹葉與花朵。牠們躲藏在眾目睽睽之下，就棲息在四合屯湖的裸子植物上。[17]

但是昆蟲並不只有偽裝這一個選擇。這裡的草蛉像蝴蝶一樣常見，並且大而多變。在某些情況下，如果沒有專家之眼和當時地球上還沒有蝴蝶的知識，你可能無法區別白堊紀一隻飄飛的脈翅目草蛉，與21世紀的蝴蝶有什麼差異。特別是，草蛉有異常寬闊的翅膀，像麗蛉（*Oregramma*）這樣的物種，還趨同到與蝴蝶發現捕食風險一樣的解決方案，即所謂的眼點。這些被明亮顏色包圍的黑色圓圈，在牠休息時是隱藏的，但當牠受到潛在捕食者的驚嚇時，就會顯露出來。一般認為，眼點與類似的圖案是用來模仿掠食者的敵人，例如蝴蝶可能會模仿老鷹的眼睛以嚇跑鳴禽。或許，壽命不長的麗蛉在翅膀中所保存的，是凝視非鳥類恐龍的最後一面鏡子。[18]

隨著夏天來臨，草蛉會在湖面上翩然起舞，飛上飛下，好像牠們還不善於在空中停留般，一邊戲弄著水面與潛伏在下的魚。現在，牠們正在葉子下孵化，每一隻小幼蟲都帶著一把鋸齒狀的刀片，用來從內部把卵囊打開。已孵化的草蛉正開始發展出一種偽裝形式，這是草蛉獨有的方式，非常難被發現。牠們不是簡單地讓自己的樣子與周圍環境相似，幾個草蛉家族開始過著俗稱「垃圾蟲」的生活。也就是說，牠們會從周圍環境中收集各種東西，包括蕨類的孢子、沙粒、昆蟲脫落的外殼等等，然後把這些東西堆在背上。這堆東西就成為一件外套，被幼蟲帶著走，這讓牠們和覆蓋在森林地面、完全無害的廢棄物根本無法區分開來。[19]

　　遠離了擁擠的植被與互相堆疊的真菌與苔蘚地區，空氣變冷了，樹冠也變薄了。喜歡開放空間的一種小型的雙足恐龍中華龍鳥（*Sinosauropteryx*），把頭與尾巴壓得又平又低，鬼鬼祟祟地潛過地面。牠一次只移動幾公尺，三不五時就停下來，尾巴則本能地上下擺動。從外觀上看，牠給人獸片中棕褐色囚犯的刻板印象，尾巴有紅褐色與白色條紋，還有一個強盜面具蓋住眼睛。條紋的作用是要干擾這動物的輪廓，以掩飾獸腳類掠食者那突出而會洩露身分的尾巴與眼睛。牠的深色背部與淺色腹部，讓牠的立體形象變得柔軟，讓牠即使在開放空間也可以隱藏起來，這是另一種令人意外的元素。搖晃的普羅特拉（*Prognetella*，音譯）灌木叢吸引了牠的興趣。樹叢中，一隻毛茸茸、沙鼠大小的動物張和獸（*Zhangheotherium*）正蜷縮在樹枝的遮蔽處。此時牠就站在恐龍的側邊，還發出一聲警告，並不像看起來那樣毫無防備。從牠的腳後跟突出一根刺，這是一種尖銳的長釘狀角蛋白，如果能準確地踢入，就會釋放一劑毒液，足以傷害但不至於殺死中華龍鳥。獸亞綱的哺乳動物、有袋動物與胎盤動物已失去了這種結構，但雄性的鴨嘴獸與針鼴仍有毒腺，也許所有非獸亞綱的哺乳動物，例如張和獸，都帶有毒刺。被發現後，張和獸採取了強大的防衛姿勢，並被一堆枝條保護得很好。中華龍鳥這次不夠快，因此在意識到失敗原因之後，牠轉身遠離這隻躲藏中的哺乳動物，消失在雜樹林中，去尋找其他小動物。[20]

　　在更開闊的地面中充滿著散射光，這是中華龍鳥最自在的地方，有很多藏身處與掩護物可以讓牠忽然蹦出來，也有快速行動的空間。更往北方一點，在陸家屯樹林茂密的地方，牠與林地恐龍的競爭更激烈，包括其他輕盈、狩獵型的獸腳類動物，例如寬眼的傷齒龍，以及

晚上出現的哺乳動物掠食者爬獸（*Repenomamus*）。爬獸的體型類似於獾，是白堊紀最大型的肉食性哺乳動物，以捕抓與殺死恐龍寶寶聞名。[21]

雖然有些哺乳動物在白天是清醒的，但直到四合屯湖的夕陽西下，牠們才真正接管這個區域。夜間活動是一種不尋常的生態選擇，在白堊紀時代所有夜行性的脊椎動物當中，哺乳動物相當罕見。其他在夜晚真的很活躍的，大概只有少數小型掠食性恐龍。外溫動物（Ectotherms）則在夜間睡覺、冰冷、不活躍，牠們包括蜥蜴或兩棲動物，是靠外在熱源維持核心溫度。哺乳動物與牠們的近親就不同了。即使回到二疊紀，哺乳動物掠食性的遠親異齒龍（*Dimetrodon*），也可能是夜間活動動物，而從那時起，哺乳動物就已是在黑暗中生活的專家了，也許還獨立成為專家好幾次。牠們的眼睛很大，能適應微弱的光線，對各種光線的聚光能力比不同色彩的辨色能力更好。更早的四足動物似乎有四色視覺，眼睛裡有四種不同的視覺組織用來偵測色彩。今日大多數的四足動物依然有這種能力，但哺乳動物大多是色盲。[22]

在這次進入夜間世界的過程中，不再需要辨色能力，只要專注於任何一點光線就好。因此在缺乏使用下，視覺組織就變弱或丟失了。後獸亞綱類，包括有袋動物，只有三色視覺，已失去一種視覺組織；而真獸下綱類，包括胎盤動物在內，只剩下兩種視覺。即使在現代，幾乎所有的哺乳動物都有雙色視覺，有偵測紅光與藍光的細胞。兩種畫出夜息的胎盤哺乳動物群──狹鼻猿（來自非洲與歐亞大陸的猴子，包括我們人類）和某種吼猴，特別仰賴辨別成熟與未成熟水果的能力，牠們透過複製與修改對紅色敏感的視覺組織，已恢復了對綠色

敏感的視覺組織。由於控制紅色與綠色視覺組織的細胞序列相似，並在 X 染色體上彼此相連，這意味著經常發生複製錯誤的情形而導致紅綠色盲。大約有 8％ 的人類男性患有其中一種色盲，遠高於其他狹鼻猿物種。鳥類可以看到光譜的紫外線部分，與鳥類相比，我們哺乳動物都是色盲。我們在現代的生物學特性與糟糕的視覺，是我們祖先進行夜晚之旅後，特別依賴氣味、放棄視覺的直接後果。[23]

對於自己無法產生熱能的動物來說，需要曬一點太陽才能加快速度。一隻小柳蜥——像壁虎一樣的柳樹蜥（*Liushusaurus*），從狹窄裂縫中彈跳出來，寬大的身體平躺在太陽曬熱的岩石上，吸收著太陽的熱量。牠的背部是淺色有偽裝效果的，腹部則是深色，而且乍看之下有刺，但這只是一個沒有作用的警告。任何膽敢冒險咬一口的掠食者很快就會發現，這些刺只是光線的把戲，是種警告的色彩，中間暗、旁邊亮，因此給人一種尖銳的印象，讓掠食者產生一點足夠的懷疑，這時間足以讓蜥蜴溜之大吉。[24]

一堆堆腐爛的植被，表明了這裡是蜥腳類動物的育嬰房。與成年的雙親相比，年幼的東北巨龍體型非常細小，發育中的蛋約是一個哈密瓜大小與形狀，數量最多到四十個。恐龍的祖先像烏龜一樣下軟殼的蛋，但隨著時間發展，有幾個家族各自獨立演化出更堅硬且富含鈣質的蛋殼。在一群十七公尺高的巨龍中，鴨子大小的蜥腳類動物幼崽會被踩死，而且如果牠們的食用植物需要時間恢復，同一群就無法在同一區域停留太久。因此，四處游牧的成年巨龍在下蛋之後，就用牠們巨大的後肢刮些泥土鋪在蛋上，再用植被把巢穴遮蓋起來。這些腐爛的植物會產生熱量，幫助蛋保持溫暖。巢穴很容易被襲擊，尤其是蛇類的攻擊，但所有巢穴中的蛋數量很多，這表示還是能孵出很多。

孵化後，早熟的嬰兒會一起在平原上遊蕩，直到年紀夠大，才會加入成年巨龍大隊伍。這裡的蜥蜴也是如此；在一條溪水流入、幫湖重新填滿湖水處，一群溼答答的綠色鱷魚蜥蜴佔據了一塊長滿苔蘚的沉重巨石。沒有一隻是成年的，最大的不過兩、三歲，最小的孵化還不到一年。由於體型幫不上忙，這些小小的爬蟲類得要聯合起來，才能為群落帶來好處。一個群體的眼睛越多，更早發現危險的機會就越大，全部就可以溜進裂縫裡。直到成年以前，這些蜥蜴最好的生存機會就是待在團體裡。[25]

　　不是所有的父母都這麼無憂無慮。在一個堡壘狀的圓形土巢裡，有幾顆橢圓形的藍色蛋點綴其中，像是藍綠色寶石嵌入一圈土夯般。一隻灰黑色、火雞大小的恐龍在它們旁邊昂首闊步，這是一隻尾羽龍（*Caudipteryx*），牠閃爍著華麗的手臂羽毛，表演著精心編排的鞠躬哈腰舞姿，在尾巴尖端舉起一個黑白條紋羽毛的圓扇。牠正在守護色彩鮮艷的蛋，並等待另一隻雌性靠近，與牠一起進行求偶儀式的舞蹈。母親們把已受精的蛋產下，較尖的一端朝下圍成一圈後，將一部分埋在土裡。尾羽龍的巢穴是公用的，由一隻雄性守護著幾隻雌性產下的蛋。蛋的斑駁色彩因每位母親而不同，提供父親一個額外的信號。任何可以製造複雜色素原紫質與膽紅素，因而能產下強烈的藍綠色蛋的雌性，一定是健康而成功的餵食者，父親就可以預期從這些蛋中孵化出來的後代，也能順利長大。偷蛋龍是充滿愛心的父母，但在活著的恐龍中，色彩更明亮的蛋會引起父親更多關愛，少數交配後發生性擇的例子中，就有一個發生了這樣的狀況。這些蛋被產下之後，尾羽龍父親會坐在這個圓圈的中間，身體蹲低，並用翅膀蓋住它們，幫它們保溫，直到孵化為止。[26]

　　整體來說，這個溫帶森林、湖泊和灌木叢生態系統，是食物鏈頂端到底層生物的繁華大都會。昆蟲與鳥為植物授粉，包括創新的被子植物。其他植物，像麻黃目的普羅特拉，則把身上稱為穗梗的部分掉落水中，讓水流傳播到遠方。頻繁的雨、溫暖的夏天與寒冷的冬天，有助於支持生命的異常多樣性。[27]

　　這個多樣性有大量的初級生產力在支撐，因為這地區有肥沃的火山土壤。定期噴發的火山，不斷帶來氮含量很高的灰燼。但這片北方大地的生命之源也有死亡的威脅。四合屯湖位於火山口內，湖水填滿了現在處於休眠狀態、位置低窪並因火山坍塌而形成的破火山口。火山的面積很大，面積約有二十平方公里，湖水也很深。周圍的火山仍在噴發，噴發時火山碎屑流就會到這裡，或者來的是更隱而未現帶著一氧化碳、氯化氫、二氧化硫的沼氣。這全都是有毒的，當它們飄下山坡、聚集在這些地形上的大碗時，會把空氣全部替代掉。所有被困在這些看不見氣體中的生物都會窒息而亡，包括大部分以這片水域為家的生物。[28]

　　被沖入湖中的屍體會沉入水底，當火山灰吹進來並沉降下來時，整個群落就被細細的淤泥紀念著，真是一個保存上的奇蹟。

　　這些湖泊的沉降率非常低，從水中漂出並沉澱下來的細淤泥，每二到五年只有一公厘。由於四合屯湖底部幾乎不會腐爛，極細的灰燼保存了從骨頭、軟骨、羽毛到頭髮的每樣東西，甚至細到單個黑素體，這是為這些生物著上色彩的亞細胞色素包。透過含有紅色或黑色黑色素的獨特黑素體形狀，這些生物的顏色被保存下來了。現在，在主人死去很久以後，還是留下了發出警告信號、偽裝與快速性展示的條紋結構、色彩斑斕的羽毛，以及其他身體上的標記。[29]

　　對於大部分的化石紀錄來說，這種類型的資訊非常不完整，缺乏行為模式，不同物種之間的互動關係也很難重建。在四合屯湖及中國東北的義縣岩層的其他地點，生命的亮點與多樣性，它的喧囂、色彩與衝突，全都從金黃色的粉砂岩畫布上躍然而出。就像民間傳說中的神仙一樣，即使歲月流逝也依然純潔無染，[30] 白堊紀的四合屯景觀也是如此。這是一個細節保存精美的世界，即使是一首短歌、令人讚歎的襟翼，都堅硬而持久。當孔子鳥、鼴鼠類動物、第一批盛開的花以及成群的小蜥蜴從岩石中出現時，就好像牠們剛剛只是在休息一樣，等待著再次歌唱與綻放的機會。

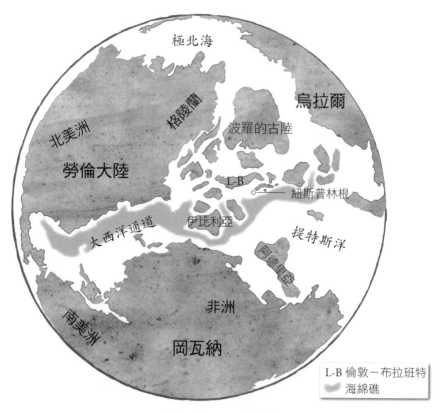

極北海

烏拉爾

格陵蘭

北美洲

波羅的古陸

勞倫大陸

L-B

紐斯普林根

伊比利亞

大西洋通道

提特斯洋

阿德里亞

非洲

南美洲

岡瓦納

| L-B 倫敦－布拉班特 |
| 海綿礁 |

歐洲群島，1.55 億年前

# 第八章　基礎
## Foundation

德國，施瓦本（Swabia）
侏羅紀（Jurassic），1.55 億年前

「你不必四處尋找大海，因為到處都有它古老位置的痕跡。」

——瑞秋・卡森（Rachel Carson）<sup>*</sup>，《大藍海洋》（*The Sea Around Us*）

「風前的海浪起起落落，

然而，在這個漂泊的世界，

我該拿一片葉子做成的小船怎麼辦呢？」

——樋口一葉<sup>†</sup>，〈愛心〉（羅德〔L. Rasplica Rodd〕翻譯）

---

\* 譯注：20 世紀的美國海洋生物學家，其著作《寂靜的春天》激發了全球的環保活動。

† 譯注：19 世紀的日本女作家，是日本近代批判現實主義文學先驅。

　　波峰在視野中恣意地出現又消失，將光點隨意地拋向空中。天空
在溫暖水中的倒影令人眼花撩亂，讓人幾乎看不見幾公里外的海岸
線。到處可見白色的小小身軀從天而降，每一次入海時都濺起巨大的
浪花。每一次水花飛濺後，會停頓片刻，然後從水底深處冒出一個閃
亮亮、毛茸茸的頭，以及露出針牙、帶有角蛋白尖的笑臉。這些嘴經
常是空的，但三不五時某張嘴在破水而出時，含咬著一條受困的魚。
喙嘴翼龍（*Rhamphorhynchus*）是貨真價實的海洋翼龍，是熱帶歐洲的
海灣與懸崖地區幾種關係密切的多樣化物種之一。這些海洋是牠祖先
的家園，這地方已為牠與牠的親屬帶來數百萬年成功演化的經驗。牠
漂浮在水中低處，搖著頭把魚在下巴裡大力翻轉，直到魚再也無力拍
打尾巴。一個傾斜，再一個抽動，牠吞下整條魚，喉嚨膨脹起來。由
於牠們有長而僵硬的飛行指甲，要將溼答答的翅膀從水中抬起並張開
翅膀，並不是件容易的事。牠在等待時機。就在牠待在波峰頂部佔據
制高點、牠設定好襟翼展開的時間，準備再次潛入水中。在水中，其
他跳入水中的喙嘴翼龍用有蹼的腳推水前進，在魚群中獵食。魚在恐
慌中分散，四處逃竄，不只是因為成群結隊的翼龍，也因為在下面游
泳的傢伙。[1]

　　如果不是在每一個方向都受到推擠，魚群是不會浮出水面、讓自
己的脆弱暴露出來的。來自下方的掠食者把魚群團團圍住，把魚群的
形狀塑造成一個緊密、驚恐的團體，就像一顆誘餌球，受困於致命的
空氣中。快速移動的陰影遮蔽了魚龍的所在。與喙嘴翼龍一樣，這些
魚龍是已經適應海洋生活的陸地居民；但與喙嘴翼龍不一樣的是，牠
們生活在海浪的下方。在一個海平面較高、全世界陸地邊緣被淹沒的
世界裡，藉著海洋提供的機會，很多四肢動物放棄了陸上的生活，進

明氏喙嘴翼龍（*Rhamphorhynchus muenster*）

入了海洋。在現代，完全在海洋生活的四足動物很少，只有鯨魚、關係密切的海牛與儒艮，以及海蛇等已完全融入海洋。其他所有的海洋四足類動物群，從海鳥、海豹、鹹水鱷魚、北極熊、海鬣蜥、海獺，甚至海龜，牠們都需要回到陸地上繁殖。[2]

在中生代，有更多完全在海洋中生活的爬行動物。最有名的是長得像魚的魚龍，以及脖子很長的蛇頸龍，但還有其他的。在熱帶島嶼之間的開闊水域巡邏並潛入潟湖與海灣的是地龍類（geosaurines），包括像虎鯨大小、皮膚光滑的鱷魚。在開放海域的生活，已把這些鱷魚改變得面目全非，牠們的腿現已成為鰭狀肢，厚重的骨甲也被拋棄了，甚至連尾巴也有一條像鯊魚那樣的垂直倒鉤。腹軀龍（*Pleurosaurus*）也長得像海蛇，有波浪狀的長身體，尾巴是扁平鰭狀，短小的四肢則緊貼在流線型的兩側。牠現存最親近的親屬，是紐西蘭表面上看似蜥蜴的鱷蜥。獵食很多其他海洋爬行動物的是上龍類，牠是短頸與大頭的蛇頸龍，似乎所有會動的東西都是牠的食物。歐洲海域的海洋爬行動物，因為適應了不同的飲食而能共存，有些專吃硬的食物，有些獵食大型獵物，其他則以快魚和像魷魚的獵物為食。即使有這麼多樣化的組合，侏羅紀是海洋爬行動物復甦的時期。牠們之前受到神祕的三疊紀－侏羅紀滅絕事件的嚴重影響，而這次滅絕的原因仍在激烈爭論中。最可能的原因是失控的氣候變遷，隨著岩漿上升到地表被釋放的氣體，就像從汽水罐冒出的二氧化硫與二氧化碳泡泡一樣。海洋被酸化後，海洋爬行動物所展現的型態以及功能上的多樣性，現在正處在一個長達一億年復甦期的中場階段。[3]

在地球所有已滅絕的世界中，侏羅紀歐洲海洋與島嶼中的翼龍和海洋爬行動物世界，是最早被拼湊起來的。翼龍化石的第一個描述寫

於 1784 年，因牠的翼指就像長槳，於是被理解為一種會游泳的生物。由於當時的科學界尚未接受滅絕是真實發生的現象，翼龍被認為是一種還活著的生物，只是生活環境限制在某些偏遠而未開發的地方。之後的合理化假設認為，翼龍是住在深海裡的現代生物。直到 19 世紀，由於瑪莉安寧（Mary Anning）在多塞特海岸的懸崖瀑布發現了更多已滅絕的海洋生物，很大程度推動了有利於滅絕的證據。魚龍與蛇頸龍與現代的海洋生物如此不同，但卻如此頻繁地被發現，讓科學家有理由看到一個充滿與現代截然不同的動物群之過去。這些特定的死亡動物，後來被小心翼翼地擺放在安寧粉刷成白色的化石店鋪後方的房間裡，此時已被埋在北邊的海底，上面堆著四千萬年來慢慢沉澱的沙子與淤泥，但牠們的後代如今正刺穿與捕殺著誘餌球。無數魚體形成的閃亮鏡面，隨著攻擊而彎曲與轉彎，一起闖入圓圈並改變方向。牠們唯一的防禦就是數量與帶來困惑，以及希望掠食者能夠饜足。隨著牠們被逼到水面，這個過程持續不了多久了。牠們被上下夾擊，最後遭到殲滅也是必然的。[4]

　　侏羅紀時代的歐洲是個群島，一連串的海島約有現代的牙買加那麼大，被溫暖的淺海分隔開來。當時世界各地被淹沒的大陸邊緣都潛入深深的海溝中，距離最近的大陸規模陸地，是歐亞大陸還沒被洪水淹沒的西海岸。在侏羅紀，世界處在一種完全溫室的狀態，連極地地區也是溫帶氣候。海面不斷上升，也增加了可供海洋動物棲息的海床面積，全世界各地都有物種豐富的海洋群落。[5]

　　歐洲群島的生態特別豐富，因為它處在海洋十字路口的位置。它是一連串的帶狀陸地，位於亞洲與阿帕拉契亞之間大陸邊緣條狀的淺淺內海裡，有著白色細沙灘，以及靜止的鹹水潟湖，周圍還有珊瑚礁

環繞。針葉林垂向海裡，只在潮水於光滑泥灘上進進出出的地方停下來。有些島嶼，例如法國中央高原（Massif Central），地勢平坦，是過去的山峰經過一億年侵蝕的結果。由於構造活動與珊瑚礁上升，其他島嶼仍在上升中。在南方，亞德里亞海島大陸，躺在把歐洲與非洲區隔開來、溫暖而潮濕的特提斯洋中。在東方，特提斯洋沿著亞洲的南部邊緣延伸到最寬的點，那裡有一條從希臘到西藏以及更遠地方的陡峭海溝，將勞亞大陸的北部地區與岡瓦納大陸的南部分開。在北方，海水在波羅的古陸（Baltica）大陸周圍變得狹窄，形成兩條通道，然後潛入更冷且少雨的極北海。在西方，未來將成為北美的陸地已從岡瓦納分離，誕生了一條狹窄但不斷變大的海上通道，此時仍只是特提斯的一個分支，但假以時日，將會大到足以配上它自己的名字：大西洋。在某些地方，與今日的大陸棚海域相比，侏羅紀時期的歐洲大陸水域更深，從海面到海底，海溝深度約一千公尺。不過，在大多數的情況下，這些海域只有一百公尺深，但孕育著種類非常多樣化的動物。[6]

　　在三個海洋系統的交會點，包括原始大西洋通道、特提斯洋與通往極北海的「維京通道」，歐洲成了水下洋流的阻塞點。就像今日溫暖北歐地區的墨西哥灣流一樣，洋流的作用就像一種反饋系統，可以平衡全球溫差。大約一千五百萬年前，這些海域的溫度高上很多。在波羅的古陸周圍海峽狹窄而低淺處，由於構造活動非常多，特提斯洋與極北海之間的通道就被一個裂谷給封閉了，而這個裂谷升起的地方未來將會成為北海（North Sea）。由於切斷了溫暖的洋流從南方流向北方的路線，極北海變得孤立，便冷卻而冰凍起來，把侏羅紀中期的地球暫時扔進一個冰室世界。現在，隨著大陸開始再次分開，洋流也

開始流動。侏羅紀晚期的歐洲，在距今一億五千萬年前，是陸地上青蔥蓊鬱的溫室，也是海洋中冷熱漩渦的交會地。當熱帶與極地的空氣在極北海航道上交會時，就為北歐帶來了暴風雨的天氣。[7]

有殼浮游生物以及其他無脊椎動物生生死死，牠們富含碳酸鈣的外殼都堆積在海底。隨著海平面下降，以及特提斯海溝把非洲拖向歐洲，鈣質豐富的海床將被抬高到瑞士與德國汝拉山（Jura）高聳的石灰岩中。有朝一日，這裡將成為歐洲兩條大河——多瑙河（Danube）與萊茵河（Rhine）——的源頭，它們在構造活動抬升的古老海洋河床中刻出了通道。大部分的地質時期透過其詞源與一個地方產生關連，德國與瑞士南部的山區就是這名稱的參考地點。在奧地利的提洛爾（Tyrol），有個金色頂部的木樁被釘入山體。地質學家把這個木樁搥擊進一個特定的時間點，用以標記明確的邊界，之下是三疊紀，之上是侏羅紀。歐洲的阿爾卑斯山地區就是這時期的「金釘子」（golden spike），* 而海洋就侏羅紀時期最佳的水上樂園。[8]

· · · · ·

在表面興高采烈的活動下方不遠處，在海面下陰暗的深處，有一個由閃閃發亮的水晶結構形成的寧靜世界。高高堆疊起來的管子有幾十公尺高，非常冰冷，很像冰凍的蕾絲，每一個都是由玻璃細絲編織而成的亮白色網子。它們相互堆疊，有的像是融化蠟燭一樣有很多瘤，像一個虔誠的祭壇消失在四面八方藍黑色的霧靄中。雖然這些結構固

---

* 譯注：指全球某些特別的地質點，是確定地質時代分界點的唯一標準。

定不動，但牠們其實是動物，持續在先驅們的骨骼上生長著。這些是侏羅紀時代的造礁者，稱為玻璃海綿。從組織來說，海綿是最簡單的動物。牠們的構造只有兩層組織，一層細胞是稱為鞭毛的毛髮狀結構，作用是瘋狂拍打、把水吸進海綿中心，然後把水柱中的碎屑過濾出來作為食物。其頂部有個排氣孔，也是出水孔，能把水再次排出。整個系統的運作就像一部噴射引擎，同時還能對堵塞處進行檢視。支撐這些管狀結構的是骨針，通常是由鈣、矽構成的微小結構，或是一種稱為海綿硬蛋白的改良式膠原蛋白。它們的形狀很多，從保守的心形到像飛鏢、長矛、鐵鉤與三角釘等各種尖尖的形狀。每個細胞都是半獨立的，每個海綿個體與群體間的界線是模糊的。如果你把一個海綿丟進攪拌機，牠會重新聚合成不同形狀，但仍然是一個有功用的有機體，仍是正在活動的海綿。[9]

　　玻璃海綿更進了一步。構成支持組織的細胞會融合在一起，形成一個開放通道，讓內部的細胞液，也就是細胞質，從一個細胞流到另一個細胞。玻璃海綿真的非常接近單細胞生物，因為「合體細胞」的關係，一個玻璃海綿和一個高度複雜的單細胞生物的功能幾乎無法區別。這種互相連結性，意味著海綿細胞很容易向全身發送電子訊號，讓牠可以快速而有效地反應，以此刺激並改變身體濾水的速率。對於一個缺乏神經系統的生物來說，這非常了不起。玻璃海綿的奇特之處還不僅如此；牠們的骨骼成分是矽，但那些四或六尖頭的骨針，形成讓牠們錨定在海床上的網狀結構支撐物非常巨大。在某些物種中，單一個星形的矽酸鹽晶體可長達三公尺。那些形成珊瑚礁的物種把骨針網在一起，形成堅固穩定的支架，可維持數十年。事實上，玻璃海綿死後還留著的正是這塊融合在一起的骨架，而牠們堆疊起來的屍身，

也提供未來世代一個完美框架，成為牠們的基礎，讓牠們在上面扎根。牠們是理想的殖民地建造者。由於牠們從簡單的濾水系統獲取食物，從水柱中清出其他生物的碎屑，所以不必靠近海面生活，就像與嗜光藻類有共生關係的珊瑚一樣。[10]

侏羅紀晚期的地球溫度，與氣象學家對 21 世紀末的樂觀預測類似，比工業時代前高大約攝氏兩度。在兩極地區有林地，而不是冰，赤道附近則有大片沙漠，但在最高的山區仍可以看見冰河。整個群島上散布著珊瑚礁，但在世界的其他地方，珊瑚礁在陡峭的山坡上更常見。比較少見、可能還隱藏在歐洲各個角落的，是由牡蠣建造的珊瑚礁；成堆的貝殼就固定在牠們祖先的殼上。然而，這時期主要還是海綿礁時代，牠們的針狀骨架更能抵抗高溫與酸性海洋。[11]

屬於六放海綿綱（hexactinellids）的玻璃海綿需要乾淨的水。海綿類動物是海水過濾器，身上佈滿了稱為歐斯下（ostia，音譯。按：開口的意思）的小孔。一天之內，一個重一公斤的海綿可以打出兩萬四千公升的海水，比一般的強力淋浴器在同時間內抽出的水還多，並能提取出水中的大部分細菌作為食物。泥水會阻塞這些細孔，因此大多數的海綿在需要避免堵塞時可以關閉細孔，但是玻璃海綿沒辦法這樣做。[12]

由於對微粒非常敏感，牠們需要住在靜止水域中，並遠離河川混濁的出口處。珊瑚在風暴底部下方的淺水區排成一排，因為那裡的水比較平靜。海綿在黑暗環境中可以長到數十公尺那麼高，並向每一個方向延伸個數公里。每一個盤繞起來形成脊狀的土丘，一開始都是從圓形對稱的小小殖民地，經過數千年歲月生長起來的。第一批殖民地建造者的骨針還在那裡，沉入柔軟的海床，被風吹倒並被沉積物掩埋，

但依然堅固，並提供了比海底更堅實的基礎，讓新的海綿得以在上面生長。有時候，這些海綿會在一個像土堆的土丘中成長；牠們偶爾會探出二十公尺高的懸崖外。隨著每個殖民地的發展，彼此可能會相遇，結合成一個大都會。這些高大的「生物岩礁」非常具多樣化，在這裡，在未來將會成為瑞士德國邊境的海底，大約有四十種海綿物種全都在一起生活與成長。[13]

生物岩礁建造得很快。在一個世紀當中，一個岩礁可以向上長七公尺，並遵循已有的等高線與地形，沿著海底向外蔓延。盛行的洋流由西向東流動，透過歐洲的島嶼排出特提斯洋的水，然後通過大西洋通道。每一個生物岩礁後方附近都有一塊靜止水域，這樣就更容易定居、生長與建造，因此珊瑚礁形成了細長的線條，每座土丘就像防風林一樣阻擋著海底的洋流。這就像一座城市的發展，各種生命湧向礁石，因它形成了讓別種生命形式可以繁衍茁壯的縫隙與舒適小窩。海綿捕獲其他生物最終賴以生存的營養物質方面極有效率，因此就在特提斯河北部邊緣邊上的這些地方，建立了多樣化的大都會。從東邊的波蘭到西邊的奧克拉荷馬，覆蓋了海底約七千公里的長度。這些矽結構的長度是大堡礁的三倍，是有史以來最大的生物結構體。[14]

在海綿祭壇上方的空間中，脊狀、表面光潔的線圈上升下降，或以某種速度噴射著。在每一個螺旋殼上，都有幾個觸手害羞地伸出。菊石是中生代各海域中最具代表性的居民，也許是所有非脊椎動物中最接近名人地位的生物。雖然大部分的早期形式都相當小，直徑從幾公厘到幾公分而已，但有些的確可以長得非常大。到了白堊紀晚期，就在菊石也列上希克蘇魯伯撞擊事件的眾多傷亡名單之前，最大的已知菊石，是塞氏菊石（*Parapuzosia seppenradensis*）的一種，外殼直徑約

三公尺半。不過，在牠們大部分的演化史中，菊石並不是配戴裝甲的海妖，而是一種常見的帶殼頭足類動物，這類型的動物還包括章魚、魷魚與鸚鵡螺等軟體動物群。[15]

菊石的殼充滿了藝術奇觀。隨著成長，牠會不斷在開口處增加新的活動空間，這是一種由鈣離子與碳酸根離子形成的霰石外殼，而這些離子來自原始海洋，會在牠覓食之後分泌、滲出，最後形成一個堅硬的脊狀堡壘。殼裡面，是光滑的藏身之處。每一個腔室與前一個腔室連結的角度和大小，每種物種都不一樣，但每一種都會遵循一種對數的螺旋規則，從這個簡單的規則中形成十分珍奇的形狀。最常見的是經典的「蛇石」形狀，就是在一個平面上有個緊密的螺旋。其他有些則像蝸牛一樣盤繞起來。在白堊紀，還有一些會發展成非常特別的形狀，鬆散、未盤繞在一起的螺旋形狀，每一圈都與前一個圈分開。其中最奇怪的是兩公尺長的神祕迴紋針貝殼，牠的手臂在開口處輕輕揮動，好像在否認任何荒謬的想法。菊石真正的美麗，要在內部的細節才看得到。在不斷生長的腔室中，在菊石分泌之處，外殼結構顯露了出來。每一個腔室與前一個腔室是用迴旋狀的縫線固定下來，這是一種複雜的碎形楔形榫頭，就立在明亮的珠母層上。[16]

一連串低沉的轟隆聲穿越海水而來，礁石來回抖動了幾秒鐘。菊石和所有的頭足類動物一樣，在孵化後一段短暫的時間內是聽不到聲音的，但牠們有壓力感應器官，由一系列充滿液體與毛髮的小囊組成，被稱為平衡器。它會因壓力而改變形狀，也能偵察到與低頻聲音有關的粒子運動。現在，當衝擊波通過海洋，平衡器將之吸收後膨脹起來。在各大陸地的交會處，地盤的推撞會增加壓力，釋放之後，海底似乎因一個水下的地震而沸騰。白色的沉積物因推撞而被擾動，像煙霧一

樣綻放開來。礁石底部也被攪動而變得不透明。雖然震央可能有數英里遠，其效應卻是很遠都感覺得到。即使在現在，除非海床上升到陸地，否則經過歐洲海域的海浪大致上不會被注意到。在那裡，潮汐會升起，勢不可擋地衝向熱帶島嶼並造成破壞。海嘯在深水水域速度更快，而歐洲淺層的碳酸鹽大陸棚並沒有特別深。[17]

　　水面上，喙嘴翼龍振翅起飛，用手指撐起的翅膀把自己拋向空中。從天上看，在夕陽映照的海面上，歐洲各島嶼被茂密的森林覆蓋。法國中央高原是一個約希斯帕尼奧拉島（Hispaniola）大小的古老高地，只能在西部地平線上在陽光照射下辨識出輪廓，海岸沿線那些不流動的水池，正從白天的炎熱中恢復過來。這是一處像加勒比海一樣密集又繁華的群島海域。在雨林中，在陸地與海洋中間的熱沙上，各種生物在其中繁衍成長。在汝拉山脈一座較小島嶼的潮汐平原上，在紅樹林根部的尖刺田地之間，一群像梁龍（*Diplodocus*）的蜥腳類恐龍正踏著沉重的步伐前進。對於像蜥腳類恐龍這樣大而笨重的動物來說，沿著海灘行走，比在森林裡容易找路。但這也會讓牠們更容易被發現。催促著這些蜥腳類恐龍前進，並小心翼翼偷偷躲到後面的，是斑龍屬獸腳類恐龍；這是侏羅紀時代最大的掠食性動物。斑龍（*Megalosaurus*），與這群屬的共同名字相同，是三種確定的恐龍其中之一，在 1842 年被用來說明恐龍（Dinosauria）的名字。牠們是第一批成為大型掠食者的恐龍。雖然比後來的霸王龍體型更細長、鼻子也更長，但牠們的設計是以相同的基本體型來呈現：小而縮小的手臂，使用兩條強大的後肢行走。牠們是海灘清理機，以沖刷到海岸上的海洋生物屍體為食，包括鯊魚或蛇頸龍、大魚或鱷魚。但是當一群蜥腳類恐龍經過時，群體中年幼體弱的成員就成為很有吸引力的餐點了。

在瑞士的一些小島上，發現了掠食者異特龍（*Allosaurus*）與有鐮刀爪的小馳龍（dromaeosaurs）親戚。而在倫敦－布拉班特與伊比利亞的黑森林中，發現了膽小的劍龍。然而，這些海岸並不是喙嘴翼龍飛翔的地方。在起飛時，大多數的翼龍會向北飛行幾公里。牠們會像海鷗一樣懸在空中，只在必要時才拍打翅膀。牠們的飛行路線會把牠們帶往這些小島中的紐斯普林根島，這是一個充滿沿海生物的熱鬧地方。[18]

在紐斯普林根島，空氣嚐起來有鹽與石頭的味道。在一個深而清澈、被海浪包圍的潟湖中，被構造作用抬起的海綿礁是阿爾卑斯山第一批浮出海平面的部分。這個潟湖在小島的東部邊緣有兩個入水處。島上覆蓋著一片森林，裡面有蘇鐵和貝殼杉高大而有尖角的南洋杉親戚——瓦勒邁杉（Wollemi），以及智利南美杉。這裡是個易燃的乾燥箱，夏天時的氣候就像地中海的夏天，熱度偶爾會引發野火。海灘上部佈滿從南洋杉枝條掉下、充滿樹脂而帶有黏液的毬果，還鋪上一層貝殼碎片的粉末，有些已經細如沙子。退潮時，乾淨的白色貝殼沙因帶有碘味與氣囊的直立海藻叢而變暗，之後變成一種奇異的淡藍色。即使是在漲潮時，海藻的邊緣也不會延伸很遠；從海岸線開始，海底迅速沉入超過一百公尺沒有光線的深處。在海底，靜止不動的海水變得缺氧，但這個潟湖大致上為各種生物提供了一個平靜的庇護所。海底地震擾亂了這份平靜，震動了環礁邊緣，震落了部分裸露的礁石，並把卵石送到了深海處。這次的地震規模不大，但即使是在這次地震引發的潮汐背風面，被動搖過的海水已讓海灘上散落一地的軟體動物、腕足動物與其他濱海生物。最後，在一次整個施瓦本汝拉山的海底忽然上升後，將永遠打破紐斯普林根島的平靜。隨著歐洲開始震動

而成形，這個小島也將倒塌不見。[19]

喙嘴翼龍降落時，牠們的長尾巴並不會成為在海灘上行走的障礙。牠們用食指直立行走，並把翅膀小心地收起。紐斯普林根島本身只能支持一小群翼龍族群生活，喙嘴翼龍是其中之一，但還有兩種比較不常見的物種，至少現在是這樣。早期的翼龍和喙嘴翼龍的一般生物特性很相似，但到了侏羅紀結束時，一個排列翼龍階級的新的目，將完全取代這些早期模式。翼手龍（*Pterodactylus*）與鵝喙翼龍（*Cycnorhamphus*）擁有時髦的新外觀，是翼龍譜系的未來成員。翼手龍有非常短的尾巴，手腕很長，通常有豔麗的頸脊，算是標新立異的前衛派。[20]

幾隻鵝喙翼龍用自己的方式在海浪碎屑中覓食，並為了一種特別吸引人的甲殼類動物爭執不下。牠們直立站著，用長長的前肢支撐身體，猛烈地搖頭，但還沒發動攻擊。在紐斯普林根島棲息的三種翼龍中，這是特別不尋常的一種。牠是一種梳頜翼龍，但梳頜翼龍典型的針齒齒列已經消失，下巴前方只剩下微不足道的幾顆牙齒。在粗短的牙齒後面，掛著一個得意洋洋的笑容。牠的上下巴骨頭碰不在一起，形成一個圓形的胡桃鉗空隙。若不是硬化的骨板遮住那個尷尬的洞，牠的下巴看起來就會像一對火鉗。勝利的鵝喙翼龍搶奪了牠的戰利品，把倒楣的獵物固定在空隙上，骨頭與鞘則變得粉碎。[21]

喙嘴翼龍的幼獸有個不正式的名稱，叫做「鼓翅仔」（flaplings），不會出現在珊瑚礁以外的地方。牠們還太小，無法自己捕魚，而且就像很多脊椎動物一樣，翼龍對後代並沒有投入太多照顧。這意味著，至少在某些物種中，當牠們從蛋中破殼而出時就已經有翅膀與脊骨，立刻能進行獨立的飛行。這些鼓翅仔臉型短、牙齒也很少，必須自己

覓食，活動範圍也被限制在陸地上。牠們敏捷地捕食昆蟲，直到長到夠大，才能和親戚一起冒險到海裡捕魚。到了那時，牠們的臉已經拉長、變得成熟，而過去咬碎甲蟲的小下巴，也長成長滿尖刺的捕魚機器。牠們獨特的尾翼，被認為有助於飛行的穩定，也可視為一種年齡的指標。它一開始是橢圓形，然後變成菱形與風箏形，最後變成倒三角形。翼龍從剛孵化的翼龍寶寶到完全成年的發育，不像鳥類一樣快速，鳥類通常在一年內就成年，然後就忽然成長變慢或開始停滯。喙嘴翼龍的成長緩慢而持續，從幼獸到成年，是個較緩慢的轉型過程。牠們至少要花三年才能長到完全的體型大小，但同時在整個時期都有飛行能力，這個模式更像牠們的「爬行動物」親戚。[22]

隨著光線開始變暗，最後一批捕魚大隊返回海島上。一隻喙嘴翼龍粗心大意地俯衝到潟湖的低空，也許是希望最後再撈捕一次潛伏在水面下的近魷屬（*Plesioteuthis*）魷魚，但彷彿意識到自己的錯誤，牠磕磕巴巴地停頓了下來。太遲了，在一片水花噴濺之下躲藏了一隻黑色龐然大物。牠死命地拍打鹹水，但純屬枉然，直到水面再一次平靜。只要離開這座島，即使是成年的翼龍也會遇到危險。在納斯普林根與索倫霍芬（Solnhofen）的潟湖上，住著大而笨重、配有盔甲的劍鼻魚（*Aspidorhynchus*），牠們的尖鼻正好在視線之外，牠們潛伏在水中，準備好在強有力的跳躍時輕彈尾巴，便能迅速抓住經過的翼龍翅膀。[23]

那樣的時候，待在陸地上、像喙嘴翼龍群那樣緊緊抓住樹木，可要安全多了；雖然牠們完全有能力待在地面上，但在垂直環境中或像翼手龍一樣在海灘遊蕩，依然比較自在。即使島上晝伏夜出的居民都睡著了，牠們也會在地上留下自己的印記。牠們的腳印會留在潮汐線

上。喙嘴翼龍的腳指是張開的，帶有趾蹼，與翼手龍的腳印形成鮮明對比——翼手龍的手在行走時是放在身體側邊。在這裡，有登陸的翼龍輕輕跑過的痕跡，牠們的後腳會先著地，讓爪子抓進沙子裡，然後一次跳躍，再輕快地小跑步和停下。在那裡，鱟這種甲殼動物的拖痕，與現代的鱟或箭石類軟體動物反芻的喙與脫落的殼，幾乎沒什麼差別。[24]

　　從喙嘴翼龍嘴中逃脫的近魷科頭足類動物，心裡也盤算著自己的一頓大餐。雖然是穩重的章魚的親戚，近魷科動物仍是主動出擊的掠食者。牠以高速游動，追著一隻小菊石，然後用有吸盤的手臂緊緊抓住牠。牠用尖尖的頷骨壓碎菊石外殼，在表面上留下小小凹坑，然後把牠打開，從珍珠母層的家中拉出柔軟的部分。菊石的身體被吸了出來，並留下來等著被消化，但這給捕食者帶來了一個問題：菊石頭部有兩個堅硬的鈣化下頷。事實上，與人類不同，對這個內殼裡是鹼性的胃來說，要消化這些是不可能的任務。最簡單的解決方法，就是吃進來之後，再把這些堅硬殘骸吐出，然後成為一種帶黏性的黏液物質沉入海底。化石嘔吐物有個特殊的名稱，稱為反芻物（regurgitalite）。這是一種痕跡化石（trace fossil），是行為的化石結果，算是身體之外的其他東西，例如洞穴、腳印或糞便。菊石糞便是蠕蟲狀的線條，在沉入海底時會盤繞起來。在形成汝拉山的石灰岩中，菊石糞便是最常見的化石。[25]

　　在潟湖入口，一根原木漂浮在海浪中，輕輕地上下搖晃，像一艘不可靠的划艇。它曾是粗壯的南洋杉針葉樹的一部分，厚厚的樹皮保護著它不受海洋的蹂躪。當它隨著海浪被拋出，閃閃發亮的莖部、五顏六色的梅杜莎細髮隆起物（medusa-hair projections）打破了海平面，

然後又再一次滾到海水下方。水面下，莖部末端帶著羽毛狀的降落傘，捲起後又展開，來來回回，正在把食物捲進牠們手帕狀的嘴巴裡。海百合，就像這個次稜角海百合（*Seirocrinus*）群落的成員一樣，屬於棘皮動物，是海星與海膽的親戚。當牠們在水中漂過時，會被動地以浮游生物與漂浮的生物碎屑為食。大約有十五隻海百合依附在這根原木上，像一艘太空梭的降落傘一樣跟在後面，因為那裡的流水阻力最小。牠們的莖部是由堅硬的鈣質環環堆疊起來的，每個莖部都支持著一個清理海洋的羽毛撢子邊緣。[26]

就像礁石一樣，這些漂浮的原木在原本貧瘠的海洋中形成了生物多樣化的島嶼。因為它們最多以一或兩節（按：每秒約五十一公分）的速度航行，其他生物要搭便車並不困難。在這些浮木天堂中加入海百合的，是各式各樣的軟體動物，以及更活躍的游泳健將。小魚在航行中跟著這些群落，把它當成一個輕鬆的食物來源。貝類與棘皮動物則從水中過濾出營養物質，其他的魚類則吃牠們製造的屍體。即使是在完全與世隔離的汪洋之中，只要有一根原木，就可以支持一個繁榮興旺的群落。[27]

漂流的海百合聚落與掛在浮木身上的生物壽命極長，有些已二十歲，相對的海百合也很大；有些海百合的莖部可長達二十公尺，大約與一頭成年長鬚鯨一樣長，而頂部則約直徑一公尺。現代的木筏群落只能維持約六年，而最大的棘皮動物海星，不依附木筏維生，只有大約一公尺寬。最後，原木不是因不堪負荷新加入的聚落重量而下沉，就是因為浸泡太久而解體。牡蠣的存在，有助於密封樹皮縫隙，能防止海水太快滲透到內部結構，保存了這個系統的運作壽命。即使沒有密封，這樣的大型原木還可以撐上幾年，依附其上的成年海百合也能

活上十年。部分原因是，侏羅紀時期的海洋並沒有穿孔性的掠食動物，而在航海時代讓水手頭痛的蛀船蟲，直到白堊紀才會出現。牠們一出現，就不可能再有這樣的生活方式了，也永遠不會以相同的方式再次複製，因為木頭就是無法像過去那樣漂流很長的時間。[28]

雖然海百合聚落已在遠離歐洲的日本發現，但這個南洋杉碎片可能更靠近當地，只漂流到東部或亞洲西海岸。在歐洲群島西部的那些島嶼是植物園，是各種森林的家園，每一棵樹和最近的鄰居都沒有親屬關係。在東部較大的大陸陸地上有很多廣袤的森林，以南洋杉為主，而這也是海中大部分浮木的源頭。海島上的群落很明顯彼此相似，包含了東部森林的不同物種。有一條看不見的線將這些生物群落彼此隔開，這是一種防止遷移並維持差異性的海洋邊界。天擇說的共同發現人華萊士（Alfred Russel Wallace），[*] 描述了這種隱形邊界在現代世界最知名的例子。在印度尼西亞群島期間，他注意到婆羅洲與峇里島東部所有海島上的物種都有明顯的澳洲特色，卻與西部島嶼傳統的亞洲生物截然不同。這個區別反應了大陸塊在末次冰盛期（ last glacial maximum）[†] 的連接方式；婆羅洲、蘇門答臘、爪哇與峇里島全透過陸橋與亞洲相連，而巴布亞與其他東部島嶼則與澳洲相連。「華萊士線」（Wallace line）是將地理史與生態分層，並區隔生物地理區域的一種無形界線。從喜馬拉雅山到北非沙漠，現代有很多其他的地理特徵也發揮了這種邊界作用。在侏羅紀時期，歐洲島嶼反映了現代印度尼西

---

[*]　譯注：出生於 19 世紀的英國博物學者、探險家、地理學家、生物學家與人類學家。

[†]　譯注：距離現在最近的一次冰河期，全球有 24％的陸地被冰覆蓋，現代只有11％。

亞島嶼的分界。[29]

翼龍在海洋與天空的交界處捕食獵物，也被其他動物獵食。在大陸周圍，世界洋流開始分道揚鑣。在一個被認為是大滅絕事件的世界性變化之後，生物多樣性正在恢復。侏羅紀時代最知名的生物是恐龍、蛇頸龍與魚龍。正是在此，人們開始理解到過去的生物，第一次被用來定義「恐龍」意義的三個屬（genera）──禽龍（*Iguanodon*）、斑龍、林龍（*Hylaeosaurus*）──在此處漫遊。但如果沒有一個穩定的生態基礎，牠們就不可能存在。歐洲群島的島嶼多樣性，是從海底往上打造起來的。

海綿與珊瑚的出現，形成了多樣化的礁石與島嶼，這些都是建立在牠們的祖先殘骸之上。在這些光禿禿的島嶼上，生命降落其上、依附其上，並展開一場東與西、南與北的融合。靠著陽光與之前的礁石礦物骨架，樹木開始生長。樹木死亡後，海百合與牡蠣徵用了它們，它們就順著世界洋流而漂流。在生態學中，沒有一個生命是完全孤立的。不管在哪一個地方，生命永遠要依靠其他生命而生存。

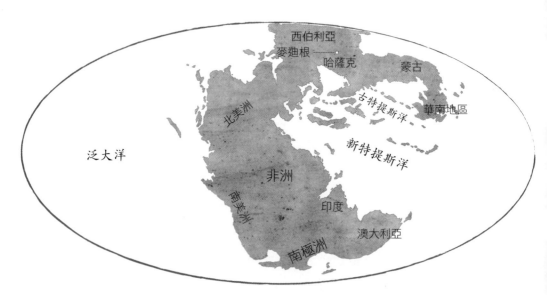

三疊紀地球，2.25 億年前

# 第九章　偶然
## Contingency

**吉爾吉斯，麥迪根（Madygen, Kyrgyzstan）**
**三疊紀（Triassic），2.25 億年前**

「我隱居在山上，沒人知道。

在白雲之間，是完全靜默的永恆。」

——寒山<sup>*</sup>（J. P. 西頓〔 J. P. Seaton 〕翻譯）

「這些祕密保存了那麼多年，

只為了讓我們發現，這不是很令人讚歎嗎？」

——摘自萊特（Orville Wright）<sup>†</sup>寫給斯普拉特（George Spratt）

的一封信，1903 年

---

\* 譯注：活躍於唐德宗至唐昭宗年間（大約 8 世紀下到 9 世紀初）的詩僧。

† 譯注：19 世紀美國知名發明家與航空先驅兄弟檔中的弟弟。

　　古銀杏（*Baiera*）的樹蔭下很涼爽，在午後的陽光下，它的帶狀葉子形成一個倒三角形並發出微光。陡峭的森林斜坡從峽谷兩側升起。樹冠下方包含了原來看不到的特徵線索。在遠方，樹木覆蓋的一個鴻溝，標誌著一座湖的邊緣，狹窄的河川正挖掘著這個山谷，沿著河谷是一片崎嶇不平的暗色植被。苔蘚沿地面生長，厚厚的黑色土壤形成一塊柔軟芳香的地毯。在現代人的耳中，這座森林的寂靜令人感到不安，也很不自然。這裡竟然沒有鳥的鳴唱，不過那是因為這時候還沒有鳥類。只有風聲、水聲，以及昆蟲翅膀擾動空氣的聲音。在現代人的眼中，這座森林深邃而充滿異國風情。即使是現代最密集、最多樣化的森林，也可以看出人類經營數千年的痕跡，但這裡的樹木是真正的原始林，每一個表面都佈滿了地衣、蕨類與苔蘚，樹木在它們之上倒下、腐爛，在厚重的先輩殘骸中拔地而起。[1]

　　肥沃的土壤是一年又一年落葉累積分解的結果，但長在泥土上的植物就不那麼令人感到熟悉了，因為這是開花植物出現之前的植物。中亞地區的森林混合了銀杏、蕨狀種子植物、蘇鐵，以及有深色葉子的細長型蘇鐵杉（*Podozamites*）針葉林。落葉的闊葉木枝葉大開，在蘇鐵杉覆蓋大地的地方，因為樹冠太佔優勢，很少有其他植物能夠長高。它們在勞亞大陸東部溫帶地區形成了單一文化，不久之前才從中國擴散開來。在這裡，在三疊紀的吉爾吉斯，這些針葉林在麥迪根低矮的山區斜坡上隨風蕩漾。[2]

　　一棵長著毬果的樹，葉子卻又寬又有葉脈，並非針葉，這在現代很少見。當然也有例外，多樣化且依然與目前被子植物共存的例子，包括貝殼杉、香槐、竹柏。但在麥迪根，它們的數量只比更少的蕨狀種子植物多而已。在這裡，開放的蘇鐵杉樹冠讓陽光可以穿透，支撐

奇異沙洛維龍（*Sharovipteryx mirabilis*）

著已在阿爾卑斯山景觀中林下底層站穩腳跟的其他植物。[3]

在這個盆地與山系裡，有輕微起伏的峽谷，還有完全無法通行的裂縫，樹木彼此平行地斜倚在崎嶇的山谷中。溪流濺落池中，流入偶爾會形成的瀑布，然後傾瀉而下，一路翻滾直到匯入河流，最後穿過洪氾區進入油亮光滑的決利奧丘湖（Dzhaylyaucho）。雖然只有約五平方公里，但在高出湖面數百公尺的森林斜坡中，決利奧丘湖的平坦令人愉快。在朦朧的遠處，可以看到湖水溢出，煥然一新地前往六百公里外的海岸，雲層則打破了鋸齒狀的地平線。天空中偶爾會出現毫無支撐的山峰，白色蒸氣隱藏在森林裡看不見的低漥處，或是劃過更平坦的湖泊邊緣。空氣不太潮濕，全年雨量平均分布，夏季溫暖，冬季下雪，這是發展穩定且多樣化生態系統的理想氣候。遠離零星的懸崖邊緣的是森林結束的地方，地上散落著豐富的生命碎屑。又長又薄的邱比特甲蟲爬過腐爛的腐植質，專吃柔軟、腐爛的木頭，以及造成木頭腐爛的真菌。整體來說，這裡的昆蟲非常多樣化；已知住在三疊紀世界的一百零六種昆蟲科中，有九十六種來自麥迪根。到今日為止，已統計的昆蟲超過五百個物種，包括地球史上已知最早的象鼻蟲與蠊。這裡的很多植物都能頑強抵抗昆蟲的進食；有人認為，蘇鐵演化出來的毛葉就是為了抵擋昆蟲啃食。但昆蟲大軍吃了多少，就有多少其他生物以牠們為食。[4]

到處散落著鵝卵石大小的石灰岩塊，這些都是在山上被侵蝕後順流而下的石頭，提醒著這個景觀過去曾是古老海洋。在幾塊石頭以內，就可以看到化石貝殼的痕跡，石炭紀海洋中早已滅絕生物的螺旋與形狀，即使現在也有超過一億年的歷史。與許多山脈一樣，這些山峰是從深海打造起來的，雖然距今已有二億年的歷史，地球的顏色仍受到

古老歷史的影響。深色、脆弱、易碎的頁岩，一層一層像薄薄的紙張、像碎石一樣，分散在陡峭的山谷兩側，這些是來自海底未受干擾的柔軟泥漿。厚而淺色的石灰岩床因風化而表皮粗糙，是生活在泥盆紀（Devonian）與石灰紀（Carboniferous）突厥斯坦海（Turkestan Sea）的海洋生物微型外殼密集濃縮的產物；此處是未來會成為太平洋的西部邊緣延伸地帶。火山玄武岩陸棚，說明了構造活動輸送帶將海底拉到另一個板塊的位置，以及在整個二疊紀與三疊紀期間，上升海床被侵蝕的地方。山間溪流的古老岩石偶爾被洪水沖出河道，並很快就長滿了喜歡潮濕氣的植物。柔軟的苔蘚深不見底，一不小心踩進去就會沉下去，還有閃閃發亮的扁平地錢，以及懸垂的盤繞蕨類植物。[5]

　　一道陰影劃過這風景，那瞬間，歡樂而不會出錯的氣氛消失了。主龍形下綱的奇異沙洛維龍，幾乎是麥迪根獨有的物種。當牠靜止不動並攀住一棵樹的垂直樹幹時，牠看起來模糊不清，因為牠只是隱身在很多其他生物中的另一個棕綠色形狀；但在完全滑翔的姿勢下，在明亮天空的映襯下，那就像時間停止的一刻，牠是無法抹滅的殘留影像，比實際的體驗持續得更久。

　　牠的四肢向外張開，後肢與尾巴間一層薄薄的皮拉得緊緊的，前肢連結的是第二張較小的皮膚。沙洛維龍在飛行時的三角形輪廓，代表一種效率驚人且靈活的滑翔姿勢；從現代的戰鬥機到協和客機，飛機已應用了相同的翅膀形狀。與現代滑翔動物的配備相比，沙洛維龍算是高科技裝備。牠必須以相當高的角度滑翔，把胸口挺進風中才能爬升，而膝蓋部分的細微動作會改變三角形主翼的形狀，可以精準地改變飛行方向。[6]

　　在擦身而過後，牠的飛行路徑帶著牠撲向一棵樹的樹幹，並緊貼

其上，牠的腳像孩子攀住父母親一樣纏繞在樹幹周圍，膝蓋則向外彎曲。牠在飛行的優雅，遠超過牠在樹上的樣子。牠的膜收起來，四肢像摺疊椅一樣折向各個方向。那些在空中非常有用的膝蓋，現在看起來像是一直在為蛙跳做準備；當雙腳向上移動身體以維持在樹上時，膝蓋就會伸出。牠的腹部有點內凹，這樣才能緊緊抱住圓形的樹枝。[7]

　　沙洛維龍幾乎是獨一無二的，[*]但在三疊紀的實驗性時期，有更多遠親正飛向天空。世界各地的幾個爬蟲類物種都靠著翼傘飛行，這個翼傘靠著可以轉動的極長肋條支撐。在只有昆蟲可以真正飛行的時代，所有的滑翔動物算是脊椎動物演化創新的先鋒部隊。不久之後，更多的古龍類會飛向天空，首先是翼龍，接下來至少有三種恐龍群體。哺乳動物最後在古新世晚期或始新世早期像蝙蝠一樣飛翔，還需要大約一億七千萬年。[8]

　　事實上，連同鳥與花，三疊紀時代幾乎沒有哺乳動物存在。從這個時間點回溯到生命的開始，從你到鴨嘴獸、袋熊或海牛等所有物種的祖先，取決於你問誰，哺乳動物的多樣性都包含在這個時期全世界一個或幾個物種當中。三尖齒獸（*Adelobasileus*）是與麥迪根遺址同時代的一種早期哺乳動物（或至少是關係非常密切的近親），但牠住在未來會成為德州的遠方。三疊紀的博物學家幾乎不會再多看牠一眼，也許會注意到牠內耳奇怪的骨套管，除此之外，只把牠視為犬齒動物中一個小而不尋常的成員。但從現在回首看，犬齒動物在某個程

---

[*]　作者注：迄今為止，沙洛維龍家族只有兩種物種，兩種都是後肢飛翔者。一種是來自吉爾吉斯麥迪根的奇異沙洛維龍，另一種是奧濟梅克龍（Ozimek volan），來自三疊紀的波蘭，一樣有長長的腿與輕盈的骨架。

度上是哺乳動物演化路徑上的一個踏腳石，具有幾個我們今日認為是專屬哺乳動物的獨特特徵。三疊紀是緊跟著一次破壞性大滅絕後的時代，因此犬齒動物在滅絕後出現的多樣性，大致上就像哺乳動物在古新世出現多樣化的方式一樣。[9]

　　即使在麥迪根遺址上發現、在解剖學上被非常慎重看待的麥迪根龍（*Madysaurus*），在許多方面也像哺乳動物。一塊硬顎將牠的呼吸與進食分開。牠的牙齒分成切割用的門牙、刺穿用的犬齒，以及研磨用的前臼齒與臼齒。而大部分其他脊椎動物的牙齒特色，是一排樣式統一的牙齒。麥迪根龍的毛皮下是帶有分泌油質腺體的皮膚。牠會下蛋，但不像鴨嘴獸或針鼴，也許不會用乳汁餵食剛孵化的幼獸；乳腺似乎是犬齒動物演化的後期才發育的，一開始也許是麥迪根龍防止薄殼蛋變乾的方法。[10]

　　有鑑於滑翔的沙洛維龍與犬齒動物奇特新穎的生理特徵，世界各地都在進行大量的解剖實驗。問一下任何脊椎動物古生物學家，哪一個地質年代包括最奇怪的野獸？絕大多數的人都會認為是三疊紀。雖然犬齒動物的創新特徵延續到人類身上，三疊紀的特別之處卻在於擁有一系列的不同形式，其中很多後來並沒有存續下來。祖龍類以及牠們的近親沙洛維龍就是其中之一，是最真實的代表族群。在現代，祖龍類一方面包括鳥類，另一方面包括鱷魚。在過去，即使排除了恐龍毫無疑問的差異性，還是更具多樣性；祖龍類也包括翼龍和三疊紀中的幾種形式，牠們探索了這個群體在構造和生理上的限制，並開始在生態上佔據主導位置[11]。

　　在未來會成為歐洲的部分地區，有一種叫長頸龍的半水生生物。這個家族中的很多物種都是體型巨大的野獸，長度可達五或六公尺，

牠們全部都可以在水域附近被找到。牠們在脖子的幫助下捕食魷魚和魚類維生，脖子佔總體長的一半，也就是說，最長可達三公尺，這讓牠們可以把不引人注目的進食器官，以及可能會洩露形跡而嚇跑獵物的巨大身體區隔開來。在淺而泥濘的水域中，牠們的頭會忽然往側邊一掃，伏擊游得更快的獵物，並用巨大的蛙腳般踢腿動作，把獵物的身體往前推送。與蛇頸龍和魚龍不同的是，牠們的腳似乎可以在陸地上移動，而且有強壯的骨盆。這表示牠們是用身體後背來支撐體重的，而不如想像中以為牠們是行走的釣魚竿。[12]

　　沙洛維龍並不是樹林中唯一奇怪的三疊紀爬行動物。到處都有活動的跡象，從岸邊爬上來的腳印就通向了蕨狀種子植物。在樹幹苔蘚上畫出的小徑，顯示著鐮龍類的存在，這是麥迪根另一個演化上的奇特生物。這些松鼠大小、攀樹的爬行動物就從這裡開始，生活在上面的某處；吉爾吉斯龍（*Kyrgyzsaurus bukhanchenkoi*）是鐮龍類已知最早的一個物種，這個群體之後將會散布到北半球各地。吉爾吉斯龍的皮膚像鬣蜥一樣可以摺疊，還有一個下垂的喉囊，並不是外貌優雅的生物。從很多方面來說，鐮龍類等同於是三疊紀的變色龍。吉爾吉斯龍有一張短小精巧的三角形臉，長著一排細小的牙齒，用來捕食昆蟲。對一隻鐮龍來說，牠的體型算是一般平均大小，較大的物種像貓一樣大，已適應了樹上的生活。鐮龍類有可以抓握的手腳，手指相對，這讓牠們可以緊緊抓住樹枝。在某些情況下，牠們又長又扁的尾巴從一邊晃到另一邊，作用是可抓握的第五肢。最後的椎骨則變成爪子，在樹冠裡的滑樹皮上，用來得到額外的採購品。與該群同名的鐮龍，本身有個巨大的拇指，和其他手指加總起來一樣大。據推測，這可能是用來撬開樹皮，以找到生活在樹皮下的食物。[13]

隨著河水向前反彈，石灰岩鵝卵石消失在切入泥濘河岸的礫石曲線下。溢流的水開始匯入更潮濕的地面。在這裡，泥土與植物開始融合成泥炭，吸收更多水分，並越來越壓縮成尚未固結的煤。由於沿途溶解了石灰，水中的礦物質增加，但失去了氧氣。古老的河流不疾不徐地奔入等待的湖中，在那裡，水下的蟲蟲在複雜的分枝洞穴中在泥漿中挖洞，只在陽光的溫暖能穿透的地方打造牠們的家園。[14]

從高處看，這座湖泊非常清楚，但從岸邊看卻看不到。一片新蘆木屬（*Neocalamites*）馬尾草，矗立在一道兩公尺高淺水淹沒的黏土牆上。粗而多刺的莖桿分成竹節狀的部位，竹節相連處有葉子。在馬尾草位置外的地方，水變得太深，水的表面張力從下方延展，但很少被緻密漂浮的石灰綠色水晶草毯破壞。水下是一整座森林的倒影，為棲息在這片土地上的數百種昆蟲幼蟲，以及最早的蠑螈崔厄瑟羅斯（*Triasurus*，音譯）的卵塊，提供了藏身之所。在湖水輕拍的岸上，潮濕的苔蘚也是大群生物的孳生場所，聚集超過一千隻被稱為卡沙卡順斯（kazacharthrans，音譯）的蝦子。牠們一群群像雲團一樣，有大型並配備裝甲的頭部，形狀就像蘋果的橫切面。在這面盾牌的前面，如中國龍的鬍鬚輕輕搖動，感應著周遭環境，加上牠們笨拙而上下起伏的泳姿，當牠們的腿藏在下面時，乍看很像蝌蚪，而牠們確實也是現代所謂蝌蚪蝦的親戚。牠們尾隨著從河流漂進來的生物碎屑，或是被產在平靜水面的蒼蠅卵。牠們是中亞地區獨有的生物。[15]

在春天，河水流量充分時，四處都可以找到食物，但在情況吃緊時，與卡沙卡順斯蝦競爭食物的對象，就不只是會游泳的節足動物，還有靜態的生物聚落。最初看起來像是一塊塗有某種藻類黏液的岩石，事實上是一種叫作苔蘚蟲類的動物。每一個苔蘚蟲聚落中的每一

個微型個體，都是定居在湖底的原始動物之複製，而且雌雄同體，每一個都既是雄性也是雌性。牠們的骨骼沒有礦化，不像其他的聚落動物如珊瑚或玻璃海綿。更精確地說，牠們是由像果凍的蛋白質所組成，因此聚落的質地極不穩定。麥迪根是大陸性氣候，冬天會變冷，生存的條件可能極不穩定。現在還在盛夏，苔蘚蟲正在製造眾所周知的飼料。牠們正在製造不含幾丁質的特別細胞群，稱為靜芽體（statoblasts），並把牠們釋放到其他地方的土地上。靜芽體是抵禦嚴酷冬天的生物保險，若湖水結凍或水位下降太多，生物聚落就會死亡，但靜芽體會倖存下來，並在生存條件改善時被啟動並開放。在淡水湖臨界區形成的微棲地，這種作法對於維持從植物到頂級掠食者整個生態系統的多樣性非常重要。[16]

水面上越來越大的漣漪顯示有一隻生物經過，這是決利奧丘湖已知最大的動物。牠與河獺一樣長，是另個時代的倖存者。麥迪根山區與其他地方隔離，意味著它的很多生物，包括所有的脊椎動物在內，都是地方性的產物，在世界其他地方沒有。其他地方的所有生物都有相當近的親屬關係，但是麥迪根螈屬（*Madygenerpeton*）的任何一種物種都沒有存活這麼久。在現代，全世界的四肢脊椎動物可分為兩棲動物與羊膜動物兩種，兩棲動物仍像四足動物祖先一樣在水中繁殖，羊膜動物則是把發育中的胚胎包在一系列的薄膜中，不論是有殼的蛋或是在子宮裡。兩棲動物與羊膜動物都是麥迪根螈屬的遠親，這種生物是一種闊尼爾蘇奇恩（chroniosuchian，音譯），含意是「時間鱷魚」。闊尼爾蘇奇恩的背部有互扣的骨板保護，在亞洲的水道中遵循一種像鱷魚的生活方式已經三千萬年，但牠們的時間快要結束了。儘管鱷魚的生活方式是成功的，但接下闊尼爾蘇奇恩演化接力棒的，卻是像蝦

膜龍螈（*Mastodonsaurus*）那樣龐大的兩棲動物。蝦膜龍螈是六公尺長、像蠑螈的動物，頭骨扁平，幾乎是完美的三角形，因為很薄，兩顆最大的下顎牙齒又圓又尖像個錐子，從牠鼻子頂端的一個特殊孔洞穿出來。三疊紀祖龍類的另一個群體植蜥類（Phytosaurs），在外表上非常像現代鱷魚，若不是鼻孔的位置離鼻子很遠，這兩類群體很容易混淆。[17]

　　麥迪根螈屬採取了一種特別的水生方式。牠互扣的板甲提供身體一層骨殼保護，但比牠祖先的板甲更有彈性，讓牠們可以彎曲脊椎。由於被這個額外的盔甲壓得很重，牠低低地潛伏在水中，小小的、像短吻鱷形狀的頭部幾乎很少露出水面。漂浮的水草糾纏著牠粗糙多瘤的體表，稍微抬起的眼睛與鼻孔劃破了水草。在闊尼爾蘇奇恩開始多樣化之時，發生了最近的二疊紀末大滅絕事件，等於是在萌芽階段就被扼殺了生機。那些倖存下來的只是苟延殘喘到現在，而麥迪根螈屬被認為是最後剩下的物種。無聲無息中，牠又潛回水晶草中。[18]

　　在湖底深處、對生活在水面上的生物來說太遠的地方，住著腔棘魚與肺魚，還有對深居內陸的山區湖泊來說令人驚訝的居民——鯊魚。想要看見牠，在水面上可能永遠等不到，但偶爾牠們革質的卵囊會被沖上岸，螺旋狀的尖形像顆被拉長的檸檬。在內陸的高山深處尋找鯊魚的卵囊，就像在海底尋找野山羊的屍體一樣不可思議；直到在決利奧丘湖發現牠們之前，已知唯一會產卵的鯊魚，都來自深不可測的海洋水域。在麥迪根，有兩種會產卵的鯊魚，其中最常見的是駝齒鯊（humptooth shark）；弓鯊（Hybodonts）正如牠們的稱呼，每個鰭的前緣都長有獨特的長彎刺。在鯊魚中，麥迪根的弓鯊體型小、行動慢，比較像角鯊而不像大白鯊。[19]

很長一段時間，除了根據我們對其他截然不同的鯊魚群體的知識推測外，沒人知道弓鯊如何繁殖。在決利奧丘湖發現的卵囊改變了這一切。至少對一種弓鯊來說，這個中亞地區的高山湖泊為牠們的幼獸提供了育嬰房，並且成為成年弓鯊聚集與交配的地方。在淺水區，在馬尾草的莖深入泥土的地方，鯊魚寶寶孵化出來，然後開始緩慢的生活步調。隨著牠們的成長，牠們會離開湖岸，開始棲息在更深的水域中。在這之後，牠們確切的行蹤完全無從得知。許多弓鯊的一生都在淡水中生活，但也有在海洋中生活的。決利奧丘湖和海洋距離如此遙遠，牠們會出現在這裡的一個最簡單的解釋，就是成年弓鯊是在湖裡更深處生活，遠遠低於湖面，也遠離河流的出口與滲透的沉澱物。另一個較不可能的解釋，就是就如同紅鮭魚，這種特定的弓鯊，即費加納長矛鯊（Fergana lance-shark），可能也有從海洋移動到受保護的內陸育嬰房的繁殖之旅。[20]

繁殖祕密已被確實揭曉的，可能是決利奧丘湖沿岸最難以避開的生物——黑蠅。雖然在麥迪根的食蟲動物非常多，從鐮龍和沙洛維龍到魚類和恐龍蝦，但真蠅類的數量與物種非常多，是技藝高超的雙翅目昆蟲。牠們直到最近才變得多樣化，但由於巧妙的設計，牠們是很難擺脫的棘手生物。昆蟲的祖先原有四個翅膀，而且幾乎每個群體，從蝴蝶到甲蟲、從蟋蟀到蜜蜂，都堅守著這個祖傳的限制。真蠅當中的果蠅、家蠅或蚊子，接受了這個基本限制，也同時把玩著這個限制。牠們的第二對翅膀，也就是後翅，已不再用來產生升力，而是演變成棒形的支柱，稱為平衡棒，透過水平轉折點連接在身上，在飛行時會劇烈震動。每當蒼蠅以某個角度改變轉折點的方向，這種震動會彎曲平衡棒底部，使其變成陀螺儀。一旦偵測到這種運動，蒼蠅的飛行肌

就會自動調整與校正位置。這意味著蒼蠅在飛行時，能比其他昆蟲做出更大膽的動作，也讓牠們能快速遠離危險，不管是沙洛維龍張開的下巴或是拍過來的報紙，情勢都不會失去控制。[21]

在陸地上，麥迪根地區的落葉中最常見的昆蟲是蟑螂，但昆蟲學家最夢寐以求的肯定是泰坦翅蟲（titan-wing），這種謎樣昆蟲被認為是蚱蜢的親戚。牠們偽裝得很好，在蕨類的複葉之間維持得像雕像一樣。牠們是從二疊紀的俄羅斯演化而來，所以在世界其他很多地方不被知道，而麥迪根是幾個不同屬的家園。牠們的行為與外觀很像螳螂，但體型大小遠遠超過任何現代的螳螂或蚱蜢。在現代，翼展最大的昆蟲是帝王蝶（mariposa emperador），或稱魔女蛾，可達二十八公分。泰坦翅蟲可以更大，簡潔命名為泰坦鳴蟲（*Gigatitan*）的個體，翼展可達二十五公分。這隻蚱蜢以四腳站立，不能跳。取而代之的是，牠的前肢抬起，露出尖銳的刺，有助於捕捉倒楣的獵物。然而，就像現代蚱蜢一樣，牠們可以鳴唱。沿著翅膀附近有撥片與銼刀，當它們摩擦時，就會產生一種深沉如男中音的牛蛙叫聲。[22]

巨型泰坦的體型，甚至比樹林中的幾個四足動物居民更大，包括決利奧丘湖周圍樹林中最奇特的居民——微型長鱗龍（Longisquama insignis），這名字意味著「顯著的長鱗」，是另一種長相奇怪的蜥蜴狀爬行動物，可能與祖龍類有關。牠只有十五公分長，這個獨特而微小的動物，是一種四肢有抓握能力的攀樹動物。從比喻與字義上來看，讓牠脫穎而出的是牠有非常巨大的鱗片，形狀就像曲棍球棒，沿著背脊長出。牠的脊椎上有六個以上這樣的隆起物，每個都與長鱗龍一樣高。這些隆起物的用途目前尚不清楚，一般認為是用來展示或偽裝；由於很細，不太可能有任何機械性的效益。然而，這些動物只有一種

被發現過，但標本的狀況無助於瞭解更多細節。一如既往，在森林裡有奇怪生物報導之處，只有更多的目擊經驗才有助於解開一開始被提出的問題。[23]

在深時的謙卑中，麥迪根的森林與湖泊是很重要的一課。像長鱗龍這樣難解的生物、像沙洛維龍或長毛鯊的生活方式與現代親戚如此不同，以及像麥迪根龍或麥迪根蜥屬這種只在當地出現的物種，牠們同類中的最後一個在在提醒我們，對於曾棲息在地球上的生命，我們還有多少不知道的事。麥迪根是一個單一數據點，而且到目前為止，很少有其他地方可以與之相提並論。我們也沒辦法說這個群落有多獨一無二、沙洛維龍的翅膀可以把牠們帶到多遠的地方，或是在其他內陸景觀中存在什麼特有樂趣。

麥迪根與整個費加納盆地訴說了一個偶然發生的故事。從四足動物體型呈現（body plan）的基本支架開始，出現了很多變化，但每一種變化都是利用祖先的限制打造出來的。演化就是一種在限制中適應、並開發出打破這些限制的過程。從雙翅目蒼蠅的翅膀衍生的平衡器首先出現在三疊紀，到沙洛維龍與親戚們拉伸的皮膚，舊結構的新用途，改變了動物在環境中導航的方式。事實上，有些巧妙的解決方案可以解決生命之樹遇到的演化難題。三疊紀是個變化與實驗的時期，從現代人的眼光來看，在這段時間裡地球上似乎什麼事都發生了。

部分原因可能是發生在二疊紀與三疊紀之間大滅絕事件的宿醉反應，這是有史以來衝擊地球最嚴重的滅絕事件，95％的生命都被消滅了。在滅絕事件後，新物種出現的速度加快，而滅絕也成為一種暫時性的罕見現象。到了麥迪根時代，在三疊紀早期的世界各地，稀疏的景觀已被填滿，生命也再次繁榮起來。到了侏羅紀的開始，將成為中

生代其他生物典型代表的生物，將或多或少在生態上佔到優勢地位，而瘋狂實驗的日子即將結束。[24]

　　在整個二疊紀與三疊紀期間，麥迪根周圍地區一直是個典型的中海拔山脈，上升的速度夠緩慢，所以侵蝕作用讓山頂可以保持在幾乎不變的高度。但很快地，它們將開始崩塌，並且到了漸新世，也就是將近二億年的未來，這些山將會再次讓位給海洋。像是一個不太可能的鏡像反映，隱藏在突尼斯坦山脈北部山麓中的麥迪根現代遺址，概括重現了三疊紀的地形。在現代的山脈中，它的北面是天山，南面是吉薩－阿萊（Gissar-Alai）山脈，都是由相同的古生代海底打造，最後沒入龐大的費加納河谷中。該河谷形成了吉爾吉斯、烏茲別克與塔吉克間的邊界地區。現代的植物群落是半乾旱的草原，長滿了草，因此人類在歷史上一直是遊牧民族。生物學與歷史並沒有切斷；每一個活物都是生物演化的結果，也受到祖先生活的影響。這可以是解剖構造上的影響，例如脊椎動物應用四肢各有不同的限制方式；或者也可以是地理上的影響，例如穿越開闊的更新世猛獁草原的遷移行動。在三疊紀一開始，所有主要的大陸構造板塊彼此相連，形成超級大陸盤古大陸（Pangaea）。陸地聚落間缺少重要屏障，意味著在二疊紀－三疊紀大滅絕的塵埃落定、氧氣重回大海深處，以及火焰熄滅之時，共同的倖存者相當容易就能在世界各地擴散，形成一個同質性的動物群，只是後來成為各地的地方性物種。相對之下，在白堊紀末期的大滅絕時期，被海洋分離的大陸上留下的動物群，就沒有全球的相似性。[25]

　　古生物學中的偶然事件，也延伸到保留下來的地質紀錄中。麥迪根這個內陸生態系統能被保存到如此細緻的程度，是極為幸運的事。內陸生態系統通常不是在沉澱物可以沉澱的地方。風吹雨打，樹根挖

洞，加上天氣湊上一腳，導致岩石裸露，而不是生成更多岩石。一般來說，地球上陸地生命的歷史，就是水道、河流與海岸、三角洲與河口的歷史。湖泊很少得到保存，因此湖泊的化石紀錄會被描述為「巨大偏差」（megabias），這種模式阻礙了任何長期的分析，因為所有數據都集中在幾個孤立案例上。當陸地的沉積物形成時，通常對細節的保存力也很差。麥迪根在保存上非常了不起，使其在地球生態史上的地位比大多數海洋遺址更清楚。決利奧丘湖周圍的洪氾區有成群昆蟲的證據如此豐富，以致一位研究地層的專家把某些岩石層描述為「實際上是用微小、通常難以看到的翅膀鋪成的」，到目前為止已收集到超過兩萬個標本。我們受限於可以保存下來的東西，但麥迪根暫時打破了限制，並讓我們清楚地看到。若非如此，我們永遠不會知道。[26]

　　現在存在的東西，只能來自以前存在過的東西。對於三疊紀來說，過去發生的一切都被徹底摧毀了。面對幾乎每一個活物都被移除的局面，沒有可以利用的東西，但是演化的力量善於打破偶然性，尋找演化的漏洞並善用殘存之物，就能產生新的多樣性奇蹟。滅絕與物種的形成通常關係緊密，三疊紀的奇特之處，就在於這段時間當中，生態選項被開放給一整組倖存下來的新身體型態：善於伏擊的長頸龍有著令人難以置信的長頸、鐮龍有可以盤繞且有爪的尾巴，還有會翻筋斗的蒼蠅。在湖邊上方高處山坡的某處，一隻沙洛維龍靠在樹皮上移動。腳一蹬，翅膀一拍，就把自己推向了未知的世界。

盤古大陸和特提斯洋，2.53 億年前

# 第十章　季節
## Seasons

尼日，莫拉迪（Moradi, Niger）

二疊紀（Permian），2.53 億年前

「這樣的雨像眼淚一樣撫慰人心。」

—— 奧斯丁（Mary Hunter Austin）<sup>*</sup>，《苦雨之地》（*The Land of Little Rain*）

「水不斷流出，直到我們的腳步漂浮，
深及腳踝處是天空的倒影。」

—— 米德（Rachael Mead）<sup>†</sup>，〈艾爾湖〉（Kati Thanda/Lake Eyre<sup>‡</sup>）

---

\* 譯注：19、20 世紀的美國小說家、劇作家。

† 譯注：當代澳洲作家、考古學家、環保人士。

‡ 譯注：澳大利亞最大的內陸湖，水量會因氣候變化，原住民語 Kati Thanda。

風向變了。北風吹過樹木稀疏的沙丘平原，激起了山脊，並將銳利的矽酸鹽碎片用力快速地帶向空中。很難清楚看到任何東西。在鹽灘之外的地方，沒有辦法喘息片刻，沒有地方可以躲避這道深刻的紅色刺骨寒風。一隻雌性蛇皮獸（gorgon）試著從地上起身，一邊抖開堆積在腳上的沙子，一邊踏出另一步。對抗這種持續不斷的沙塵堆積，實在令人精疲力竭，但沙塵暴頻繁發生，這不會是她第一次必須忍受的狀況。她厚實的皮膚隨著年齡而傷痕累累，即使不是完全的保護，也提供了一定的抵抗力。現在，雨季隨時會來，預告著北風終將回歸，但直到沙塵暴平息下來，除了遊蕩與等待，沒什麼事可以做。她的下巴腫脹，走路一拐一拐，自從被一隻瘤頭龍（Bunostegos）猛烈攻擊後，她只能靠著斷腿打獵，一切都走樣了。傷口已經癒合，血液覆蓋了傷口，有助於活組織快速連結在一起——這是活躍的溫血動物生活方式中一種靈活的生理作用。但加強生長的新骨癒合成一個腫塊，從外部把骨折處包在一起，以致它永遠無法像過去一樣強壯。[1]

在沙塵漫漫的莫拉迪，蛇皮獸群是頂級掠食者，身為其中一員，這樣的傷勢偶爾會很嚴重，但不算少見。只是，腫脹的下巴較不尋常。她左邊又長又尖的犬齒有鬆動現象，可能是新牙穿過的結果；雖然像哺乳動物一樣有不同的牙齒——門牙、犬齒和後犬齒，但蛇皮獸更像現代爬行動物，會不斷地更換牙齒。蛇皮獸是活躍的掠食者，因此為了進食，必須要有一對功能正常的上下犬齒。為了確保這種情況，牠們會交換更新左右犬齒，並同時更換同一邊的上下犬齒。然而，她的右犬齒已處於更換中期，所以左邊的牙齒鬆動意味著別的事情。這是一個更急迫的發展狀況，是細胞分裂的意外。在她頜骨內有個齒瘤，是一種癌症腫瘤，正壓在她的犬齒根部。腫瘤裡面充滿了非常小的牙

阿科坎瘤頭龍（*Bunostegos akokanensis*）

齒，隨著它們的發育，會慢慢侵蝕附近的牙根。她不太舒服地動了動嘴唇上的下巴。風暴很快就會過去。[2]

隨著風暴減弱，一陣閃電短暫照亮了艾爾山脈（Aïr Mountains），引起她的注意。她把頭向前傾，從鬥牛犬般的鼻子上凝視吹起的風沙。在她寬闊的腳下，是一片乾涸的湖底，直徑約八十公尺，從每個方向看去都一模一樣。這裡是白色世界，上面鋪著不平整的幾何圖案，是黏土中的結晶石膏隆起物。每一年，這座湖流淌著滿滿的淡水。但每一年，它也會完全乾枯，對水的記憶則被保存在硬化泥漿的輕微起伏中。即使從山上向東流的河流流入它，也不會水流出來。有些水會從土壤中滲透出來，但大部分的情況下，乾燥的熱空氣會透過蒸發把水吸走。它是終點，是座有入口、沒出口的乾鹽湖，是一塊廣袤陸地中的盆地。[3]

除了海岸邊的島嶼，幾乎世界上所有土地全被鎖定在一塊超級大陸中，也就是盤古大陸。在北極附近有陸地，南極也有陸地，兩極之間是一塊連續的帶狀土地，有涼爽的溫帶土地、潮濕的森林。靠近赤道附近則是廣大的紅色西部與內陸沙漠。水循環依賴海洋作為雲和雨的來源，當超級大陸的大部分地表都位於遠離海洋的內陸時，寶貴的少量雨水還是可以進入乾旱的陸地中心。然而，當這種情況發生時，會帶來驚人的雨量。盤古大陸大致上呈 C 型，是個巨大的杯子，在赤道附近朝東方開口，早期的特提斯洋正在那裡形成。在那片海洋的東邊，是一個由終年不斷的潮濕島嶼所組成的廣大群島區域，這個大陸塊有朝一日將成為中國南部與東南亞，該地區充當了抵抗泛大洋（Panthalassa）蹂躪的屏障。遼闊的泛大洋覆蓋了地球的其他部分，比太平洋和大西洋加起來更大，覆蓋的區域超過整個半球。由於北邊

與南邊有大片土地，東部與西部又有屏障，特提斯洋的海灣與更寬更深版本的加勒比海沒什麼不同。今日住在這片海域邊緣的人都非常清楚，這個地理位置非常容易發生風暴。[4]

在北方的夏季，盤古大陸的北部土地溫度上升，而過冬的南部則很涼爽。在這兩地之間，由於水會保溫，大海維持大致相同的溫度。由於東邊有島嶼作為邊界，特提斯洋很少有強烈的洋流，因此在這片海洋中形成一個溫暖的水池，水表溫度是攝氏三十二度，並隨著季節的推移而往北或往南移動。無論這個溫暖的水池在哪裡，氣壓都很低，從這個世界較冷的半邊吸入空氣，帶著充滿著特提斯洋蒸發的新鮮水氣，送進盤古大陸的另一半夏季海岸。據估計，在八月的高峰期，在這些風行路徑上降下的雨，每天每一平方公尺的雨量高達八公升。盤古大陸是超級季風型氣候。[5]

莫拉迪位於盤古大陸的南半部，就在蓊鬱的熱帶地區以南，並以赤道為邊界，這裡是主要的降雨帶。它形成了南部沙漠帶的北端，是一個最純粹的乾旱世界。莫拉迪就位於這個邊界上，距離最近的海域有兩千公里，因此有兩個極端狀況。在沙漠與溼透的熱帶地區之間的土地既溫暖又極度乾燥，並在一年中會出現異常的降雨。當地球的南面轉向太陽時，東邊的艾爾山脈就接到了大雨，生命之水會從滑落的懸崖上傾瀉而下，補充提姆莫索伊（Tim Mersoï）盆地乾旱的景觀，然後像傾斜的泥漿扇子一樣展開，慢慢轉向與彎曲，成為不斷分支與不斷重新連結的水道網路。[6]

遠離白色平坦的乾鹽湖，地形略為上升到有黃土覆蓋的紅褐色平原。各處都有聚集在一起的小針葉灌木與沃茲杉。沙塵暴讓它們受到重創，它們帶狀的長葉以及多針而低矮的小芽，被撕裂而到處散落，

半埋在沉積沙子中。而那小小的萌芽結構本來可以長成新的樹枝。沃茲杉針葉林沿著提姆莫索伊的支流路線稀疏矗立者，為莫拉迪的動物提供安身之處與遮蔭。[7]

到目前為止，在二疊紀後期，蛇皮獸是最大的掠食者，而最大的蛇皮獸被稱為儒必君（rubidgine，音譯），只在盤古大陸的非洲區域發現過。就像恐蛇皮獸屬（*Dinogorgon*），有些儒必君的頭比北極熊更大，身體則與之旗鼓相當。牠們有強大的眉毛、粗短的尾巴、一對長長的犬齒，還有一個很深的猛虎下顎線，讓牠們威嚴感十足。整體上來看，一隻在沙地上踱步的蛇皮獸，看起來介於大貓與巨蜥之間。牠們的腳比大多數的動物更善於抓握，能夠像大貓一樣抓住掙扎的大型獵物，但牠們沒有毛髮，姿勢有點像爬行。作為生活在沙漠的肉食動物，這隻莫拉迪的儒必君在取水方面有特殊問題。這裡全年都有涼爽遮蔭的水池，必要時會呼吸空氣的少量肺魚，以及淡水的雙殼貝類古米台蚌（*Palaeomutella*）正努力在其中生活直到救援到來。在夏天期間，這隻蛇皮獸當然會從水池飲水作為補充，但很可能的情況是，就像其他大型沙漠肉食動物一樣，她的大部分水分來自獵物的血肉。[8]

莫拉迪所有獵物中最大的獎品，是一種看起來遲鈍而迷人的動物，稱為阿科坎圓頭（Akokan knobblehead），屬於阿科坎瘤頭龍屬（*Bunostegos akokanensis*）的動物。在兩條河道乾涸的殘留物之間，有一小群這樣的動物聚集在一片樹林附近。在牠們的腳步不斷踩踏下，河岸邊一條經常使用的小徑已硬化成無法再壓縮的土塊。牠們的身體粗壯無毛，約有野牛大小，還有粗短的尾巴與鐵橇狀的腳。被稱為圓頭，是因為牠的臉上有些突起的骨質凸面，鼻子前方就有二到三個，頭部後面角落上方各有一個較大的，每隻眼睛上面還各有一個。牠們的背

上有更多盔甲，背脊是骨質的瘤，是種膜質骨板，可以保護牠們面對蛇皮獸的攻擊。體型是牠的主要優勢，因此所有的巨齒龍類會快速長到成年體型。與莫拉迪其他大型四足動物相比，瘤頭龍非常顯眼突出。牠不像蜥蜴一樣展開身體爬行，而是用身體下方的肢體高高地站立。這是四足動物直立行走最早的案例。[9]

對於在這樣的環境中的大型動物來說，直立行走是種很有用的適應。為了找到足夠的水與食物以維持生存，食草動物必須有效率地在任何剩餘的來源之間移動。如果牠們的體重放在四肢上，而不是四肢之間，走路所需的能量就會比較少。在開闊乾旱的棲息地上，動物的活動範圍通常很寬闊，食物與飲水的來源也通常距離遙遠。基於這個原因，比起牠們的近親，這些生物傾向於垂直姿勢，這樣即使體型大，也能按比例更有效率地使用能量。瘤頭龍是第一個採取這種姿勢的四足動物，但並不是所有直立的四足動物都是牠們的後代。恐龍有用來走路的直立後肢，也有展開的前肢；而更大型的哺乳動物，四肢都是直立的，牠們都只是瘤頭龍非常遙遠的表親。牠們都是「羊膜動物」，這名字是用來區分從兩棲動物發育出帶殼的蛋或卵的動物；但牠們在羊膜家族樹中遵循了早期的分支，落到一個完全不同的譜系去了。[10]

在二疊紀，羊膜動物開始在這片土地上稱霸。這段時期相對乾旱，或至少有極端的季節性氣候，是一種新的現象。在石炭紀，一群兩棲動物的蛋演化出一種聰明的解剖構造。作為水生魚類的後代，牠們的卵就像祖先的卵一樣，具有與海洋相同的基本鹽味化學成分。參與發育與 DNA 複製的蛋白質，適應為在有水環境中才能發揮作用，水分一旦消失就無法運作。雖然兩棲動物可以離開水面，但如果沒有積水，牠們的早期生活就無法生存下去。羊膜動物這名稱，是用來稱呼首先

透過密封每一個蛋，用一系列薄膜來包覆它以解決這問題的物種後代。這些薄膜包括一層作為實際保護的外殼，還有兩層保護囊羊膜與絨毛膜，供胚胎在其中發育；最後是尿膜，用來作為胚胎的肺，將氧氣從多孔的外殼帶進胚胎，讓胚胎可以繼續呼吸並作為呼吸廢物的儲存庫。在發育期間，甚至是在完全乾燥的環境中，這些保護性的薄膜可以維持蛋的內部化學成分。[11]

在石炭紀末期與二疊紀初期的三千萬年左右，地球的氣候從非常潮濕變為極度乾燥。到了新的乾燥世界完全主導時，羊膜就是這時代的必要元素。在暫時的乾旱下，羊膜是個備用選項，讓有羊膜的動物可以探索新的生態區位，並在內陸打造新的群落。牠們擺脫了尋找淡水產卵或下蛋的限制，到達之前無法進入的盤古大陸沙漠與高地安家落戶。這是昆蟲、蛛形綱昆蟲、真菌與植物以前就去過的地方，每一種生物都有自己抗旱版本的種子、孢子或卵，脊椎動物最終也跟上了。在現代，唯一非羊膜動物的四足動物是青蛙、蠑螈、看不見的穴居蚯蚓，即所謂的平滑兩生類。所有其他的動物，包括人類，都是羊膜主題的變體。我們熟悉的羊膜就是「水」的容器，在分娩時破裂，這是我們每一個人在發育時為了保護自己所創造的微型海洋。絨毛膜和尿膜則聯手打造了我們熟悉的胎盤。我們仍帶著祖先殘餘的生態特徵。我們的細胞無法打破我們最基本的化學成分限制，我們的祖先找到發育的漏洞，因此能遷移到陸地，而我們的身體還承擔著這份遺產。[12]

和瘤頭龍一樣，我們在莫拉迪最密切的近親蛇皮獸產的是軟殼蛋。看起來似乎不太可能，但這裡也有一些能吃苦的兩棲動物。在河床充滿礫石的中央通道來回巡邏的，是一種體型大小和基本形狀與大型鱷魚大致相似的動物。牠的小眼睛從頭骨上突出，看起來比鱷魚還傻；

牠的鼻孔像小火山錐一樣隆起，位置不在鼻子尖端，而在一半的地方；還有兩顆長長的下尖牙奇怪地從頂部冒出來。尼日蠑屬（*Nigerpeton*）是一種離椎亞目（temnospondyl）動物，與現代兩棲動物的關係比羊膜動物更為密切，但比今日的小型兩棲動物大得多。即使是巨大的大鯢蠑螈（Andrias salamanders），仍可在今日中國與日本的一些河流裡發現，但只長到一百八十公分長，比尼日蠑屬短約六十公分。尼日蠑屬和另一個巨大的莫拉迪離椎亞目動物，牠們的近親是撒哈拉蠑屬（*Saharastega*），可能還是被限制在水中繁殖，但牠們大致上仍是陸生動物。[13]

　　也許在莫拉迪潮濕的沙漠生態系統中，活得最舒適的居民是最早被發現生活在這裡的物種——莫拉迪龍（*Moradisaurus*），也就是「莫拉迪蜥蜴」。莫拉迪龍並不是真正的蜥蜴，而是一種「大鼻龍」（captorhinid）或「抓鼻仔」（grabsnout），是另一種沒有活著的近親的早期羊膜動物。包括莫拉迪龍這樣的抓鼻仔動物在內，早期的羊膜動物在飲食上出現的一個重大變化，就是適應為吃高纖維質物為食。這種纖維主要由碳水化合物的纖維素組成，是一種只能由酵素來消化的分子。然而，脊椎動物本身無法分泌這種酵素。舉例來說，人類根本無法消化纖維素，所以我們從吃的植物中獲取的能量其實有其他來源，像是澱粉或糖。結果，我們主要是吃水果與種子，包括穀物和堅果，還有像馬鈴薯與蘿蔔等塊莖。而我們吃菠菜、高麗菜或芹菜等葉子或莖時，我們是基於其他的營養理由，也就是為了維生素、礦物質，以及難以消化的纖維素纖維，而不是能量。每當有一種難以取用的能量來源，最好的辦法就是與一種可以取用它的微生物合作，就像珊瑚與藻類合作，以消化光一樣。高纖飲食就需要這樣的聯合：瘤頭龍和

其他巨齒龍就有一個充滿細菌的桶狀胃，食物可以在其中發酵。其他動物，像類似莫拉迪龍那樣較小的抓鼻仔動物，就透過十二排獨立牙齒來切割食物，以協助加速這個過程。這種新的生態學特性在其他地方展開了演化的機會；來自其他合弓綱動物的早期三疊紀糞便中，保存了一個獨特類型寄生蟲的卵，已知只生活在草食動物的腸道中。[14]

●　●　●　●　●

　　在河床上，樹木的熱波紋陰影下是黑暗的影子，連沙子也在冒泡。幾天前，季風襲擊了艾爾山脈，從那時起，雨水就一直流進這個盆地。現在，前沿終於到了，激起古老河水的鹽沉澱反應，朝著充滿空氣的湖面翻攪著羅紋的薄葉。突如其來的黑暗隱蔽了河床，迎面而來的水無窮無盡，現在水正填滿河道，讓人幾乎不可能想到這不是一條一直在流動的河流。向湖開展的地方，水在平地上分成兩部分，一棵像是畫在白色畫布上的黑色樹木，慢慢落到了最低處。隨著樹枝的擴大與連接在一起，曾經光禿禿一片的乾鹽湖黏土膨脹了起來。地面上的晶體吸收了水的體積，裂開的土地癒合了起來。在緩慢的水流中，山上的泥土沉澱了下來，河水變得越來越鹹、越來越乾淨。前幾年的河岸是無常、不規則與平面的，這是瞬間充水後的結果。長在湖邊附近、喜歡乾旱的植物被過度覆蓋了，水面上則穿梭著髮絲般的細長植物。

　　對著太陽，水面成為天空的完美鏡子，曾經是湖床的地方現在是一大團空氣的樣子，一切被顛倒了。毫無疑問，在數百英里外的上游山區，震耳欲聾的暴雨正在打碎葉子、破壞根部。但在這裡，是沙塵暴的盡頭，一片寧靜。一隻楔形頭的小莫拉迪龍腳步蹣跚，粗短的身

驅迫使牠每一步都要邁出粗短的四肢，從一邊彎到另一邊，以便得到更大的步伐，而牠的腳卻在潮濕的泥濘中扭動。牠進入水中，然後浮在水面上，再用懸垂的四肢推動自己前進。牠的尾巴中間有個突兀斷裂的地方，從那裡又長出一條更小、更細的尾巴，就像殘樹枝長出嫩芽一樣；就像現代蜥蜴，幼年的大鼻龍如果被掠食者抓住，就會掉下尾巴，之後再長回來。[15]

有兩個月的時間，河流漲滿，淹沒了鹽原。瘤頭龍漫步到湖邊打滾，沉重的身軀深深沉入溼答答的地面。為了和地下水為保持接觸，針葉植物的主根挖得很深，長得又綠又茂盛；而軟體動物在留下來的黑暗水池中努力維持生命，試圖抓住出現與繁殖的機會。像蜥蜴一樣的小爬行動物到處亂竄。在重新注入河水的轉彎處，以及填滿河水的湖邊，莫拉迪居民紛紛冒出來大口大口喝水。

來自上游的植物廢物聚集在一起，卡在河道邊緣，或被偶爾湧起的波浪沖刷到淺窪地。與在莫拉迪地區長年生活但生長緩慢的植物相比，雨水沖刷出來的沉積區域說明上游的環境更茂密。從牠們死去之處的沙岸上，一樣被帶下來的是瘤頭龍與莫拉迪龍的骨頭，皆已受到侵蝕，銳利的特徵已被翻滾的水磨平了。在乾燥的土地上，腐爛的速度很慢。從這些骨頭擁有者的動物死掉以來，也許已過了五年或十年。在這段時間，腐爛作用已把骨架分解成各自獨立的骨頭，而皮膚也已乾躁成緊繃的薄片，捕捉著風沙。沙塵暴在骨頭上留下痕跡，骨頭表面也發生了化學變化而形成一個結晶蛹（crystalline chrysalis）。當河流重返並蜿蜒流過時，這些還沒形成化石的骨頭，就被捲進水流並再次埋在一個新的河岸中。從活生生的存有到化石的旅程很少是筆直的。

不過，有時情況可能非常簡單。蜿蜒的河流會侵蝕河岸與沙洲，

也會干擾到動物的巢穴。在莫拉迪，就有一個被洪水淹沒的洞穴，令人悲傷的是裡面保存了四隻幼年的莫拉迪龍，牠們舒適地蜷縮在一起，顯然是在不知不覺中被洪水帶走並遭到掩埋，也許當時是炎炎夏日中的一次好眠呢。現在由於河水上漲，任何想從河流中飲水的動物都面臨新的風險。有些彎曲的沙洲攔截到較輕的漂流物，也許是幾根骨頭。河流又寬又深，足以承載從艾爾山脈沖刷下來的更大碎片，甚至是巨大的原木。在一個角落，一根二十五公尺長的原木，幾乎是一整棵倒樹，攔住了越來越多的木質碎片，開始形成一個原木阻塞區域（logjam），成為一個天然水壩。在一百公里的旅程中，比較脆弱的樹枝已被折斷，只剩下一個大樹幹。從橫剖面來看，這個原木幾乎沒有年輪，這表示在這一年的季風時期被砍斷的樹木還在不斷生長，這是全年持續降雨的信號。現在，原木阻擋了水流，在雨季減緩了河流的速度，並在水流成為涓涓細流後，為較小的動物提供蔭涼處。[16]

原木阻塞區域往往對河流生態產生重要的影響。當瞬間的洪水流經原木阻塞區域時，也就是湍流越過不平坦的障礙物時，會失去原本強大的能量。在原木阻塞區域的上方與下方，水流會變慢。透過木頭中斷水流的這種方式，就能緩和流速，並降低下游的損害。在上游地區，水流被轉移到洪氾區，並留下了暫時性的水池。這或許可以解釋莫拉迪為何全年持續都有兩棲動物的存在。在這樣的地形中，坡度平緩，水流緩慢，原木阻塞對地質的影響很小，但在更大的河流系統中，它們的規模與影響可能非常廣泛。歷史上最大的原木阻塞區域，位於卡多安密西西比（Caddoan Mississippian）文化的土地上，即現在的路易斯安那州，維持了將近一千年。它被稱為大木筏（Great Raft），一度涵蓋了超過一百五十英里的河流，像是一張在水中慢慢腐爛、不斷

變化的樹幹地毯，也是當地民間傳說與農業活動的重要部分，為農作物提供了肥沃的洪水，也攔截了淤泥。如果不是為了讓船隻通過而被炸毀，它今日依然會在這裡。在它消失後，河流淹沒了下游地區，並需要建造更多的水壩，也改變了該地的水流動態。[17]

即使對二疊紀來說，莫拉迪也是一個不尋常的生態系統。人們很容易將過去的某個時間，想像為全世界都是一樣的生態。但是各種行星從來不只是冰雪世界、沙漠世界、森林世界。一定有變化，也一定有地方性。在世界各地，物種是根據歷史與氣候耐受性的組合而分布。莫拉迪在炎熱與乾旱方面相當極端，因此生活在這裡的生物，與其他地方的二疊紀生態系統中的生物都不一樣。例如在南非的卡魯（Karoo）與東歐的遺址上，重建的氣候是溫和的，冬冷夏暖，也發現了非常不一樣的物種選擇。包含蛇皮獸的獸孔目動物（Therapsid）出現在世界各地，而且生態非常多樣化。外表像猴子的蘇美尼獸（*Suminia*），屬於一個特別的俄羅斯獸孔目群，是第一種擁有對生拇指的動物，也是第一種會爬樹的脊椎動物。[18] 莫拉迪的不同之處，也許要歸因於缺乏舌羊齒屬植物（*Glossopteris*）這種具特殊舌狀葉子的蕨狀種子植物。舌羊齒屬植物主導著盤古大陸南部，也是二齒獸類的首選食物。沒有了二齒獸類，像巨齒龍與大鼻龍等其他的食草動物才能家丁興旺。[19]

極端季節對任何群落都是挑戰。就像更新世時在伊克皮克普克的馬在冬天停止生長一樣，瘤頭龍在每個乾季都會停止生長。牠的四肢上標示著年輪，每一個都代表一次停止生長的時間、乾旱後的一次倖存。儘管生活方式非常艱辛，在整個乾季中持續存在的沙漠群落，也有不可思議的多樣化。在現代的納米比亞（Namibia），一條河流流過

數百公尺高的高聳沙丘。在河流的低點，是黏土與鹽田中的水池，稱為索蘇斯鹽沼（Sossusvlei），是莫拉迪潮濕沙漠罕見的現代類似物。雨水每隔幾年才會流經納米布沙漠（Namib Desert），因此蘇索斯鹽沼大部分的時間是乾燥的。即使如此，雖然鹽分很高，還是有足夠的地下水，讓主根有六十公尺長的駱駝刺樹（camel thorn trees）可以深入沙子萃取水分，也不會改變全年的吸水率。反過來，這些樹木也支持了蜥蜴與哺乳動物的興旺群落。靠近索蘇斯鹽沼的地方，另一個乾鹽湖說明了水源耗盡時會發生什麼事。納米比亞的一個主要旅遊景點是死亡湖沼（Deadvlei），這是一片奇特景觀，上方是永遠萬里無雲的藍天，佈滿鐵橙色的沙丘，地面是淡白色的黏土，還有石墨色、已枯死的駱駝刺樹。幾百年前就是在這裡，沙丘移到了河流的路徑上，擋住了河。從那以後，樹木被太陽曬黑且稜角分明地矗立著，由於太乾燥無法腐爛，就像是一個消失的生態系統紀念碑。要不是因為每年的洪水，要不是因為艾爾山脈的雨水，要不是因為季風，要不是因為大陸的形狀，莫拉迪也會變成真正的沙漠。[20]

儘管如此，即使可靠的降雨也無法抵擋即將到來的變化。莫拉迪的岩石紀錄持續到距今二億五千二百萬年前，然後嘎然而止，有一千五百萬年的時間空洞。檔案中的那個空白並不是失落的全部。熾熱的盤古大陸風正在上升，從地球的頂端，北極即將降下一場與眾不同的強風。西伯利亞即將火山爆發。屆時，它將噴出四百萬立方公里的熔岩，足以填滿今日的地中海，將淹沒澳大利亞大小的區域。那次噴發將撕裂最近才形成的煤層，將地球變成一根蠟燭，煤灰與有毒金屬也將漂浮在陸地上，把水道轉變成致命的泥漿。氧氣將從海洋中沸騰，細菌大爆發並產生有毒的硫化氫。惡臭的硫化物將會注入海洋與

天空。地球上 95％的物種都會滅亡，這是未來所謂的大死亡（Great Dying）[21]。

　　隨著莫拉迪上空的天空變暗，巨型季風漠不關心地持續吹拂，但是它從艾爾山脈降下的水是不能飲用的，因為裡面含有砷、鉻與鉬。被剝奪了生命之源，沙漠中被遺棄的骨頭在暴風中沉沒。

泛大洋

西伯利亞

哈薩克

華北

阿勒格尼山脈

馬榮溪

特提斯洋

華南

盤古大陸中央山脈

岡瓦納

煤田

石炭紀地球 Earth, 3.09 億年前

# 第十一章　燃料
Fuel

美國，伊利諾州馬榮溪（Mazon Creek）
石炭紀（Carboniferous），3.09 億年前

「我看見有著複葉的髓木，從蘆木嫩枝間
注視著瑰色夕陽。」

——E・瑪麗安・德爾夫—史密斯博士（E. Marion Delf-Smith）[*]，
〈一個植物夢〉（A Botanical Dream）

「那些佔地球一半未經探索的地區，
有不知名的開花植物當裝飾，
在那裡所有的季節都已消失。」

——拉貝阿利維洛（Jean-Joseph Rabearivelo）[†] 摘自《黑夜的表述》
（*Traduit de la Nuit*）（齊勒〔Robert Ziller〕翻譯）

---

[*]　譯注：19、20 世紀的英國植物學家。
[†]　譯注：20 世紀人物，非洲第一位現代主義詩人。

　　濕氣逼人，熱度則讓生命充滿活力。一片幾乎無法通過的沼澤植被，沉入靜止不動的黑色水域。傲然筆直的馬尾草和高聳的樹蕨嫩枝彼此互相攀附，爭相親近陽光。空氣令人陶醉，因為大量的植物體盤據整個星球，為大氣層注入充分的氧氣，含氧量比今日還高出 50%。在盤古大陸的西海岸，一條河流穿越稠密的赤道沼澤，流經三角泥沙，進入廣大的陸緣海。與現代伊利諾州格蘭迪郡（Grundy County）遼闊的玉米產區景觀大不相同，今日的伊利諾河是從單一種植的平原開始它的旅程，流向寬闊的密西西比河。然而在此時，是一條不知名的河流進入海洋，將早期被侵蝕的亞利加尼山脈（Allegheny Mountains）沉積成一個肥沃的三角洲。[1]

　　緊鄰在泥炭沼澤旁的是一大群樹木，每一棵與最近的鄰居相隔不了幾公尺，而且相當一致地有十公尺高。它們的樹幹是鱷魚綠色，菱形的紋理像鱗片一樣相互交疊，由於每個鱗片上下些微重疊，整體鑲嵌成螺旋狀，予人階梯盤旋向上方深色細毛延展的印象。每棵樹約五公尺左右的下半部是未經雕琢的閃亮鱗片，從中間到頂端，每個鱗片則支撐著一片像深色刺毛刷的狹長葉片，與最近的鄰居彼此交纏，在下方靜止的淺水上投下斑駁的影子，從較低處的鱗片脫落的狹葉則漂浮在倒影上。這些樹木不像現在的闊葉樹林一樣會擋住陽光，不過就捕捉光線來說，它們並非沒有效率。從稀疏的遮蔽照射下來的光線仍受到利用；鱗木（Lepidodendron）樹上菱形的表面都能行光合作用，全部的樹皮都可以將空氣和陽光轉換成新的植物物質。[2]

　　傍晚伊始，從瓶刷狀的遮蔽穿透下來的光線，大部分被水平接收了，下沉的太陽反射在一塊塊沒有樹木生長、天空開闊的深水處。與陰涼的地方相比，赤道太陽在石炭紀時期的伊利諾州純白且眩目。水

鱗木（*Lepidodendron sp.*）

面散發出的緩慢腐朽氣味，是來自腐爛的鱗木樹幹和發黑的蕨樹莖，水岸邊柔軟的地面因承受掉落木頭的壓力而下陷。通路的另一端還有一區鱗木樹，但這些樹木並非一樣是單桿圓柱，每一棵樹頂端的樹幹都分岔為二，然後又分支為二，密合了縫隙，並擴散成遮蔽的一部分。它們的樹幹在浸濕的土壤上像喝醉般地扭曲，但依然維持聳立一致的高度，因此高出水面約三十公尺的遮蔽，看起來像是威尼斯有頂蓋的市場，有著細緻螺旋紋理的圓柱和深綠色的屋頂。除了茂密和不嚴謹地糾結在一起之外，每一區塊的樹木高度明顯相同。沒有幼苗和毛茸茸的幼年形樹木混雜在一起，沿路所有樹木都是已完全長大的成樹，幾乎像是謹慎且有幾何概念的庭園美化師規劃種植的。當然，這種秩序並不是出於深思熟慮的種植計畫，也與當地土壤品質的差異或陽光的多寡無關，因為這些樹木全都是相同品種，而且在每一個區塊裡，全都恰好是相同年齡，每一個鄰近地區的樹木簡直就是一起長大的同伴。[3]

　　它們密集地擠在一起，但這是為了一個非常充分的理由：鱗木雖然可能是植物工程界的先期創新者，最早擁有堅硬樹皮，但內部卻不完全是木質。實木相當罕見，亦即那種應該會在樹木裡看見的堅硬而密度大的物質並不常見。這裡同樣常見的只有裸子植物，而且主要是由木質樹木組成。鱗木只有樹幹中心有極少量的實木，內部大部分是海綿似的輕盈組織，可能常見於較為草本的植物。樹皮強壯是鱗木可以生長得這麼高的唯一辦法，但它們的樹幹不像堅硬的木材般堅固，要不是在地底下發生的事，樹木會相當不穩定。

　　鱗木的根被稱為根木（*Stigmaria*），因為它們受創、有孔的根在初期的泥炭土壤裡四處生長，與相鄰樹木的根緊密纏繞在一起，形成

了綿延的淺碟狀，最後成為遼闊和堅實的基礎，把所有樹木鞏固在土裡。它們非常緊密；從主根軸幹分支出來的小根，形成一個廣大的水分吸收表面積，每平方公尺的土裡就有將近二萬六千支小根。萬一真的有樹倒下，很容易就會撕扯到緊鄰的樹木。不過，堅強的根系不會讓樹木因強風而倒下，因為樹木為了穩固而彼此相互支撐著。[4]

　　這些淺薄的碟狀根木正在改變世界。根存在的主要原因，可能是為了穩固植物，以及吸收水分和養分，但它們的影響遠超乎單一個體。根也是景觀的改變者，名副其實地彼此開放土地，開放的程度讓這個底土世界被稱為「根圈」（rhizosphere），[*]也就是根的世界。根系會挖掘並破壞岩石，不屈不撓地將它變成沙子，並留住腐朽的腐植質。若沒有根，土壤就不會形成，因為碎片會被風吹雨打帶走。若沒有根保持泥土的緊實，雨水將匯集成寬闊平坦的河流，而且河岸碎裂、路徑簡單筆直，滂沱大雨就會流經沒有植物的世界。河道、沖積平原和被遺棄的牛軛湖[†]歷經了數百次的持續改變，帶來河系自然的曲折，這是數以千計的樹木緊緊抓牢以對抗河水的流動、迫使河流彎曲創造出來的地形。植物決定了河流路徑，根會挖掘土壤，但它們和葉子一樣，也會改變大氣的化學作用。根不斷地鑽進沙岩，裡面富含的鹼金屬矽酸鹽，如鈉、鈣和鉀，在微生物和真菌的幫助下，一起抓住了這些礦物質，並將其釋放到水裡。溶解在水裡的金屬，被排入新的辮子狀河道，使河流變得更為鹼性，但同樣溶解在水裡的二氧化碳與之相互作

---

* 　譯注：又稱根區，因受植物生長、吸收、分泌影響，形成特殊物理、化學、生物學性質的狹小土壤區域。

† 　譯注：河流因被截流而遺留下原有的彎圈，其形狀像牛車上的木架。

用，緩衝了這個改變。持續的緩衝讓更多二氧化碳從空氣中被抽離出來，進入水裡。植物對矽酸鹽的根風化作用對大氣的影響非常強烈，即使在今日也有人建議，推廣竹子等具高風化力的植物，來作為碳捕獲（carbon capture）[‡]的重要輔助。在地質年代表裡，這個改變無疑相當巨大，與一億一千萬年前泥盆紀開始時相比，地球大氣層的二氧化碳濃度降到約百萬分之四千，比今天的大氣層中二氧化碳總含量還要高出十倍。主要都是受到向下挖掘的根所造成。[5]

這不是氣候唯一的改變，馬榮溪雨下得比以前還多；亞利加尼山脈的抬升改變了氣流，並在陡峭的山坡上帶來更多的雨。強力的腐蝕性河流積聚起來，從馬榮溪流入熱帶海洋的河流，因夾帶從河岸沖刷下來的殘餘蕨類和其他高地植物種子，呈現出奶茶般的咖啡色。溫柔的潮汐每日輕輕拍打海灣兩次，季節性的漲潮也不斷湧入。馬榮溪是真正的沼澤，有些地方永遠被水淹沒，其他暴露在空氣的地方則是潮濕的，並被腐爛的枝幹和樹葉掩蓋著。[6]

由於洪水暴發，景觀被劇烈翻攪，曾經下沉的地方暴露在外，曾經是土地的地方被沖刷帶走。沿著水岸的生態演替，一個群落復甦的順序永遠都在進行當中。在柔軟的泥漿和洪水淹沒的土壤中，鱗木的根首先抵達，鞏固了土壤，並收集河流裡泥濘的淤泥。它們筆直生長，投射極少的陰影，因此其他物種能夠在周圍成長。不同種類的鱗木或多或少都能忍受潮濕；鱗木隨著水拍打在樹幹上愉悅地茁壯，其他樹木雖然能享受水岸或潮濕，但比較喜歡排水良好的土地。環繞在鱗木樹幹周圍成長的是高大的蘆木馬尾草，被稱為根莖（rhizome）的水平

---

‡　譯注：指回收排放在空氣中的二氧化碳，使其不能釋放到空氣中。

根固定著，通常長在氧氣不足的水裡。為了克服這個問題，馬尾草將氣體打入根莖裡，讓它們可以有效地運作，每分鐘約可達到七十公升。緊隨鱗木和馬尾草而來的是捲形嫩葉的真蕨，最後是類似樹木的蕨狀種子植物和類似針葉樹的科達樹（cordaite）。它們只生長在馬榮溪一帶排水良好的山脊和高地上。[7]

對很多蕨狀種子植物和針葉樹來說，由於生長在比較乾燥的土壤上，洪水是個罕見的風險。但即使是增強的降雨也無法阻止大火，對古生代晚期的森林居民來說，大火是特別的威脅。野火在石炭紀晚期不太常見，除了早期的二疊紀曾到達高峰以外，就和以往一樣平常。大火的造成有三個要素，也就是燃料、氧氣和高溫。隨著第一次出現類似樹木的高大植物，也就是蘆木、鱗木和類似針葉樹的科達樹，所有要素在石炭紀都達到最充足的時刻，從來沒有這麼多的有機物質聚集在植物裡。它們的光合作用也提高了大氣層的含氧量，與今日佔空氣的20％相比，它令人吃驚地佔了32％。在石炭紀的大多數時間，地球的平均溫度與今天相比高了攝氏六度。即使最近稍微向冰封的北極靠近，高溫也沒有遠離位於赤道熱帶的馬榮溪。它是潮濕和多泥煤的，但是當含氧量上升超過約23％的時候，植物的潮濕和是否會著火就比較沒關聯；在現代看來似乎太潮濕而不會燃燒的木頭，在這裡仍然可以點燃。[8]

同時，火災的可能性或許是鱗木樹幹瘦長和光禿禿的原因。儘管有些樹木為了發芽會主動燃燒，大多數的植物卻因為特定的適應結果，只能忍受熾熱的環境，這些適應結果包括生長快速，或是當新的大火不太可能發生，它們卻又只能在大火後釋放種子。鱗木生長快速，隨著它們長大，較低的細長葉子會掉落到地上，形成了連續且面積廣

大的枯枝落葉層；任何看過松樹燃燒的人就會知道，細又多油的針葉燃燒起來有多快速。這代表當一場大火引燃，會在溫度不高的狀況下迅速橫掃地面，快速地耗盡燃料，而且沒時間累積足夠的高度燒到遮蔽層；經常性大火後存活下來的針葉樹，與其他地方的針葉相比，它們的針葉燃燒得速度更快。森林地面和樹木頂端間的巨大空隙，讓火焰有上升的空間，只是不會太高。[9]

　　混在數以千計的昆蟲和蜈蚣裡面，在畸羊齒屬（*Mariopteris*）蕨狀種子植物遍地蔓延如羽毛般的地毯和鱗木打結的樹根之間小步疾走、嗡嗡作響的是甲蟲。馬榮溪是地球上已知最早有牠們寄宿的地方。節肢動物在這裡也很常見，從蜻蜓、千足蟲、甲殼動物到蜘蛛都有。潮水帶來的圓身、看起來像長了腳的倒蓋濾盆的，是另一種較少見的節肢動物馬蹄蟹優原穴鱟（*Euproops*）。現在的馬蹄蟹是動作緩慢的棕色有殼生物，常見於北美東岸和加勒比海岸，以及南亞和東亞，此時在這些地方出現，進行每年交配和產卵儀式。在一些人看來，優原穴鱟有著馬蹄蟹罕見的模仿天分，稍微瞇著眼睛看，這個生物的脊椎和石松類的葉子非常相似，牠的腳看起來是為了抓緊和拉住大大小小的樹枝而做的演化適應。馬蹄蟹的外表可能是生長在陸地的生物，但這是個偶然，是馬榮溪在時光流逝中倖存下來的結果。[10]

　　馬榮溪的生物大多數在其他地方被保存下來，即使是死亡以後，屍體也可能繼續經歷一段旅程，也許是被水流沖到海洋或洞穴中，或是被食腐動物和自然元素的力量毀壞。現在的馬榮溪，有著深色斑點的洪水沖走了上升的山脈的泥漿，土地被帶到海洋裡，被一起沖刷帶走的是石松沼澤的動物屍體和毀損植物。土地和海洋在死亡裡合一，沼澤在海底重複書寫，留下古生物學的羊皮紙。上升的海平面淹沒了

更多臨海的鱗木森林，成了浸水的生活空間，還有脫下甲殼的海蠍與水母漂浮其間。被水浸濕的高地針葉樹樹枝，以及有著厚腳掌的淡水離片椎目兩棲動物，則安住在海灣的廢石堆中。[11]

　　整體而言，這些沼澤留下來的最重要物質，正緩慢地在水底的腐植土裡腐爛，根、葉子、樹枝全都慢慢地從綠色植物變成泥煤，從泥煤變成煤。石炭紀最有名的正是留存下來的煤，而這只是因為一件事，就是全體的死亡。

　　在最高的鱗木之間出現一陣晃動，三十公尺高的遮蔽處沙沙作響，像煙火一般的劈啪聲在圓柱間迴響，但似乎探測不到它的源頭。有那麼一瞬間，彷彿僅止於此，不過接下來劈啪聲變成齊發的大砲，鱗木底部碎裂成交錯的手指，瀕死樹木的一側裂縫往上劃開到天際。當筆直的圓柱拖拉著樹枝一起倒下時，綠色樹皮發出了最後的轟隆聲響，但可以倒下的空間很有限，它們便轉向隔鄰一株已因腐朽而呈棕色的樹木，像骨牌一樣一起倒下，黑色的泥煤水噴濺在空中，回音在海灣裡迴盪。斷裂的殘幹樹皮像鋸齒狀的刀劍傲然指向遮蔽的縫隙，照射下來的陽光更強烈了。角度傾斜和遮蔽稀疏的理由逐漸清晰；鱗木正在倒下。

　　成樹的葉子像雨傘一樣伸展開來，但它們的時間所剩無幾。每一棵樹都花了幾十年才長大，最多或許有一個世紀，但它們存在唯一和重要的時刻就要來了。鱗木的毬果正好長在植物的生長頂點，所以一旦植物可以繁殖，就不會長得更大，每一天都是在繼續長大或停止繁殖之間做選擇，而繁殖並不是一件可以獨自完成的事。為了創造最大的成功繁殖機會，所有鱗木會同心協力一起轉變，將種子釋放到風中，希望它們會降落地面，繁殖下一代。很少有植物會這麼做，但是當它

們這麼做時，會長得更迅速，更快達到性成熟，並釋放更多種子。一旦大量的鱗木種子被釋放出來，就沒有理由繼續長大。成熟的鱗木現在霸佔了下一代所需的日光，而且沒有更多用處，所以它們會全體一起死去，並仍然站立著，直到樹皮的整體結構無法支撐、它們質輕如海綿般的樹幹放棄而倒下的那天。一個咯吱聲和碎裂，就帶著一整個世代在一個月內墜落倒地。[12]

·····

　　生命往往在邊緣地帶形成，在同質區域彼此接觸的地方最具多樣性。河流三角洲正是淡水和鹽水環境的分界線，各自具有非常不同的生理挑戰。有時候，由於帶著低含量的鹽分，水永遠是微鹹的，扮演著中間環境的角色。在河水匯入深海灣的地方，就像馬榮溪三角洲這樣，分界線令人意外地可以維持到海洋深處。鹽分更高的海水密度更高，所以當河水流到海洋時，會在河口鹽水楔（wedge of salt water）*上方形成一縷界線明顯的開放淡水，當海床上升遇到河口，就會朝陸地方向變薄。並不是所有的水都是相同的，即使沒有物理界限，不同溫度或鹽度的水仍會維持各自分開的實體。通常會是水平的區域；在大西洋和太平洋交會的北極，大量的水彼此互相交疊，只有極少量會混合在一起。南極洲最長的奧尼克斯河（Onyx）流入內陸的萬達湖（Lake Vanda），湖水有三層不同的含鹽量，鹽度的差異足以克服溫度

---

\* 譯注：從上游來的淡水通過河口區泄入海中，含有鹽分的海水會隨潮上溯，於是便發生了鹽水與淡水混合的鹽水楔區域。

的急遽差異；萬達湖的底層持續維持在溫和的攝氏二十三度，最上層則接近凍結。有時候，是慣性維持了這樣的區隔，而且可能是垂直的。現代深藍色的伊爾茨河（Ilz）、白色的因河（Inn）以及棕色的多瑙河，在巴伐利亞的帕紹（Passau）匯流後，三條河流並沒有混合在一起，而是以三色河的狀態繼續往相同的下游方向流淌了好幾公里遠。[13]

馬榮溪底下的河口鹽水楔朝向外流的地方住了一種奇怪的生物，完全混淆了所有的現存知識。經驗老到的博物學家有個本事，就是能通過視覺辨別物種，而且往往單靠掌握到最短暫的視覺線索。離開熟悉的生物學舒適圈，可能會讓人感到強烈不安。一個毫無準備的歐洲賞鳥人第一次見到北美的「知更鳥」，也就是北美紅雀和反舌鳥時，會完全迷航在陌生生物的洋海裡，因此在看到熟悉的侵入性椋鳥時，就會在辨識上鬆一口氣。即使如此，他們並不需要一個像常見名字那樣具體的東西，而是某種可以掌握的熟悉感就可以。你可能不知道冠藍鴉（bluejay）這名字，但牠有種鴉科的熟悉感覺。不知何故，這種不熟悉感能符合我們內在的心理分類。

對古生物學家而言，回到過去就像去太空進行一個新的生物群系之旅一樣，也有相同的效果。化石紀錄充滿了接近熟悉的生物，可以簡單地置入既有生物的大家族樹裡，以生命之樹更廣泛的演化背景來理解，並以此解釋牠們被注意到的差異，也許還會讚歎連連。即使發現相當多樣性的滅絕群體，例如恐龍的敘述，我們從保存下來的構造看見了相似性，這讓我們意識到現代鳥類是恐龍的一個族群，也提供我們解釋牠們陌生特徵的資訊。但是有時候，像是生活在馬榮溪微鹹的河口區的一種特別生物，由於天擇的變幻莫測，加上化石紀錄裡沒有類似的生物，就會造成一連串非常奇特的解剖構造，幾

乎無法找到與任何生物的關聯。面對全新的事物，我們首先的直覺是尋找超自然或非自然的隱喻。在河口鹽水楔上方的波浪裡，在埃塞克斯拉（*Essexella*，音譯）水母蒼白而規律振動的鐘形與怪異的簾狀物之間，游動著一種難以捉摸的生物，我們稱之為塔利怪物（Tully Monster）。[14]

和現代神祕動物學裡虛構的怪物不同，像是尼斯湖水怪、大腳怪（Sasquatch）、\*卓柏卡布拉（chupacabra），†塔利怪物是真實的，但除此之外，我們對牠的瞭解少之又少。牠們並不罕見；牠的大小和鯡魚一樣，數量也一樣很多，已被發現了好幾百個。被找到的塔利怪物屬身體化石，是眾所皆知最早的鳥類始祖鳥（*Archaeopteryx*）的三十倍，就數字上來說，應該是個簡單的故事。不過，根據每個樣本保存的部分，來對牠們的遺留進行詮釋其實很困難。牠們有一個像分段魚雷的身體，尾部有看起來像魷魚翅的波浪狀尾鰭。前面有個細長特徵，有點像擺動的吸塵器軟管，尾端則有一個充滿牙齒、用來抓取的小爪子。更令人困惑的是，這個生物有個結實的棒狀物在頭頂兩端跑來跑去，橫柄上還有某種球狀器官，一般推測是牠的眼睛。總之，在超過五億年的動物演化史裡，牠完全不像任何已知的生物。外表相似度最接近的，是一種寒武紀的五眼怪物，稱為歐巴賓海蠍（*Opabinia*），是相隔兩億五千萬年後才為人所知的生物，這個化石紀錄的差距相當於歐洲侏羅紀的一群喙嘴翼龍突然出現在波登湖（Bodensee）襲擊琵琶魚，或甚至相當於存活在尼斯湖（Loch Ness）的蛇頸龍。

---

\*　譯注：又稱北美野人，是北美民間傳說中住在偏遠森林中的神祕生物。

†　譯注：被懷疑存在於美洲的吸血怪物。

塔利怪物的問題不在於牠是否真的存在，而是牠到底是什麼。這些年來，古生物學家仔細端詳牠怪異的解剖構造，得出各式各樣的結論說牠是一種蟲，可能是紐形動物門，或與環節動物有關，這個族群包括蚯蚓，或線蟲動物門。這個族群大多是顯微鏡下才看得見的蟲，數目有百萬兆，地球上幾乎到處都有。又或者是節肢動物，如蜘蛛，螃蟹或潮蟲。或是軟體動物，像蝸牛，甚至是脊椎動物。橫棒末端上的那一團是什麼？是眼睛，或是壓力感測器？它們和繁殖有關，或是在塔利怪物游泳時發揮穩定作用？沒有任何東西像狩獵怪物一樣激起這麼多的辯論。[15]

塔利怪物的每一塊解剖構造，在動物界到處都可以找到相對應的生物組織。現代的黑色龍魚潛伏在深海裡，成魚像鰻魚一樣有張開的下巴，看起來不像是與塔利怪物相似的可能對象。但是這種魚經歷過幼體時期，小的時候生長在靠近水面的地方，是微小且接近透明的動物，柄狀物上延伸出長長的眼睛，與塔利怪物的棒狀器官並不完全相像。再一次，軟體動物和節肢動物一樣有長在柄狀物上的眼睛，這在適應上很有用，並且已演化了很多次。即使柄眼裡的黑色素和脊椎動物類似，而且某些汙點像是脊索，也就是支撐所有脊椎動物背部的基礎，但缺少了這麼多脊椎動物的其他特徵，除了取食器官上方像聽診器的「牙齒」以外，沒有其他的硬組織，讓提出塔利怪物是種不尋常的魚類的主張變得具爭論性。如同所有的怪物一樣，眼睛所見的是這麼的難以辨識。[16]

軟體生物的塔利怪物能夠保存下來，非常令人讚歎。從內陸紅色砂岩沖刷下來的鐵礦物質，與二氧化碳起了強烈反應，將生物餘留的部分以結核形式保存下來，然後埋在地底。慢慢地，它們被石化，從

河流沖積層變成不能穿透的菱鐵礦石時空膠囊。在它們一旁的泥煤沼澤裡，原始的植物物質則緩慢地在厭氧狀況下轉化成煤。[17]

　　沒有人完全知道，為什麼石炭紀的有機物質沉積在赤道煤炭帶的比率那麼高。有人認為木頭的組成要素木質素，是比較新的物質，微生物還沒演化出消化的能力，沒那麼容易分解，所以就變成了煤。其他人則認為，是石炭紀獨特的地理環境造成煤的沉積，那是地球史上唯一一段時間，熱帶同時廣泛潮濕，而且盆地是主要的地理環境。無論是藉由比微生物能適應的更快速度來試驗新材質，或是透過氣候和地理的偶然性，像鱗木這樣的創新者正根本上改變大氣的組成，地球都正急速朝氣候變遷前進，將冷卻至近乎全球冰河時期的溫度，而且季節性和乾旱的增加，導致鱗木可以存活的生態系統大規模毀滅。隨著石炭紀濕透的煤沼澤讓位給二疊紀的乾旱，這將是它們的滅絕。大氣中消失了如此大量的碳，造成演化力量在接下來的三億三千萬年完全耗盡，鱗木再也無法在這時期生存了。石炭紀雨林崩潰（Carboniferous Rainforest Collapse）事件，出現在馬榮溪的石松因當地海平面升起而被淹沒的四百萬年後，這不只使一個區域的樹木消失，而是以洲際規模粉碎了整個歐洲和美洲熱帶的煤木森林。這是僅有的兩個嚴重影響植物的其中一個大規模滅絕事件，另一次則是發生在二疊紀末期。最早的羊膜動物在乾燥的二疊紀世界扎根，也就是首先出現在石炭紀的合弓綱和蜥形綱，牠們將受益於乾旱的適應力，沿著較乾燥的途徑散布開來，成為遍布在盤古大陸的居民。[18]

　　諷刺的是，由於煤沉積在整個盤古大陸的中央山脈，伊利諾和肯塔基、英國的威爾斯（Wales）和西米德蘭茲郡（West Midlands）以及德國西發利亞（Westphalia），這些地方在 18 世紀和 19 世紀工業化

最早快速發展時將扮演重要角色。因為它們是把過去三億九百萬年來儲存在地底下的碳重新釋放出來背後的驅動力量。在今天的地球，約有 90% 的碳沉積在石炭紀，由於那些地方沉積了豐富的碳，讓工業化可以選用便宜且高能的燃料，提供了蒸氣引擎動力，並成為部分高品質的鋼鐵。隨著我們每少燃燒一噸煤就會復原的氣候變化中，麟木留下的遺產仍然存在。對於擁有石炭紀所有最好的化石岩層的馬榮溪來說，還有另一件諷刺的事。當全世界持續採掘燃燒用炭之時，如今卻為了一種非常不同的能源，不再挖掘馬榮溪的化石。石炭紀的沼澤沐浴在陽光下，在溫暖的水底下轉化成石頭的化石，現在躺在另一種不同的蒸氣池裡，與更乾淨、更有效率的電力相連接。為了提供伊利諾州威爾郡（Will County）布萊德伍核電廠（Braidwood Nuclear Power Plant）的反應堆一個冷卻池，暴露在外的化石已被水淹沒。

對於馬榮溪三角洲的居民來說，未來之路有著無止盡的距離，暫且度過了淹水、大火和海水侵蝕，石松沼澤裡的生命似乎不屈不撓、堅定不變。陽光從樹蕨的木質樹幹間照射下來，水面幻化出神話般令人心醉的彩虹，閃爍著光譜的各色光芒。植物才是重要的，它們在凝結的淤泥中死去、下沉、分解成泥煤和炭，釋放出的有機油浮上水面。在一個像今日一樣靜止的午後，累積的油擴散成單分子層，就足以讓鏡面般的水變成迷幻的夢想世界。迴旋的肥皂泡沫調色盤上映照出石松的條紋，魚兒激起小小的漣漪才把它打破。這一切將持續到下一波的潮水來臨時。

老紅砂岩大陸（Old Red Continent），4.07 億年前

# 第十二章　合作
## Collaboration

英國，蘇格蘭萊尼（Rhynie）
泥盆紀（Devonian），4.07 億年前

「喔，現在他們已經離開

到了那美麗的高地山脈

為了要眺望綠色的平原

還有那銀色的泉水。」

——蘇格蘭傳統歌曲〈巴爾克希德的山坡〉（The Braes of Balquhidder）

「薄而透明的本質，太純淨細緻而不能稱作是水，

放在燒結得很美麗且用得越久就越美的杯碗裡，

不斷輕輕地滾煮著。」

——繆爾（John Muir）*，關於黃石公園，1898 年

---

* 譯注：美國環保運動先驅，國家公園之父，成立了美國最重要的環保組織。

　　如果有任何事物可以團結蘇格蘭凱恩戈姆山（Cairngorms）、一望無際的挪威哈當厄維達（Hardangervidda）高原、北美的多尼戈爾（Donegal）黑色山丘和阿帕拉契山脈，那就是民謠提琴。木頭所吟唱的原始聲音以及樹木轉換成的聲響，充滿大地與生命的氣息。這是代代相傳的傳統，橫向跨越不同的大陸，每一座山谷都有自己的歌曲，然而它們是更古老、更偉大文化的一部分。這些山脈的共同歷史不只是音樂而已，它們各自的山岳是相對近期才抬升的，受到上方岩石的重壓直達地函（mantle）<sup>†</sup>，根基相當地深。阿帕拉契山、愛爾蘭、蘇格蘭和斯堪地那維亞部分基礎的形成，是源於相同的地質事件，屬於同樣的深時範圍，現今抬升的土地是擁有相同高地過往的遙遠迴響。[1]

　　在地質上，山脈和海洋是暫時性的構造，山脈的形成是板塊碰撞，板塊受擠壓上升，而另一方則在它的下方隱沒下沉。山脈隨著岩石一點一滴被侵蝕而縮小，然後回歸大海。在中洋脊（mid-oceanic ridges）板塊分裂的地方形成了海洋，當一塊海洋板塊隱沒在另一塊下面，海洋會變得更小。在泥盆紀晚期，曾是規模最大的海洋巨神海（Iapetus）縮小了，它從較早的時期就開始變小、拉近了大陸的距離，如今大陸間的間隙終於閉合。巨神海數百萬年來位於南半球三個分隔開來的大陸中間，也就是波羅的古陸（主要是斯堪地那維亞和西俄羅斯組成）、勞倫大陸（Laurentia，主要是北美洲和格陵蘭，但也包括蘇格蘭和愛爾蘭北部和西部），以及阿瓦隆尼亞大陸（Avalonia，包括新英格蘭、大不列顛南部和愛爾蘭，以及低地諸國）。不過，勞倫大陸在大地構造作用力下吞食了海床，併吞大陸中間的地殼，把這些大陸牽引在一

---

† 譯注：位於地殼之下，地核之上。

萊尼鞭蛛（*Palaeocharinus rhyniensis*）

起。在志留紀開始的時候,巨神海已縮小到和地中海一樣大小,而且從那時候開始,就被擁擠的大陸塊包圍並完全消失。波羅的古陸的岩石密度比勞倫大陸更高,所以漂浮在岩漿上的勞倫大陸容易滑行於其上,迫使波羅的古陸的邊緣溜進它的底下。這並不是一段乾淨俐落的過程,大陸互相擠壓,在它們自身的推動力下,土地往上朝天空拋擲,往下直達地函,而地殼將近有大陸板塊平均厚度的兩倍。它的原理就像是汽車撞擊檢測中彎曲的引擎蓋,山脈和山谷從原本平坦的金屬薄板上冒出來。地球上的大片陸地再度在無止盡的分離與碰撞的循環中聚集,直到在侏羅紀分裂之前,盤古大陸曾是全球唯一的大陸,現在又開始合併在一起。北半部已經完成,會在石炭紀時再與岡瓦納大陸結合。這片經過三方堆積而出現的大陸有各種名稱:勞倫西亞大陸(Laurussia)、老紅砂岩大陸(Old Red Continent)或歐美大陸(Euramerica),新的高峰是加里東山脈,山脈一端在現代的田納西,另一端在芬蘭,是現在地球上規模最大的山脈。[2]

如同我們在三疊紀看到的,山脈一旦形成,它的生態系統便容易被侵蝕,而非將自己存在的紀錄沉積下來。因此,介於泥盆紀和現在的四億年之間,加里東造山帶將緩慢地被風雨損耗。芬蘭曾是多山的景觀,如今是平坦的前寒武紀(Precambrian)床岩,是加里東造山帶的基底岩層。山脈綿延到遠東的唯一線索,是平坦土地上偶爾會突起較年輕而有活力的岩石塊。愛爾蘭的加里東造山帶已磨損成起伏的冰河景觀,沒有表面特徵殘存的痕跡,唯一的例外是山區保留的生態系統,而山谷溫泉就是這樣的地方。現在的萊尼是亞伯丁郡(Aberdeenshire)畜養牛群的山丘農地,但在泥盆紀早期是色彩豐富又空靈飄渺的峽谷,是一片從石頭冒出蒸氣、鹽分與生命的景觀,也是

那些製造提琴之樹木的祖先家園。[3]

與石炭紀令人心曠神怡的空氣相比，泥盆紀的氧氣十分匱乏。陸地上少有植物，萊尼是個先驅群落，是地球被綠化的地方之一。生命孕育生命，一旦有物種找到立足點，其他物種就會跟進，接著就會形成熱鬧的沼澤。數十億年來，雖然有陸地卻不適於居住，直到泥盆紀，才出現功能良好的最早群落，並且被仔細地保存下來。一項沒有經過計畫的合作正在發生，動物和植物、真菌和微生物，以複雜的方式互相競爭和合作。這是一個發現自身的生態系統，陸地生命的基本型態正在這裡建立起來。[4]

從山邊的陰暗處看過去，靠近赤道的天空蔚藍無雲，上方鋸齒狀的蒼白山脊近乎粉色和花崗岩灰色，覆蓋著岩屑堆的黑色山坡則粗糙且環境惡劣。越過山谷到了東南邊，與火成岩散落的光彩相對照，在午後的太陽下，坍塌的落石看起來像是輕柔的灰塵。到處是一層一層像傾斜船頭的東西，周遭是適應性較弱、受到侵蝕的石頭，銳利而滿布凹洞的它們伸向天空，表面被風吹和偶爾降下的雨磨損得很粗糙。[5]

乾涸的河道沿著光禿的山坡延伸到谷底，為了避開高大突出的岩石而一路閃躲。就像精心設計的一樣，斜坡從四分之三往下的地方，猛然平行轉向東北邊，隨著山脈艱困地進入山谷，斷層景觀引出了路徑：雨滴的路徑顯示了大陸彼此碰撞出來的一條柔弱的線。雖然沙質小徑因上一次的毛毛雨而出現小型水道，不過如今雨下得不多。雨水形成的水池通常很短暫，但它們在擋住水流的岩石底部聚集起來，而且在兩次降雨之間還有足夠的深度，讓陸地上已知最早的阿米巴原蟲居住在裡面。已經超過一個月沒下雨了，這些水池停滯不動，出現了噁心的絲狀藻類。雖然天空萬里無雲，泛白的山谷壟罩在低擴的雲裡，

沿著其長度不確定地點綴著綠色。從那些小片翠綠的土地往上走，可看見四處散落的柱子，淡色土地出現冒著蒸氣的池子和溫泉，水呈現明顯不同色調的藍色或是彩虹的調色盤。更遠處是一片氾濫平原，散落著季節性湖泊乾燥的殘餘物，水滴流向棕褐色的光禿河床，到達一條變小且蜿蜒北向的河流。在奧陶紀黑色的輝長岩火山基底的對照下，萊尼是鮮豔的彩色條紋。[6]

　　來到山谷底，空氣中充滿刺鼻的硫磺味，鹼性水池的水霧讓部分高聳的粉紅和黑色牆垣失去顏色。大陸因相互推擠而出現大量斷層，這裡和地球內部的距離很近；上升的熔岩柱接近地表，似乎要破土而出。這座正在成長的年輕山脈和喜馬拉雅山一樣高，它的山谷出現地球的裂縫。龐大的火山延續到西邊，當中巨大的本尼維斯山（Ben Nevis）正噴出熔岩。其他的火山已經爆發，像是五十平方公里的巨大超級火山口，在一億三百萬年前的志留紀時災難性地坍塌爆炸，後來成為格倫科峽谷（Glen Coe）。本尼維斯山的時間也即將到來，幾千英里外都聽得見火山爆發，讓它的邊緣上升了好幾百公尺；現代的山脈不過是被侵蝕和崩塌的火山口中心。在萊尼，有一個雨水滲透形成的地下湖，由於高溫形成一個好幾公里長的溫泉谷，幾乎看不見的水從鮮豔的大汽鍋裡濺溢出來，在漫不經心長得太靠近的植物上方形成一層薄薄的含矽外殼。水噴灑越過像海蓬草（samphire）一樣潮濕和分枝的小樹枝，像洗了水溫攝氏三十度的熱水澡。靠近地表的熔岩讓湧出泉水的土地變熱，可達到攝氏一百二十度，地下的壓力讓它維持液體狀態，湧出後就快速冷卻。[7]

　　從很多方面來說，萊尼的溫泉是極端的環境，大部分的水太熱、鹼性太強，不適合大多數的生物生存，然而它卻被殖民了。該處的土

地也一樣不友善，但植物開始在內陸殖民，至少有四十種不同的植物品種在萊尼的水源附近生存，藉由合作和競爭、寄生和捕食，運作良好的群落甚至可以在遠離水源處建立起來，而且適合居住的土地數量正在增加。植物和真菌達成交易而逐漸茁壯，真菌藉著拉攏藍綠菌而成長，節肢動物和真菌都在幫忙分解死去的有機體，以此製造新植物可以生長的土壤。[8]

在最高溫的水裡，唯一的居民是能在極端環境生存的微生物，被稱為嗜鹼嗜熱菌。它們很多是硫磺細菌，與其他大多數的生命不一樣，它們不是從太陽獲得能量，因為光合作用在超過約攝氏七十五度時會停止作用；它們也不是食用含能量的食物，而是直接分解岩石本身。為了讓自己在鹼性環境中有緩衝，它們會攪動蛋白質鏈，製造一連串胺基酸；這些胺基酸在某種程度上會中和鹼性水，讓維持生命正常運作的化學反應進行下去。在比較熱的池裡，只有這些吃岩石的細胞能夠生存，而且水完全是乾淨的。雖然不像淡水河或海洋一樣乾淨，還是充滿會散發最少量霧氣的動物，但清澈得像蒸餾的酒精。它存在的唯一線索，是水面隨著泡泡在表面顫動而閃爍。當太陽位在正確的角度時，在合適的光線下，進入地球中心的敞露（bare tunnel）地道會被點亮，彷彿是一個空洞的洞口，只用最微弱的折射就可以打破幻覺。[9]

遠離地下蓄水層的地質壺，那裡的水池是鮮明的顏色。水可能依然是悶熱的攝氏六十度，但至少藍綠菌在這樣的環境下可以存活，這些是世界上最古老的光合作用系統，而且已食用陽光達三十億年。每一個都是用特別的色素來捕捉光線的能量。假如一個光子，也就是光的粒子，撞擊到色素正確的點，化學變化就會形成較不穩定的排列，反轉回去時產生的能量可被用在其他的細胞反應，例如產生糖或澱

粉。數百萬的藍綠菌結合起來的色素，製造出驚人的純粹色彩，每一個物種的色度都有細微差異。從中央到邊緣的溫度會有所變化，不同物種對溫度各有偏好，所以顏色也會隨之改變，在中央水面反射天空的地方呈現藍色，然後從綠色到黃色，再到橘色和紅色。萊尼的藍綠菌的多樣性不可思議，從單一細胞到包含數百種細胞的立體狀群體都有。[10]

　　無論水池是清澈的或是鮮豔的，周遭都是堆積成層的白色燒結物——當溢出的水蒸發時，會留下富含矽的沉澱物。這種像壓縮的糖一樣的白色易碎礦物質會定期排出，不斷升高溫泉的邊緣，因此梯田高原上的水坑也一公分一公分地快速升高，就像灑上糖粉的煎餅越堆越高。當水位淹過邊緣，扇形水流會滲透到下面的植物。山間溪流在升高的燒結梯田間流動，夾帶著得來不易的加里東高峰黑色輝長岩砂石，流入暗黑的淺水池塘，流動的冷水平衡了熱度。輪藻在水流裡緊緊抓牢，遠離溪流的地方則是光禿的山坡。少有生物可以在遠離水源的地方生活，只有山谷底有翠綠的溫泉，覆蓋著樹莖不會大過苔蘚的綠色森林，盲蛛、蟎、昆蟲、淡水多足綱節肢動物和甲殼動物，一起形成一個覆蓋地表五分之二的迷你生態系統。[11]

　　熱水池裡溢出的水覆蓋和滲透這些貼近地面的植物、真菌和動物。當它冷卻後，過度飽和的矽立即沉澱，尋找有瑕疵的地方進行結晶，並注入在這生活的每一個面向。它快速地就地冷凍，不穩定地澆鑄在半透明的蛋白石裡，甚至是亞細胞（subcellular）* 結構也變成極小的模具。最後，蛋白石會穩定成石英，與被當地溪流沖刷下來的含沙沉澱

---

\* 　譯注：指細胞內有機能的單位，例如葉綠體、染色體等。

物結合，形成屬於岩石類的黑矽石，整個群落就如此被立體地保存了下來。[12]

　　靠近蒸氣瀰漫的山谷裡的其他居民，最能證明合作與競爭之間緊張關係的是蒼灰色的柱狀物——它像皮質繫纏柱的光滑仙人掌，高度可達三公尺。原杉藻（*Prototaxites*，按：一種真菌）是模範村裡的摩天樓，是行星上最大型的生物。差不多在同一時期，其他地方已知同屬的單株可達近九公尺，有些枝幹的直徑則有一公尺粗。這些生物非比尋常，比陸地上的植物大上一百倍，它們只有多節柔軟的外皮，類似一群半融化的灰色雪人，而且像是高瘦、沒有任何裂縫和分支的單一塔樓，是景觀的主宰者。它們和底下的迷你森林毫不相像——這有個充分的理由，因為原杉藻出人意料的不是植物，而是真菌，今日的近親包括一堆令人眼花撩亂的真菌，包括荷蘭榆樹病、啤酒酵母、青黴菌和松露。它究竟如何長到這麼大，這有點神祕，因為其地下結構仍不得而知。曾經提出的一個答案是地衣，就與它的很多親戚一樣。[13]

　　真菌是生物的偉大合作者，可以與被我們歸類為不同世界、關係疏遠的物種形成密切的夥伴關係。它們最親密的聯盟是與光合作用的生物形成地衣，不論是與植物或是與藍綠菌。地衣裡的真菌夥伴擅長破壞有機物質，即使從最光禿的表面，也可以吸取大量礦物質與光合作用的夥伴（被稱為共生光和生物〔photobiont〕）分享，並且以堅韌的葉鞘組織加以保護。接觸光線的共生光合生物可以製造能量餵養真菌，這個有力的結合代表的是，無論表面是暴露在光線下或是在水裡，地衣都可以成長。[14]

　　萊尼是兩種型態極為不同的地衣的家。原杉藻是地球上第一次出現的真正大型有機體，是肉眼可見的生命之最初草圖。交纏的菌絲網

形成外層——這些相當精緻的營養吸收細胞，組成了大部分的真菌結構。如果它真的是地衣，這就是它抓住共生光合生物的地方。動物從旁邊鑽孔進去，所以它裡面存在著一個小型生態系統，生態意義上比較像是一個平滑、沒有枝幹的樹。它可能有共生光合生物，但同位素顯示它也規律地食用其他生物，或許它的大小是利用兩個能量來源的結果。它同時是消費者，也是合作者。[15]

在很多掉落的圓石外殼上有黑色、像顏料的斑點，這比較像是現代的地衣。溫弗雷那地亞（*Winfrenatia*，音譯）的結構很簡單，大部分由沒有明顯特徵的真菌菌絲排成一層墊子，組成了平坦的外殼，讓它固定在表面上。穿過這個結構表層的是微小的凹洞，每一個都住著單一的藍綠菌細胞，像豬欄裡的豬一樣被真菌圈住。拿養殖來做比較並不會不恰當；在互利的互動範圍裡，很難確切決定這段關係和其他馴養關係有什麼差異。甚至也有偷盜的例子，有些真菌在安定下來成為地衣之前，藉由殺死其他形成地衣的真菌，並偷取它們的共生光合生物，才能形成自己的地衣。物種之間類似養殖的關係在生物史上演化了好幾次。在動物界，切葉蟻為了在地底下特別的蟻穴裡種植蘑菇（也就是真菌的果實），會拿葉子做堆肥；其他種類的螞蟻會守衛蚜蟲，搾取牠們含糖的分泌物，或甚至為了食用肉而撫養介殼蟲。雀鯛會照顧珊瑚礁裡的紅藻花園，並收割當作食物。而人類飼養了很多的動物和植物。在每個例子裡，農人保護被馴養的生物，回報則是得到能源。真菌確實掌控了這種地衣關係；通常當它們從共生光合生物取得能源時，也會食用共生光合生物。在這種比以前更緊密的農業關係裡，地衣是必然的終端產品嗎？亞伯丁郡的第一個農人是真菌嗎？如果是，它已經讓它的作物多樣化；溫弗雷那地亞不只是一個，而是兩

個不同種類的藍綠菌共生光合生物，一起生活在緊密、相互依存的三方關係裡。[16]

現代真菌的每一種主要類型，在萊尼都有相對應的祖先形式，它們很多都與植物有相互作用。有一種相當近代的麵包黴菌會從阿格勞蕨（*Aglaophyton*）的植物莖壁，長出像髮絲一樣的細小菌絲，稱為「菌根」（mycorrhizal）關係。「菌」（myco）指的是真菌，「根」（rhizal）則是指根部。山谷裡較穩定的綠色區塊大多是阿格勞蕨，是一種莖部平滑的細小陸地植物，莖部呈垂直叉狀，每一枝的尾端都有用來散播孢子的雞蛋形器官。單一植株匍匐爬行，其他水平的「小小跑步者」會加入它的莖，彼此連接在一起。小結根瘤每隔一段距離就像鐵路枕木一樣，支持著斜躺的莖，是一種結構非常鬆散的植物，依賴稱為假根（rhizoid）的纖毛吸收水分。為了好好進行光合作用，需要穩定充分的水分供給，而真菌是自願的交換者，從土壤提供植物水分和營養，取走光合作用產生的一點點糖分。菌根負責了現代所有植物種類 80% 的營養來源，它們這麼早出現在植物演化史，代表這個關係不光是在生態上很重要，對陸地生物的發展也相當重要。[17]

接管土地這件事，不只透過物種之間的關係，地質時間尺度上世代之間不斷改變的動力，也是重要的促成因素。植物演化傳承的性別系統和動物非常不一樣。以動物來說，父母和小孩生理上是相同的。有性別的物種製造精子和卵子，它們各具有成年動物整套染色體的一半，結合起來長成一個新的個體。至於無性別的物種，長大的動物製造具整套染色體的卵子，直接長成一個新個體。目前為止都很簡單。

然而植物的下一代與父母完全不像，而且世代的複雜性讓它們有征服土地的能力。植物的祖先綠藻的再生，是兩階段的進程。首先，

精子和卵受精產生一個單細胞的世代，它的染色體數是成年綠藻的兩倍。之後染色體重組，分裂成兩個孢子，各自長成全新的成熟水藻，然後循環又重新開始。[18]

現代所有的植物不是製造精子和卵（配子體）的世代，就是製造孢子（孢子體）的世代交替，但主控權已經轉換。早期的陸地植物發展出阻擋水分失去的孢子壁，這對陸地生物來說是很重要的生殖發明，就如同有殼的蛋之於羊膜動物一樣重要。可以製造更多孢子的植物會有更大的成功機會，所以孢子體世代變得更重要，從單一細胞升格為來自配子體的獨立生物體。在萊尼，我們正經歷世代交替的陣痛。[19]

今日生長在潮濕環境的專化種，如苔蘚、金魚藻和地錢的孢子體，在當時仍是少數份子，基本上是寄生在父母身上。不過這依然很重要，因為配子體必須依賴極小的節肢動物來轉移精子。蕨類的主體是孢子體，但你還是可以找到獨立生活的配子體，小小的心形蓆子最後會繁殖出新的蕨葉。至於種子植物，祖先的配子體已經枯萎，直到今日幾乎已不存在。取而代之的是，從巨大的紅木到雛菊，一個種子植物的每一個可見部分都可以產生孢子。開花植物與祖先的落差最大，對現代開花植物來說，所謂授粉就是將雄性的孢子，也就是花粉，移到雌性的孢子上。雌性孢子壁會發育出一個細膩的結構（這是巨型海藻的遺留物），並釋放出精子和卵子。[20]

在泥盆紀的萊尼，孢子體的阿格勞蕨開始開創自己的道路。[21]* 它

---

\* 作者注：泥盆紀時期萊尼所有的植物，以多細胞孢子體和配子體的形式交替存在，古植物學家通常認為這個觀點有問題，因為兩種都以實體化石的形式被保

在不久前從單一細胞的發育階段演化，沒有根、沒有類似葉子的構造，而且正在開發屬於自己的解剖構造。藉著和真菌在一起，它可以取得養分，跳過本身發育的限制，進行一些多細胞生物截至目前為止沒辦法做到的事。這些植物和真菌成為第一批從水裡解放出來的有機體，並成為未來陸地生態系統賴以建立的基礎結構。

單一個體的想法是非常動物性的概念，徹底被其他生物圈所忽視。孢子體完全不需要有性繁殖，但與其他植物一樣，有時可以自我複製，製造自己的插枝。菌根網狀物的出現，也就是真菌結合個別植物實體的網路，近一步模糊了個體的概念，因為它利用真菌的菌絲作為管道，讓信號，甚至養分，在植物之間傳遞。在一個你的近鄰可能就是自己的複製基因的世界，有真菌當夥伴就可以在困難時共享資源。合作可以得到好處，沒有物種是在孤立的狀況下演化，但植物和真菌的協力，對未來地球生物的改變已超出其他演化上的創新。[22]

萊尼含矽的水池裡還有更複雜的植物，那就是星木（*Asteroxylon*），又名星狀木，類似瘦小的綠色冷杉毬果，具有可像葉子一樣行光合作用的鱗片構造，但比「真正」的葉子還要簡單，還沒出現當代葉子的骨架化構造。現代維管束植物內部的養分和水分輸送，是沿著木質部和韌皮部，從根部一路跑到葉子，水分則是從氣孔離開植物。然而最早的植物缺少這些部分，甚至沒有根部，只有像毛髮一樣的假根構造，

---

存下來，但是它們分開生活，並且形狀極為不同。在為化石紀錄發現的物種命名時，唯一的資料是形狀特徵，或者偶爾是依化學性質。一般不可能把孢子體和配子體連結在一起，但它們在萊尼保存的狀況非常好，甚至也發現了單一的精子細胞，有詳細的細胞階層（cell-level），證明了兩個世代共同的特性，擁有與完整生命週期相關的發育階段。[21]

仍然可以吸收水分和礦物質。星狀木是萊尼較大的植物，可長到約半公尺高，並固定在沉積物上。它的莖演化成類似根部的構造，是從維管束植物其他部分獨立出來的根部源頭。星狀木類似根部的莖深入地表約二十公尺，為了找到新的資源，比其他植物挖得更深。它們為了行光合作用和長大，組織已調整成可以快速地運送水分，但在乾燥時期這會是個問題，因為它們失去的水分比吸收到的還要多。為了平衡所有植物都會面臨的交易，也就是快速成長或省水效率，它們的氣孔很少，而且間隔很大。目前的維管束植物更喜歡成長，一般而言比較沒有保留水分的壓力，然而它們對於什麼時候繁殖必須很挑剔，因為萊尼的熱帶氣候非常多變，因此星狀木的莖整個都是受孕和不孕交替的區域。面對環境問題，這是另一個節能方法。[23]

　　所有的成長終有結束之時，一旦植物死亡，對共生的真菌沒有更多的用處就會腐爛。其他的真菌，如子囊菌，會從鬆弛的氣孔侵入，從內部開始消化植物。藉著從植物萃取出最後的養分，真菌正在培育一些最早的肥料，最後這將製造出更柔軟、更好的基質，讓植物長得更大，直到它們長到石炭紀石松沼澤的高度。不只是靜態的真菌，陸地僅有的動物，也就是小型節肢動物，也會食用沉入低地草皮的腐爛植被。還沒有任何有脊骨的動物爬出水裡；所有的脊椎動物仍完全水棲，生態上來說屬於魚類。直到三千五百萬年後才有一群泥盆紀的魚類出現在陸地上，牠們約一公尺長、具有多肉且分裂魚鰭，是最早的四足或四肢的脊椎動物，但離這裡不會太遠。最早的四足後肢動物出現在泥盆紀晚期的埃爾金（Elgin）下坡。在距離後來變成特威德河（River Tweed）的地方只有三百公里遠，距離最早的石炭紀五千萬年，是兩棲和爬蟲類變得多樣化的溫床，我們脊椎動物也第一次開始呼吸

了。[24]

　　節肢動物的意思是「有關節的腳」，指的是提供支撐的堅硬外骨骼和四肢關節。節肢動物是現代物種最豐富的動物門，而且從距今五億四千萬年前的寒武紀開始，從動物初次多樣化後都是如此。在泥盆紀早期，牠們大部分是海生的，包括甲殼類、海蠍、海蜘蛛和三葉蟲，但有一些現在已上了陸地。蛛形綱在志留紀早期出現在陸地上，是最先開始多樣化的動物，而且快速適應了乾燥環境。到了泥盆紀，蛛形綱已包括蠍子、蟎、盲蛛，以及外表類似蜘蛛的角怖蛛（trigonotarbids）。[25]

　　石松分解中的莖混合了土地的氣味，大群生物擠在一旁，每一隻只有幾公厘長，是身體有關節的六隻腳動物，有長長的觸角和短而硬的毛。跳蟲，或稱彈尾目，由於學術上對口器位置定義的關係，嚴格說來並不是昆蟲，不過牠們是昆蟲最近的親戚。把束腹放在跳蟲身上，束緊牠的腰部，你會覺得牠還滿像一隻螞蟻的。萊尼古跳蟲（*Rhyniella praecursor*），即「小萊尼祖先」，正在大吃特吃腐爛的植物。它會在地底下爬行，但也小得可以在池塘水面上滑行，食用漂浮在表面的藻類。雖然含氧量很低，萊尼古跳蟲身體夠小，能讓氧氣直接擴散到體內。[26]

　　對小型動物來說，安全永遠是不確定的。星木莖裡開放式的躲藏地，出現了身著背甲的掠食者之臂爪，抓住了一隻倒霉的萊尼古跳蟲。瞬間，一束黑色的小彈尾煙花四散開來，說明了牠被命名的原因，即一個稱為彈器（furcula）的特殊器官。本質上，彈器是一個長而堅硬的棒狀物，位於腹部底下保持高度張力，當跳蟲釋放壓力時，棒狀物向下推擠地面，或甚至水表面，像倒立的中世紀彈弓一樣，以半控制

的方式將跳蟲射向空中。每一隻跳蟲著陸的地方，至少正好可以遠離讓牠們受到驚嚇的動物。[27]

直接壓住萊尼古跳蟲的身體，用八隻腳的牢籠防止牠們脫逃的是鞭蛛（*Palaeocharinus*）。牠是一種「遠古鞭蛛」，此時真正的蜘蛛還沒有出現，但是角怖蛛和蛛形綱的外表相當類似，表面上只有部分區別，就是體節較少，但兩種都有背甲。頭部在兩個背甲中間，上面有眼睛和嘴。腳部的毛相當多，即使是最小的獵物接近埋伏地點產生的振動，牠都可以察覺。身體的背甲底部有一連串的孔洞，讓空氣可以進入這個複雜且有效率的呼吸構造，稱為「書肺」；[*]牠是非常活躍的掠食者。[28]

角怖蛛的牢籠外面似乎沒發生什麼事，但跳蟲的命運令人很不舒服。角怖蛛沒有毒液或蛛絲來癱瘓獵物，受害者只會被刺穿、碾碎和碎裂。角怖蛛的嘴比較像是篩網，而不是孔狀，所以跳蟲在通過一堆更細的毛髮被吸食進去之前，會在掠食者體外被消化。

靜止的淡水池子裡，在黏稠的藍綠菌軟泥和輪藻裡的生物比較安全。水池的生命非常短暫，所以沒發展出複雜的內部食物網，反而是依靠岩屑為食的甲殼類居於支配地位——細長的鱗蝦科（*Lepidocaris*），意即有鱗的蝦子，鱗片只有公厘大小，在藻類上露出流轉的柄眼；卡斯拉科里斯（*Castracollis*，音譯）蝌蚪蝦，身體長、頭部有特殊背甲；還有小而圓、有甲殼的埃布里地歐卡利斯歐非佛米（*Ebullitiocaris oviformis*，音譯），因為高熱和鹼性的環境，是名副其實的「蛋型熟

---

[*] 譯注：一種常見於蛛形綱生物腹部內的呼吸器官，因氣袋和血淋巴形成的組織形狀而得名。

蝦」。[29]

　　儘管這裡很多的動物關係都很簡單，不過和萊尼許多行光合作用的生物一樣，輪藻和真菌擁有很深的生態連結。輪藻是與陸地植物有緊密關係的淡水藻類，在萊尼的冷水池裡，最普遍的輪藻有單一筆直的軸線，上面長出綿延的螺旋狀側枝。跟阿格勞蕨與菌根，或是原杉藻和溫弗雷那地亞在陸地上的團隊合作不一樣，這種關係是單方面，而且是有毒的。住在水裡的真菌附著在輪藻上，嵌入細胞壁或是用管子刺穿它們，然後吸取養分，沒有提供任何回饋。其他的真菌，像庫托拉夸地克斯（*Cultoraquaticus*，音譯）壺菌是已知最早的寄生真菌，會消化甲殼類的卵。這四種真菌都屬於壺菌門，專長是寄生在各式各樣的生物上，尤其是藻類。[30]

　　很多植物在被寄生物攻擊時，會出現稱為過度生長（hypertrophy）的反應，這依然是植物病蟲害常見的症狀。在這種狀況下，細胞最多會成長到十倍大，嘗試將感染的部位隔離在單一或幾個細胞內。相關的反應還有細胞增生（hyperplasia），會製造更多細胞將疾病限制在部分的組織，就和癭[*]一樣。萊尼有許多輪藻被寄生的真菌感染，結果全身都出現球根狀的腫脹現象。[31]

　　寄生生物也在陸地造成問題，線蟲在阿格勞蕨的氣孔產卵、長大和繁殖，一輩子再也不會離開。諾西亞阿菲拉（*Nothia aphylla*，音譯）是早期陸地植物，幾乎都是長在地底下，比其他競爭者更容易取得土裡的水分，它們的莖大多是水平懸空在沙質土壤上方。然而，這樣的策略會更接近寄生的物種，而它的替代方法是用過度生長來抵擋真菌

---

[*]　譯注：指植物組織受到昆蟲或其他生物刺激而產生的不正常增生現象。

攻擊者。如果假根被真菌攻擊，諾西亞阿菲拉的細胞壁會阻擋菌絲穿透得更深，以遏制感染。不過這裡有個竅門，諾西亞也有菌根夥伴，合作方式在許多方面就和寄生生物一樣，但沒有被免疫反應隔離。這是一種演化上的獨家契約，共生的真菌被允許進入植物細胞裡面，而宿主可以與共生生物交換資源，任何其他真菌若沒有必備的化學名片而企圖侵入，就會被包圍和隔離。被喜愛的真菌保證能得到其他物種沒有的資源，植物就可以取得稀少或不容易的礦物質而不會被利用。有機體不是天生的行善者，也不會達成交易，除非是經過世代討價還價形成的天擇。人們認為會出現這種關係，是因為藉由容忍真菌在部分體內活動，諾西亞將更能辨認出其他不受歡迎的陌生真菌。一段互惠的關係不一定是靠和平手段形成的。[32]

　　從共生到寄生，新環境的征服並非在隔離中發生。起初是無法居住而沒有前途的景觀，現在充滿了生命。接下來的四億年，這個星球將會是一個屬於植物、真菌和節肢動物的世界。稍晚會出現大型動物，每一種會開始走路和爬行的生物，都是取決於像萊尼這種群落的創新。根部和菌絲比以前抓得更牢固、更深入屈服的岩石，好像舞者的手指一般相互交纏。它們將一起改變一切。

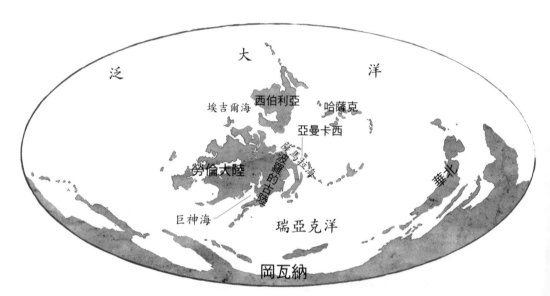

志留紀地球，4.35 億年前

# 第十三章　深度
## Depths

俄羅斯，亞曼卡西（YamanKasy）
志留紀（Silurian），4.35 億年前

「我是由光構成，我專心凝視著：
深處透出了一絲氣息。」

——莫爾查諾娃（Natalia Molchanova）[*]，〈深度〉（The Depth）

「在每一個深淵之下，還有一個更低的深淵在展開。」

——愛默生（Ralph Waldo Emerson）[†]，《圓》（Circles）

---

[*] 譯注：創造了四十一項世界紀錄，獲得二十三個世界冠軍頭銜，被公認是史上最偉大的自由潛水運動員。

[†] 譯注：19 世紀美國哲學家、文學家，林肯稱他為「美國的孔子」，是美國文化精神的代表人物。

在地表的我們受到太陽束縛，是需要光的生物。我們住在我們星球薄薄的大氣層下，每天都受到來自最近恆星的電磁輻射光束的轟炸。它是我們所有食物得以生長、空氣得以溫暖、水分得以蒸發以帶來雨水，以及設定我們內在生物節律的能量來源。即使是在石灰岩地形洞穴深處的生物，也要依賴從未見過的太陽來生存。密蘇里州歐札克高地（Ozark Highlands）上的洞穴魚生活在頁岩地板形成的水池中，是單一地層的居民。長期以來，牠們的祖先避開光線，以至於牠們原始的眼睛如果碰巧發現了一個光子，也沒有用來提醒大腦的視神經。但即使是洞穴魚，牠的食物鏈也要依賴經由河流送到洞穴的懸浮落葉，還有棲息蝙蝠的鳥糞，將太陽的產物帶到地球深處。不過，潛入深海就真的是把太陽以及它所代表的一切拋在身後了。[1]

即使在最清澈的水中，微小顆粒在漂浮時也在散射通過它們的任何光線。水也會吸收光；光的波長越長，消散得越快。紅色光最先放棄，只能達到大約十五公尺的深度。橙色、黃色、綠色，沒有一個可以穿透得太遠，一道彩虹般的光慢慢被消耗掉了。水下大約一百公尺稱為「透光區」（Euphotic Zone），底部已沒有綠色波長，也就不再能行光合作用。超出這個深度就是所謂的「弱光區」（twilight zone），只有深藍與紫色光可以通過；所有生活在下面的一切生物所仰賴維生的，是從上面掉下來的食物，或是太陽以外的能量來源。在水面下一千公尺的地方，連最後一道想通過的光束都會徒勞無功，然後生命進入了永遠闃黑的「午夜區」（midnight zone）。

一公里的水是很沉重的負擔，每一平方公尺都被一個重約十噸的海洋高塔壓著，是大氣壓力的一百倍。每下降十公尺，天空的重量又增加了。不論海底是在極地還是赤道，也無論是在地質時間的什麼時

候，要住在海洋底部，生物就要脫離熟悉的表面世界。這不只是一種體驗上的差異，因為動物的很多生理機能靠的就是表面條件。在海底，大約攝氏三度的恆溫減慢了動物的基礎代謝途徑，海洋壓倒性的重量也具有深遠的生理影響。蛋白質通常透過反覆改變形狀來完成作用，而在深海中發現的壓力足以將細胞深處的蛋白質擠壓成新的結構，從而改變其功效，除非它們演化出更耐壓的形式。來自水面居民的後裔出現在深海中，意味著生命的轉變甚至深入到存在的分子結構。[2]

直到 1977 年，我們所知道的唯一深海生態系統還是遼闊的深海平原，那是位於大陸、海溝與海脊之間一望無際、相對平淡無奇的海底。這些平原的微生物極為豐富，而且擁有數量驚人、適應深海的其他魚類、甲殼類動物和蠕蟲，只是因為食物非常稀疏，所以牠們分散地很廣。當潛水艇探測器上的相機試圖探索海洋裂谷的地質與化學時，海底景象發生了第一個挑戰，剛好碰上密密麻麻一堆幽靈般的軟體動物與清除垃圾的螃蟹。在探照燈下，往上噴發、熱氣騰騰的水，像海市蜃樓一樣閃閃發亮。雖是隱藏起來的，但複雜的生命存在於海洋深處的時間，與存在於空氣中的時間一樣長。本質上來看，深海熱泉和萊尼（Rhynie）的極端微生物池並沒有太大的不同。這個極端微生物池生態系統不是建立在電磁輻射上，而是建立在氧化還原的化學反應上，因為微生物煉金術士會把溶解在漩渦中的岩石劑量變成食物。[3]

在志留紀海洋世界中，只有一千六百公尺深的小型海洋烏拉爾洋（Ural Ocean）橫跨在赤道上。在低緯度的北方，它陡峭上升，與毫無生氣的西伯利亞島大陸棚相接。在東方，年輕的哈薩克大陸已從深海中升起。在烏拉爾洋的西南角是個獨特的區域，薩馬拉海（Sakmara Sea）靠近另一塊大陸波羅的古陸的大陸棚。在薩馬拉海的這個特殊

地區，就在波羅的古陸東海岸附近，經常發生地震。地震以低於人類聽覺的音調在水中迴響，但水面上的風雨也可以把嚎叫聲與嗡嗚聲送到海底，儘管在這時候，海底還沒有可以聽到的任何生物。奇怪的是，海底並不完全黑暗。幾乎是難以察覺、非常微妙、最微弱的紅外線光芒穿透了黑暗。沒有生物的眼睛可以偵測到它，但它就在那裡，只有光子輕微的嗡嗡聲。它的源頭是個避風港，是深海中的綠洲——亞曼卡西噴口（Yaman-Kasy vent）。在這裡，最近的地質力量正在向黑暗深處的底部水域注入生命。離岸不遠處，有一連串細長的薩克馬（Sakmarians）島嶼屏障，維持了它們與大陸之間水面的平靜。然而，它們的存在正是導致海底湍流的原因。數百萬年來，薩克馬群島一直在靠近波羅的古陸，承載它們的板塊隱沒到隔壁海洋板塊的下方。發生這種隱沒現象時，會在地幔中產生岩漿渦流，這是一種複雜的液態岩石漩渦，導致板塊在島弧的後方分裂。這是一條擴大、擴展海底的細長裂縫，稱為弧後盆地（back-arc basin）。在亞曼卡西，熾熱的地幔岩漿衝上來遇到冰冷的海水，地球的自我毀滅與自我創造互相平衡，一噴發就凝固成火山岩，包括玄武岩、流紋岩、安山岩與蛇紋岩，而且重要的是，以富含硫化物的流體形式為生命噴出了大量的化學與熱能。在其他地方，化石遺址是由緩慢沉降的沙子、坍塌的陸台或沙丘形成的，埋葬的岩石已經歷幾個存在的階段。在亞曼卡西，保存其居民的岩石都是從熔爐中直接驟冷下來、新鮮製成的。[4]

　　這種驟冷是產生紅外光的原因。這是地球光，不是陽光。當超級高溫的熱水遇到周圍環境冷卻下來時，它發射光子，也就是熱輻射。來自噴口的光，足以讓一種現在已知的細菌，在太陽可以觸及的範圍下約二公里半的地方，利用它來進行光合作用。也許志留紀的某種細

菌也在做同樣的事。[5]

　　肯定有很多海底可以發生這種狀況。今日，地球表面的水有71%是鹹水，這些海洋的平均深度為三千七百公尺。即使包括最高的山脈與高原，今日地球的表面平均高度，也比海平面下的深度少二公里。但與志留紀的早期到中期相比，簡直是小巫見大巫，當時的海平面達到了史上最高點，比今日更高，在一百與二百公尺間反覆循環。由於現代的大陸佈局，海平面上升一百五十公尺就會完全改變世界地圖。隨著亞馬遜盆地大規模被洪水淹沒，祕魯就會擁有東海岸，而進犯的海洋會把北京、聖路易斯與莫斯科變成沿海城市。但表面世界是個例外，大陸上各處散落著異常的隆起，大塊岩石到處嵌在一個主要由低窪海洋地殼構成的星球中，這種地殼會裂開，並且還會冒煙。[6]

　　在亞曼卡西，一個營運中的噴口煙囪以完全工業化的製造架構在運作。在擁擠的石頭中，升起了一堆聚集在一起並帶著礦物光澤的塔狀物，它們又細又高，還不斷噴出溫度高達攝氏幾百度變黑的水。在這些冒煙的圓柱體下方，大量的生命以直接從洛瑞（L. S. Lowry）* 畫作的構圖方式聚集在一起。城市景觀色彩稀疏，黑色的滾滾濃煙餵養著瘦弱的生物。[7]

　　亞曼卡西亞蟲（*Yamankasia*，音譯）是一種環節動物蠕蟲，屬於包括普通蚯蚓在內的一種群體，身體分為很多環形體節。牠們看起來可能很像鬚腕蟲，是深海裡的專食性動物，經常出現在噴口、屍體或其他深海綠洲附近。像鬚腕蟲一樣，亞曼卡西亞蟲住在自己的煙囪裡，

---

\* 　譯注：英國畫家（Laurence Stephen Lowry，1887-1976 ），以壯觀的工廠、冒煙的煙囪、大批的工人等都市工業風光聞名。

這是由蠕蟲自己建造的一種有彈性的管子，是蛋白質與像幾丁質的多醣混合物。進食時，牠佈滿數百個微小觸手的頭，會有節奏地前進與後退，就像遊樂場裡木槌遊戲的目標一樣。亞曼卡西亞蟲的體型和巨型管蟲（Riftia）差不多；巨型管蟲是現代的巨型噴口專食性蠕蟲，管子直徑約四公分，但牠與任何特定的蠕蟲門動物沒有其他共同特徵。牠很可能是趨同於這種生活方式，就像深海中的很多其他動物發展出相同的有利夥伴關係一樣。與牠們基地周圍的小蟲子相比，牠們無疑很巨大，例如小小的伊歐凡羅德斯（Eoalvinellodes，音譯）的管子只有幾公厘寬。亞曼卡西亞蟲的管子是由好幾層有機纖維材料製成，有縱向的皺紋，並且很有彈性，只是這裡唯一會讓牠彎曲的海流，是滾燙的噴口水上升、冷卻、然後下降，那種不斷上下的對流。[8]

●●●●●

　　植物從水面上的陽光萃取能量時，並不是發生在它的遺傳構造中。就像食草動物體內的發酵細菌一樣，植物將一種稱為藍綠菌的單細胞生物併入細胞內，來為自己進行光合作用。由於數億年來，藍綠菌已深深嵌入植物的細胞中，以至於它們已失去了某些 DNA，無法再獨立生存了。現在，它們被稱為葉綠體，是細胞內小小的丸狀細胞器，與植物完全互相依賴才能維生。在泥盆紀時，植物與真菌互利共生一起合作的地方，代表了生活在鄰近地區的不同物種，而細菌葉綠體與真核植物的關係是如此密切，無法分離，結果讓整體變成一個個體。在這裡，真核生物無法分解能量，而是由它的同路人細菌代勞。[9]

　　同樣地，在亞曼卡西與其他熱液噴口的生物無法直接取得來自噴

口含硫液體中的能量，但很多合體的細菌可以。現代的鬍鬚蟲是目前佔據硫化物沉積熱液噴口最大的蠕蟲，有一個稱為營養體的專化器官。在那個營養體中，每隻蠕蟲招待數十億隻共生的硫細菌，這是牠們從噴口萃取能量時所需的夥伴。和牠們一樣，亞曼卡西亞蟲和沿著牠管子生活的細菌之間，也有密切的關係。蠕蟲保護共生生物，而共生生物提供蠕蟲食物。在這種情況下，相互作用就發生真核生物與其細胞器間的某個地方，而與地衣互利共生的親密關係，進一步混淆了一個個體的真實長相。這裡的中途之家專有名詞是「合生體」（holobiont），是由兩種或兩種以上不可否認的不同生物體所組成的整體，是活生生且不可分割的。在一起，牠們就成長茁壯；分開，牠們就死路一條。舉例來說，有些現代的噴口蠕蟲完全沒有消化系統，靠細菌為牠們製造所有的食物。有些噴口的蛤蜊在進一步的同化行為中，變成硫化物結合蛋白的工廠，幫助強化硫細菌的天生能力。牠們的內部作業流程開始融合在一起。[10]

在亞曼卡西，溫度與壓力從岩石到海洋逐步降低時，微量元素會從流體中凝固成礦石。熱流液體與海洋之間的化學差異形成了電子流，在某些噴口，可以達到七百毫伏特，是個天然的發電站。作為這些神祕煙囪煙道的中央管道，塗上了硒與錫。往外有鉍、鈷、鉬、砷和碲，以及金、銀和鉛的原子——從溶解中出現。在現代，這些元素滲出物形成的礦石，全都是有需求的商品。自它們成形第一次暴露在空氣中，烏拉爾海的邊緣已轉變為工業化的露天礦場。這些包含深海熱泉管蟲脆弱管子的礦場岩石，被送到電廠壓碎、粉化、溶解、熔煉與射穿，萃取出其中的金屬。亞曼卡西這個最早被知道的熱泉噴口動物群則持續進行產出。[11]

　　隨著時間經過，深海生態系統一個極為驚人的面向是，儘管彼此有些相似，但居住其中的物種彼此之間並沒有緊密的關係。隨著時間流逝，噴口居民的身分有了相當的改變，現代的噴口群落成員通常是生活在更淺水域物種的後裔。有鑑於壓力、溫度與光線的驚人變化率（gradient），可預期的是，要適應深海的生活十分困難。但情況似乎並非如此，噴口居民其實來自動物王國的各個角落。今日，沒有任何已知的珊瑚棲息在熱泉噴口，但在泥盆紀，噴口珊瑚顯然相當常見，牠們的外部硬組織全都獨立演化出第二層供柔軟息肉生活的萼部，推測可能是作為抵抗溫度的緩衝器。[12]

　　熱液噴口動物群中存在的家族（科）差異告訴我們，到黑暗的深海中殖民定居的動物，儘管彼此隔離，但其實相當普遍。噴口領域儘管彼此相隔好幾公里，但通常群集著肥沃的礦物流出物，周圍則是貧瘠的海底。然而在更大的範圍內，牠們會沿著地殼裂縫排列，形成一種讓生命有機會在深海茁壯興旺的環境。洋流通常與地殼裂縫的方向對齊，尤其是在弧後盆地的地形。這意味著幼蟲在找到新家之前會被動地漂流，也許可以漂到數百公里。然而，即使是遙遠的群落也是同個連結族群的一部分，這是一個只有剛孵化的幼蟲可以擴散和翻新減少的族群數量之海景。噴口的作用就像海面上的島嶼，一起成為所謂的超種群（metapopulation），是種半隔離的群聚，只與外界做有限的交流。每一個小噴口都有助於整體的遺傳多樣性。這很重要，因為噴口是短暫的，只在岩漿的熱緊貼著裂縫時，噴口才會持續存在。隨著構造作用的變化，那個能量來源可能會消失，而這整個群落就開始走向滅亡。每次有新的裂口打開，就可能會有來自上面的適應物種到此居住，就像從其他地方飄來的幼蟲一樣。但這種殖民活動一定會有結

束的一天。與永恆的太陽不同，深海是一個長期充滿無常與短暫、新奇與毀滅的地方。[13]

在擁擠群落中聚集在一起的是稱為火盤（firedisc）的小貝類。派洛迪斯卡斯（*Pyrodiscus*，音譯）是腕足類動物，在軟體動物佔據地幔之前，是古生代海洋從海岸到深海的主要貝類群體。派洛迪斯卡斯類似貽貝，長成舌狀，以一個長長的腱莖緊抓住岩石表面。在志留紀早期的任何腕足類動物都是少數的幸運物種；因為在奧陶紀末期，一場大規模的滅絕消滅了大部分腕足類物種的多樣性。在那次由全球降溫引發的滅絕事件中，深海群落受到的打擊尤其嚴重，包括那些理論上具有應該足以撐過滅絕的所有特徵的群落。寒冷的機會總能幫上忙，但奧陶紀大滅絕的情況也起了一定的作用。就其本身來說，地球的冷卻似乎對地表溫水的影響比深海的更大。但降溫的程度足以為深海環流帶來變化，並將溶解的空氣往下帶到原本氧氣含量很低的大陸棚。當這種情況發生時，適應更高氧氣條件的淺水物種就可以入侵大陸棚，與深海適應低氧的專食性動物競爭生存空間。[14]

如果亞曼卡西的水域含氧量變高，同樣的命運也可能降臨在牠們身上。構成此地食物鏈基礎的細菌，最佳狀態是處於低氧環境中。如果牠們受到煎熬，這個群落就會迅速分崩離析。噴口是個奇怪的地方，似乎可以同時成為一切。它們營養豐富，在數千平方公里的微生物平原上堆積著充滿動物生命的街區，但牠們的物種數量卻很少。亞曼卡西是目前為止發現最古老、最多樣化的化石熱液噴口，但只發現不到十種物種。[15]

噴口的多樣性通常很少，與岩池類似，只有少數主要以及一些罕見的分類群一個一個單獨存在。類似其他不穩定的生態系統，例如火

災頻繁的森林或潮汐沖刷的潮池，以及相似生產力的地點，通常少了大約三分之一的物種。但它們也是一成不變的地方；在噴口，沒有白天，沒有季節，沒有長期的循環，所以成長迅速，繁殖也是連續的。群落很容易就可以從小規模的擾動中恢復元氣，但如果發生了重大擾動，它們就會變得特別脆弱。[16]

　　它們是彼此獨立的，每一個矗立的噴口就像聖米歇爾山（Mont St Michel）一樣引人注目。但是它們在群體中彼此相連，重要的似乎不是單一的噴口本身，而是整個海脊。亞曼卡西只是一條鏈中的一個噴口，這條鏈像是一連串昏暗的燈標，沿著烏拉爾海的構造邊緣一路延伸。不管是地方的或是全球的，現在或在地球的時間尺度上，熱液噴口會根據你觀察的尺度而改變它們的特徵。

　　雖然在宏觀上的生活非常貧困，但在深海噴口周圍的微生物卻更具多樣性。新岩石的化學性質，意味著細菌為了得到食物所進行的化學反應更容易發生，而這有助於從海水中萃取有機分子，並將其固定在活組織中。暴露在海洋中的玄武岩，就是這種細菌在世界各地居住的地方，並且大大增加了深海中的有機物質含量。覆蓋在全世界深海玄武岩群落的透明細菌薄膜，每年固定了高達十億噸的碳。在噴口周圍、在海底的下方，甚至還有頗具生產力的細菌群落，利用來自下方的營養液。也許最令人意外的是，有數百種微型真菌物種只在深海安家定居。[17]

　　在薩克馬拉海，流向地殼表面的岩漿比平均溫度更低，而且矽、鉀與鈉的含量特別豐富。這種類型的熔岩會產生岩石流紋岩，通常充滿氣體，因此可以形成浮石塊。這些來自深海的浮石塊漂浮到海面形成硫磺筏，最初的時候通常堅固到可以讓一個成年人走在上面。2012

年，東加（Tonga）<sup>*</sup>附近的一個弧後盆地噴發後形成的浮石筏，一天就蔓延了四百平方公里，最後消散成覆蓋兩萬平方公里以上面積的薄層。在海底，熔岩凝固成鋸齒狀的岩石，充滿了各個角落與縫隙，是亞曼卡西噴口很多居民的錨定點。[18]

直徑只有幾公厘的精緻海螺，與其他小而尖的白色貝殼一起移動。舌摩克那斯（*Thermoconus*，音譯）字面意思是「熱錐」（hot-cone），是一種單殼綱軟體動物，通常頂部有絨毛，像在高溫中被融化的帽貝。這些都是微型的聖誕樹，錐體堆疊起來，底部像喇叭一樣張開，隨著生長會增加更多。靠近或遠離噴口的水域肥沃程度，可以從生物的尺寸明顯看出。離噴口越遠，一切就變得越小，這是一個挑戰視角的結果。靠近不斷攪動的水，牠們可以長得非常高，達到六公分。[19]

單殼綱類是一種極古老的軟體動物，是化石紀錄中已知最老的軟體動物。牠們用長在中央、如波浪般起伏、唯一的一隻腳，在沉積物中到處遊蕩。無論牠們走到哪裡，都會留下舌齒銼磨出來的刮痕，這是因為牠們會在石頭上銼磨，以撬開微小的食物。單殼綱類今日依然存在於深海中，但大多數的化石出現在靠近海岸的地方。然而，這個族群最早冒險進入深海的，就是亞曼卡西的舌摩克那斯。也許，雖然化石紀錄還太稀疏，以致無法證明亞曼卡西的單殼綱類，代表的是在演化上撤退到一個沒有其他生物可以生存的世界初始。這是一個無法靠近的生態區位空間，也是更自由競爭的藏身之所。[20]

· · · · ·

---

\* 譯注：大西洋西南部國家，由一百七十多個島嶼組成。

　　深海是有效的藏身之處。1952 年，在墨西哥海岸，從三千五百多公尺深的海底拖出了一隻活生生的單殼綱軟體動物，震驚了科學家，因為他們在那之前都認為，在三億七千五百萬年前泥盆紀存在的那個群體已經滅絕了。這個發現受到歡呼，被視為一種復活。被認為已經死絕的群體，竟然神祕地倖存並復活了，因而被稱為「拉撒路物種」（Lazarus taxon）。[†] 深海洩露早已消失的祕密物種，這甚至不是第一個例子。腔棘魚是體型厚實、長壽的魚，尾巴對稱而多肉，鰭也一樣多肉，屬於被稱為肉鰭魚類的一種。牠與黑線鱈的關係，沒有比與人類的關係更密切。除了四足動物，肺魚長期以來被認為是唯一存活的肉鰭魚類，但在 1938 年，一隻被認為在白堊紀末期大滅絕中已經滅絕的腔棘魚，出現在印度洋的漁網中，從那以後，就在我們知識或眼界的範圍之下活到現在。[21]

　　這也發生在已滅絕的群體中。德國的泥盆紀化石遺址洪斯魯克板岩（Hunsrück Slates），保存了另一個較淺的弧後盆地，包含了所有典型的泥盆紀魚類，以及一種稱為申德漢斯蝦（*Schinderhannes*，音譯）的奇蝦。申德漢斯蝦是種掠食性的節肢動物，原本只知道存在於寒武紀與早期的奧陶紀，有將近一億年的演化史消失不見。然而，目前為止發現的第二隻最年輕的奇蝦，是來自摩洛哥費札瓦塔（Fezouata）更深的奧陶紀水域、被稱為海神盔蝦（*Aegirocassis*）的奇特龐然大物。這隻動物身長兩公尺，而且像今日的鬚鯨一樣，是體型龐大的濾食動物。牠完全不像任何其他的奇蝦，這意味著還有很多東西沒被觀察到，

---

[†]　譯注：古生物學專有名詞，指在化石紀錄中出現過、被廣泛認為已經滅絕，但在自然界中又被發現的物種。

也許無法被觀察到。深海不只是一個物種可以躲避水表居民眼睛偵測的地方，也是一個沒有陸地上飛揚塵土的地方，讓一個譜系的生物可以暫時躲避化石紀錄的保存。以致當地球再次捕捉到隱藏譜系的圖像時，牠可能已經變得令人無法辨識。[22]

由於形成這些圖像的媒介岩石是第一次形成，各種元素混合成火成岩的晶體形式。每種元素有許多同位素，它們在化學性質上相同但重量不同，以理當一致的比例存在。其中有些元素具放射性，會以可預測的速率轉化為其他元素，所以當岩石從液態變為固態時，時鐘就開始滴答響起。碳年代測定法（carbon dating）作為生命測量的短期時鐘，其他元素則可從岩石內部測定更深的時間。鋯石是火成岩中極常見的礦物，經常含有鈾的成分，但絕不會在形成時含有鉛。鈾有兩種同位素，兩種都會衰變成不同的鉛同位數，也有不同的半衰期。鋯石晶體中的鉛含量，就是年代的直接測量標準。對於較古老的岩石，在富含雲母與角閃石中，鉀的放射性同位素衰變為氬時，就能作為一種計時器。[23]

對一片海洋來說，時間徘徊不去。從赤道到兩極、從最深的海洋到浪潮的頂峰，全球海水的移動看似在永恆的循環中，而且進行得很緩慢。通常用一條巨大的輸送帶來作比喻，但這條輸送帶中速度最快的那一段，例如墨西哥灣流，水面的最高時速約九公里，是一種快步走的速度。一滴水滴要流經這條輸送帶的全部長度，需要一千年的時間。今日從冰島到格陵蘭島，再到拉布拉多海（Labrador，按：位於北大西洋西北部），也許包含了艾瑞克森（Leif Erikson）和船員航行過的相同海水。他們是第一批穿越大西洋，然後返回這些海域的歐洲人。[24]

寒冷的極地水比溫暖的水密度大，因此會下沉，把氧氣帶入深海。水有一種特殊性質，就是它的固體比液體形式密度更小，這就是冰會漂浮的原因。水的密度在攝氏四度時最高，因此即使海面的水隨季節與天氣可能從溫暖變為涼爽，但在烏拉爾海底部的水溫仍然不變。亞曼卡西位於湧升流區域，這是深水開始上升到表面的地方，但是水面的影響仍會滲透到底部，例如大風暴可以有效將沉積物從淺水區推向深水區。在午夜區，食物就是從上面掉下來的。幾乎沒有來自天堂的嗎哪（manna），<sup>*</sup> 倒是有死亡的有機物質持續不斷地掉下來。所謂的「海洋雪花」（marine snow），就是藍綠菌或藻類的腐爛屍體，會沉沒並被掩埋在軟泥中。在現代，將近一半生命攜帶的二氧化碳最後會沉入海底。[25]

從某種意義來說，我們全都是屬於深海的生物。熱液噴口形成一縷縷過熱的水富含礦物質，帶著化學潛力爆發出來，並準備好供其他生物取用，而且在生命的起源中發揮著古老的作用。原始軟泥、被閃電擊中的有機湯，以法蘭根斯坦式（Frankenstein-like）<sup>†</sup> 的方式促使生命出現，是對一個沒有生命的星球出現生命的刻板描繪，但這些從未存在過。然而，強而有力的證據證明，深海噴口的化學噴發途徑，奠定了今日每一個生物內部化學的基礎。

主流科學認為，在亞曼卡西之前的三十五億年，一種特殊類型的鹼性噴口，提供了生命本身可以起源的基本環境。從地球深處，這樣

---

*　譯注：根據聖經和古蘭經，這是古代以色列人出埃及時，在四十年的曠野生活中，上帝賜給他們的神奇食物。

†　譯注：《科學怪人》中的故事主角是個從事生命科學研究的學者，希望用人為的方式創造生命。

的噴口把氫氣與甲烷噴入富含硝酸鹽的微酸海水中。在噴口內無氧且
鹼性的條件下，自動形成了油膩的酸性氣泡這種類似細胞膜的結構。
然後，這些油油的脂肪膜同時接觸了噴口流體與海水，它的裡面呈弱
鹼性，相當於一個原始細胞。酸性海水與鹼性噴口的差異，從海水中
形成了一股氫離子流，通過原始細胞，流向噴口，而且哪裡有水流，
就可以產生這樣的作業。鹼性噴口也可以自然地產生一種稱為氫氧化
物（fougèrite）的分子層狀礦物，俗稱「綠鏽」（green rust），這可能
是解開生命起源之謎的關鍵。它的作用像是一種天然催化劑，可以促
演化學反應，有助於大量生產很多生命所依賴的化學分子，如氨、甲
醇與胺基酸的基本結構。典型的綠鏽晶體很小，可嵌入原始細胞膜中，
並讓這些晶體轉變為天然通道，然後在膜中輸送與濃縮一種稱為焦磷
酸鹽的化學物質。[26]

今日，不管是來自太陽、來自礦物質，或是來自消化其他生物，
無論能量來源是什麼，地球上的每一個生物首先要把那能量轉化成為
焦磷酸鹽化合物——三磷酸腺苷（ATP），即所謂的「生命的通用能
量貨幣」。在所有的生物中，這種轉化只在氫離子設定的一個變化率
出現，並被允許流經我們自己稍微滲漏的膜。從刺激神經到分泌唾液，
從肌肉收縮到複製 DNA，每個人體內的每一個細胞，首先都必須複製
從地球流入大海的化學物質。[27]

在寂靜無聲的深海中，雨水持續敲擊著一種聞所未聞的節奏。從
熱水中瀰漫出黯淡的地球光，像隆冬的篝火一樣，照亮了聚集在噴口
附近擁擠的族群。一道平淡的紅外線光太過微弱而無法用來作為能
源，卻充滿了地幔的硫磺氣息。深海動物群對上述的變化並不敏感，
也不為透光區的生物所知，繼續做著牠們一直在做的事情。成長、萃

取養分、**繼續**前進，並生存下來。只要地球脆弱的表面**繼續**破裂並圍繞自身移動，地球上就會有開口。對於這些能在沒有陽光的海中壯大的生物來說，這就是一個生存機會。

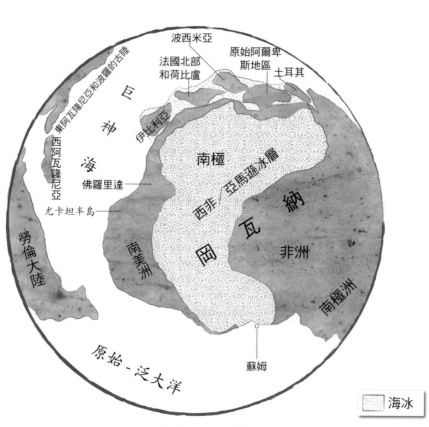

南半球，4.44 億年前

海冰

# 第十四章　轉變
## Transformation

南非，蘇姆（Soom, South Africa）
奧陶紀（Ordovician），4.44 億年前

「破裂的冰層，險惡的混亂。」

——漢森（Matthew Henson）<sup>*</sup>，極地探險家

「隨著時間的流逝，海變成了旱地，
旱地變成了海。」

——比魯尼（Abu al-Rayhan al-Biruni），<sup>†</sup>《古代民族年表》（*Chronology
of Ancient Nations*，加福洛〔 B. Ghafurov 〕翻譯）

---

\* 譯注：非裔美國探險家，是 1909 年最早一批站上北極的人。
† 譯注：中世紀的伊斯蘭學者，著作領域包括數學、天文學、物理學、植物學、
　地理學、地質學、礦物學、歷史與年代學。

　　在藍灰色的冰河上，一陣被冰凍高地冷卻、只嘗得到雪的味道的風沉重地下沉，呼嘯著衝上冰棚（ice shelf），[‡]並繼續迅速下降，撞向大海。這種風被稱為下降風（katabatic），[§]是一股被地球重量以接近颶風的力量、從高處拉下的寒冷而稠密的空氣。當冰河終於沉重地掉進海灣，這陣風已遠離了後退的帕克海斯（Pakhuis）冰層中心。現在，冬天的風攔住了漂浮海冰上的不規則表面，並把它推離大地，在泛大洋的南部邊緣留下一個開放而未結冰的區域，即所謂的冰中湖（polynya）。海面不能長時間暴露在冷空氣中，因此處於一種平衡狀態。冰針不斷形成又被吹走，這是一種海水與多刺冰晶的混合物，又滑又濕。新的冰針隨著海浪掠過而彎曲。帶著崩解冰河的碎片與破碎的冰晶，不斷形成的冰塊聚集在離岸的近海上。這是一個不穩定的碎片地形。[1]

　　更往外看，被吹走的冰與冰河的裂冰結塊起來變成冰殼。由浮冰與冰丘形成的漂浮地形，讓海洋變得立體。當風拂過非洲盡頭的鼓丘（drumlins），[¶]刮著已被磨損、沒有冰雪的山谷邊緣時，風成了除塵器，揚起磨成沙子的岩石顆粒狀殘骸，讓它們在冰河退縮時裸露了出來。地球在空中。大塊浮冰上有雪脊條紋、細碎凹槽與隆起物以及冰波，有時平整地像起皺的絲綢，有時是下方受困海洋憤怒攪動波浪的畫面，周圍環繞著一個橘色的太陽光圈，散射著冬日的太陽。沙子在冬天形成並落在冰上，與冰凍的混合物結合並保持在原地，等待著。[2]

---

‡　譯注：又譯冰架，陸地上的冰河或冰原流入海中，浮在海上的大片水冰。

§　譯注：又稱下坡風，是一種局部性沉降氣流。

¶　譯注：在大陸冰河地區，冰河消退後，呈現的橢圓形小丘，又稱鯨背丘。

正頭足類（*Orthodontic cephalopod*）

在冰河下方，在冰中湖裡面，有兩條河流流淌著，一條是鹽河，一條是土河。鹽河的源頭是水被移除、冰層形成的地方。當表面的水結冰時，溶解於水分子裡的鹽分就被推出來，無法再保持在晶體結構中。這使得周圍未結冰的水更鹹也更稠密。從冰中湖的表面，這種鹽水沉入海中，從岸邊散去，進入黑暗的海洋深處，然後聚集在大陸的邊緣，接著再加入某一條深海洋流。海底的河流就像地表上的河流一樣，它們沿著海底地勢經過之處，打造出彎曲的河岸、侵蝕出峽谷，並形成鹹水湖與瀑布。現代的博斯普魯斯就有一條這樣的河，從鹹鹹的地中海流了六十公里到黑海海底，排放的水量比密西西比河、尼羅河、萊茵河的總和更多。就體積來說，它名列全世界十大河流。在蘇姆，當鹽河從冰中湖流下來、從冰河下方流出，海底冰穴就湧出了一條新鮮的融水河。海底冰穴是一個黑色的洞，這些還沒去過任何地方的溪流滾滾湧出，然後在岩石與海冰之間的薄薄區域流動。冰的重量擠壓著河道，河道已沾上泥漿，因此排出時是一種高壓的黑色沉積物濁流。地球在水中。它慢慢浮出水面，混濁、沒有鹽分，有種即將爆發的態勢，好像有什麼東西潛伏在下面。下面的東西很少。在零下的區域，地獄般的泥雲在遇到溫暖的海水時，會展開到數十公尺厚，光線無法通過。[3]

●●●●●

流冰之中響起了聲音。輾軋的嘎吱聲、長長的呻吟聲與咆嘯聲迴響著，這正是海冰在自己的重量下不得不移動的標誌。冰河承載的不只是水。地球在冰中。飄忽不定的岩石與漂礫於數百年前就被不斷流

動的冰河掃走，正抵達它們埋葬之旅的終點，並被釋放到水中、沉到下面的地板上。包含著過去空氣的小包，氣泡中的空氣是過去數百年與千年的冰凍檔案，當它從約兩百公里外的帕克海斯冰層頂端下降時，就一直被保存在冰裡。從那時起，當冰河變藍並堆積在它們周圍時，它們被壓扁到可能高達大氣壓力的二十倍，並被保留在其中，等待著。隨著冰河融化，冰河中的氣泡終於被釋放，生氣勃勃地在水下裂開破碎，像是一面天然的蘇打水牆，在嘎吱作響的冰河與撲通掉下的降石噪音聲中，再加上滋滋的油炸聲。隨著世界變暖，每一秒都有數百萬的氣泡爆開到水中，而且面積還在增加。即使冰山也會唱歌，而較大的冰山甚至大到足以成為包含內部河流的浮島，發出了深沉的低音與黑暗的節奏，沿著海岸震動了數百公里。[4]

　　蘇姆是一個分層的世界，有生命的層，也有死亡的層。風、冰、海水，新鮮的泥土流，還有這個峽灣與海灣的平靜底部，由於缺少混合而成為沒有氧氣的地方。這些全都堆疊或隱藏在彼此之間，然後被釋放到海洋中。蘇姆的夏天為這個冰層帶來了無與倫比的色彩。傍晚的太陽反射出融化的冰塊，照亮了深橘色冰河東側光禿禿的山坡。冬天時，覆蓋在冰中湖上低懸的雲消散了，風也稍微減弱。當冰山變小時，它們在陽光下濕漉漉地閃閃發亮，高壓藍的冰山表面已沒有積雪、空氣冒著氣泡，這些氣泡承受壓力的時間最長，已直接融入了冰的結構。混濁的河水不斷噴出淤泥，但在遠離那個泥土流的地方，在越來越大的蘇姆冰中湖，乾淨的水暴露了此地的生命。冰中湖是海洋中的綠洲，隨著海水變暖，透過表面的水可以看見較小冰山被覆蓋的部分，已成為幾乎是發著光的苔蘚綠色。[5]

　　在浮冰下面，各層開始混合，開始下起了岩石雨。經過數百年的

冰凍懸浮，融化的冰山失去了對石頭的控制力，石頭紛紛墜入鹽水中，轟隆隆地落在下面光禿禿的海底。

　　冬天的下降風帶來的塵埃也會下沉，但更安靜，顆粒更小，懸浮的時間也更長。當它們懸浮時，吸引了浮游生物的注意。而浮游生物，是懸浮在上層水的微生物。這些粒子帶著磷化合物，海洋在接受它時會轟然盛開。在此之前，以光為食的微型藻類，由於缺乏礦物質而限制了生長，現在終於在一場瘋狂的進食中，把像酒精一樣清澈的水變成了亮綠色。浮游植物快速繁衍，盡可能利用這些礦物質。由於食物過剩，沒有競爭，不必為生活奮鬥，出現了好幾代無止境的成長。當然，美好時光不可能永遠持續下去。隨著資源減少，或者族群數量增加到它們消耗食物供應的速度超過食物更新的速度，死亡就會隨之而來。成長速度越快，繁榮期越短。現在，它們繁殖得如此之快，族群數量爆炸得如此之快，導致它們大量聚集在一起，而它們的屍體也開始讓有機物質大量落到下面的分層中。[6]

　　極地生態系統通常是以慢車道的速度展現生命。資源經常有限，寒冷也減緩了許多生物過程，包括生長。發生干擾時，一場導致生態系統內大量生物死亡的災難，可能要花非常長的時間才能恢復元氣。它們可能會受到難以預測的掃蕩影響，最後變成低多樣性與可變性的群落。當養分來自陸地時，這個模式就改變了。只要當地有豐富的養分，即使是在極地的寒冷氣候中、在嚴重的災難之後，自然環境仍舊可以用幾年的時間就恢復整個群落，至於蘇姆這個地方，這種充實群落物種的能力，可以年復一年下去。[7]

　　但這種模式是最近才出現的，而且也不會永遠持續下去。蘇姆的冰河灣在幾千年前還不存在，而且很快就變成更深的水。正是在這裡，

十萬多年前從北方犁過的冰，現在正在後退。隨著世界再次變暖，後冰河生態系統正在蓬勃發展，在奧陶紀的大冰凍之後，是多細胞生物的第一次大規模滅絕。

在蘇姆之前不到一百萬年的時候，地球由熱變冷，引發了一場稱為赫南特時代冰河作用（Hirnantian Glaciation）的大事件，在那段期間當中，海洋生態發生了重大變化，甚至到微生物的層次。接近奧陶紀末期的大滅絕，是複雜的多細胞生物承受的第二大滅絕事件，其規模僅次於二疊紀末期的大滅絕事件。在奧陶紀最後一個分期赫南特時代之前，在奧陶紀海域中的生活是溫暖的。生物多樣性在那段時期一飛衝天，遠超過寒武紀以前的情況。正是在奧陶紀的海域，動物造礁開始熱烈發展，生物也全心全意地自由游泳，而不局限在海床上或海床附近的群落範圍內。但在可能只有二十萬年的時間裡，開始了一個以未來成為非洲的地方為中心的冰河時代。作為岡瓦納大陸的一部分，超大陸包含了地球現在所有的南部大陸，以及印度、阿拉伯和南歐部分地區，奧陶紀的非洲則位於南極附近。蘇姆遺址在今日的南非塞德堡荒原（Cederberg Wilderness），奧陶紀時約在南緯四十度，距離它今日所在的南方不遠。在此時與奧陶紀之間，非洲已滑入地球底部；在蘇姆冰河時代，南極也被發現更靠近未來將成為塞內加爾的地方。從整個地球來看，非洲看起來上下顛倒。從極點來看，岡瓦納大陸伸出一隻手臂延伸到非洲南部，穿過南極洲，到達在赤道的澳大利亞。極地本身沒有被冰層覆蓋，但兩個主要的遺址有。一個出現在現在的撒哈拉地區南部，隨著冰河向北漂移。另一個地區包括南非與南美洲中部的部分地區，向大陸的尖端移動並進入半島海（Peninsula Sea）。[8]

在奧陶紀，開始適應水中生活的生物越來越多，也越來越普遍。

但到目前為止，它們都是非常微觀的生物，到處都是個別的物種，雖然有些河道已開始有生物居住，但還不到它們將在志留紀與泥盆紀形成的繁榮群落。真菌與簡單的植物早期的挖掘行為，侵蝕了大陸表面的岩石，磷化合物也因此被釋放到河道及上層海洋中，讓這空間充滿了這種寶貴的礦物資源。這在海水中原是非常罕見的。仍然發生在蘇姆周圍的藻類大爆發，當時也無所不在，就發生在這些冰水沉積的任何地方，而且個體的體型更大，族群數量也更多。供過於求，增加了落到海底的海洋降雪，從偶爾的一陣雪花到持續不停的暴風雪。隨著大量含碳的藻類屍體在海底落定並被埋葬起來，牠們會從大氣中吸收二氧化碳。於此同時，隨著加里東山脈隆起，碰巧增加了火山爆發的機會，因而產生了更多的矽酸鹽岩石。正如我們所理解的，矽酸鹽的風化作用，會與空氣中的二氧化碳發生反應，這些新鮮的矽酸鹽有助於減少大氣中的二氧化碳濃度。氣候因此快速改變，地球上整整85%的物種，幾乎所有的海洋生物，全都滅絕了。冰河作用並沒有持續很久，但已久到足以造成大災難。這是所謂的「五大」滅絕事件中的第一次，也是唯一因全球降溫直接導致的大規模滅絕事件。[9]

　　就滅絕來說，要怪的不是絕對的氣候，也不是改變的方向，而是變化的速度。生物群落需要時間適應，如果太多變化一次性地發生在牠們身上，常見的反應就是慘遭蹂躪與傷亡。白堊紀末期也是如此，當時外星岩石的衝擊幾乎立刻導致全球進入冬季。二疊紀末期也是，前所未有的火山爆發導致溫室氣體突然飆升，引發了全球變暖。在赫南特期內，隨著地球恢復到冰河消失狀態，暖化已導致了第二次較小的滅絕力道。蘇姆在持續暖化，那裡的冰河正在快速退縮中。[10]

• • • • •

　　水底下，浮冰仍然覆蓋大海，但在夏天時變薄了，海洋因一道柔和發散的藍綠色邊緣而亮了起來。在離岸的近海處，水消失在下面看不見的黑暗中。冰層下面的紋理，是圓形的凸起與鐘乳石狀結構，很少有生物會在寒冷中游過此地。從超級寒冷的水中結晶出來的極細碎冰塊，一動也不動地懸掛著，像是一場永不落下的暴風雪。再往深處看，陽光還是可以照到淺層的冰棚上，向下約五十公尺，只是光線很暗。水很涼爽，平靜而清澈，就像空氣一樣。幾乎沒有水流會干擾冰層下方的生物，但海底也沒有什麼可以被打擾的。它光禿禿的一片，幾乎沒有生命。平靜無波讓海底因缺乏氧氣而無法呼吸。掉落的藻類很快就被消耗掉，但不是食草動物或食碎屑動物，而是無氧場所愛好者、無所不在的硫細菌。在靜止的水中，它們反應後產生的廢物幾乎都透過擴散作用漂移開來——水中的硫化氫雲形成了局部的濃縮硫酸袋。[11]

　　在鹽河漂流的地方，氧氣被暫時帶到地上一塊塊區域中。在這裡，小型的腕足動物、才剛開始生長還不到半公分長的幼蟲，把自己埋在沉積物中；另外還有一些爬行的三葉蟲和軟體、蠕蟲狀的葉足動物，暫時冒險爬到底部。在上面的水域中，魚類游來游去，其中包括長相奇怪、沒有顎部、沒有甲殼、沒有四肢的魚，是八目鰻的親戚。牠們會成群結隊，只靠著尾巴附近的背鰭與臀鰭導航，下到海底水域捕食其他軟體動物，然後揮動鰻魚般的尾巴以增加高度並再次呼吸。停留在黑色、泥濘的底部只會致命，對更不活動的生物來說更是如此。在酸性世界中，擁有富含碳酸鈣的外殼，就只能進行認真的化學反應。

在靜止的時光裡，當酸雲集中時，深海居民的碳酸鹽外殼物質會直接溶解。因為這個原因，與其他類似深度的遺址相比，蘇姆是個生物多樣性非常低的地方。任何想在蘇姆水域長期生活的生物，不是要能持續游泳，就是要找到另一個解決方案。對於像蛤蜊一樣的腕足動物，外殼主要是由磷酸鈣構成，這意味著牠們必須適應搭便車的生活方式，附著在其他可以在蘇姆海上層含氧且腐蝕性較小的分層中游泳的生物表面上。[12]

在冒著氣泡的藍色冰河壁附近漂浮的，是一英尺長錐形殼的歐舌空（orthocones，音譯），腕足類動物也在此，於管蟲的硬皮管道中生長。歐舌空頭足類與現代的鸚鵡螺有關，示範了如果菊石或鸚鵡螺的線圈被拉直會發生什麼狀況。有些歐舌空的長度可超過了不起的五公尺，但蘇姆常見的物種在體型上比較適中。牠們的肉質手臂從殼裡伸出，大眼偵測著周圍的海洋，像小型噴射快艇一樣在水中推進自己向前移動。歐舌空的動力器官是一種特殊的管狀器官，位於外殼開口處，稱為水囊（hyponome）或體管（siphon），由一圈肌肉組成，可以像波浪一樣收縮。一般來說，牠都是向前游，但這個水囊可以緊急噴水，讓這個靠流體動力移動的錐體動物快速向後漂浮，一道強大的噴射水流就此穿過棕色海藻的細長飄帶，以及散落的蝦子雲。[13]

有一隻十公分長的生物，頭很大，在不斷揮舞、可抓取獵物的手和圓圓的腎臟形狀的眼睛之後，是兩隻槳狀的肢體。這是一隻掠食性海蠍，但算是小隻的。海蠍是古生代動物中最多樣化的群體，牠們將在志留紀與泥盆紀早期達到顛峰，其中有些物種會成為有史以來最大的節肢動物，長度將是蘇姆時期物種的十倍以上。雖然牠們不是真正的蠍子，但牠們的親屬關係並沒有太遠，而且大部分的身體結構都非

常相似，有著厚實的腹部，細長且逐漸變細到一點的尾巴，只差真正蠍子的毒刺。牠有六對多功能的附肢，一對可以抓取食物的小螯肢，以及其他五對肢體。之後，在這地方的海蠍，會在肢體上裝配有磨損功能的刺板用以進食，把獵物掃進也是由附屬器官組成的嘴巴。[14]

用肢體作為下巴，是節肢動物相當普遍的做法；身體分成一段一段的節肢動物，牠們的頭部與身體是一把發育中的瑞士刀，每一段都包含一個靈活連結的附肢，可適應各樣功能。蜘蛛的毒牙在發育上與昆蟲觸角的結構相同。昆蟲在發育過程中形成口器的東西，在蜘蛛身上會變成前三對腿。在蘇姆的本土海蠍物種，已把後肢改良為游泳用的槳狀物，變平，而且從身體側邊伸出去，就像划艇上的槳。牠們仍保留祖先的一些解剖結構；小爪就是這些槳末端的標誌，並為這些動物贏得了甲鱟（*Onychopterella*）或「螯翅」（claw-wing）的名字。[15]

甲鱟是蘇姆最大的掠食者，但在海洋的某處還有另一種神祕的掠食者從未被確實見過。牠屬於被間接鑑定的動物，只透過遺留下來的痕跡得知牠的存在。牠存在的唯一線索是糞便，泥漿中一團一團的糞便物質包含著破碎、壓碎的外殼與牙齒碎片。牠的食物顯然是某些會游泳的甲殼動物，以及蘇姆另一個更不尋常的居民——美麗普羅米桑牙形石（*Promissum pulchrum*），一個有「美麗諾言」（beautiful promise）的生物。[16]

普羅米桑是種稱為牙形石的生物。牙形石是脊索動物，換言之，牠們與魚有關。牠們是地球上最大量的生物，從寒武紀早期到三疊紀末期隨處可見。牙形石的紀錄如此密集，又在整個期間不斷出現，因此哪個物種存在於哪個時期，可以做出非常清楚的判斷。在古生物學中，牠們被稱為索引化石，意思是說，可以用含有牠們化石的岩石來

確定年代。一個多世紀以來，人們只發現了牠們神祕的牙齒。這些牙齒的形狀像是尖尖的頭飾，非常堅硬，是柔軟、鰻魚狀生物身體唯一堅硬的部分。甚至在知道完整的動物長相之前，牠們就被用來當作化石計時器。牠們最早或最後一次出現的時間，說明了地質學家劃分世界歷史的時間切面。其中，牠們代表一些最大的劃分時間。二疊紀的開始與結束，都是由某種特定的牙形石物種首次出現的時間來定義。就像君王即位的年代，這些生物的生命塑造了我們對時間的感知。[17]

　　輕快地滑過水中，三十公分長的普羅米桑看來不像實現了一個長期懷抱的夢想，但牠的殘骸將是牙形石中發現最詳盡的軟組織。只有在這裡與蘇格蘭的石炭紀格蘭頓蝦床（Granton Shrimp Beds），才能找到肌肉組織、牙齒以外的任何東西。普羅米桑的游動有其目的，但在寒冷水中只能緩慢而有效率地滑動。牠的肌肉帶紅色，顯示牠是慢速收縮且肌肉不斷在使用中，也就是一直在游泳。大多數的魚肌肉是白色的，這是快速收縮的肌肉，不需要持續使用，而是用來快速反應。在脊索動物中，使用更多肌肉表示需要更多氧氣，意思就是紅色的肌紅蛋白，即肌肉的攜氧蛋白會集中在那裡。就像血液中的血紅蛋白，這讓需要經常用到的肌肉呈現紅色。這就是為什麼雞腿肉比雞胸肉的顏色更深，因為雞腿需要能支撐雞的體重一整天，而雞胸只在很少的飛行時刻才會用到。這也是為什麼不斷積極游泳的鮪魚帶有深色的肉。普羅米桑只有一個非常沒效率的 V 形結構慢速收縮肌肉纖維，並且需要不斷保持運動狀態。蘇姆為我們提供了這些細節，因為這裡的保存方式是相反的。硬組織在這裡的保存非常糟，肌肉則被保存到個別纖維的程度。[18]

　　在蘇姆的夏天，落到海底的淤泥與藻類雨，也為化石形成提供一

種非比尋常的化學物質。如果一隻普羅米桑是在冬天死去，牠會沉到底部，然後被冰河下頑固的黑泥覆蓋與掩埋。牠的身體會腐爛，牙齒會消失，什麼都不會留下來。但在夏天，黃土也會一起落下，浮游動物與吃有機物的細菌無法完全把它消化，它就會沉澱下來成為一層顏色較淡的豐富沉積物。垂死的浮游生物所提供的有機物質又加強了它，被稱為季候泥（varve），*是一種帶有條紋的年度沉積物。在蘇姆的這種雙層保存現象，就像是一本年鑑，大約是四億四千萬年前的年度紀錄，在比例上相當於距今一百二十萬年前、西歐最早的人類寫下每天的日記。[19]

在酸性的情況下，普羅米桑的軟骨骨架還是會腐爛，但其他的元素力量將會穩定下來。當肌肉中的蛋白質開始分解，會釋放出氨與鉀的化學物質。與鐵礦產生化學反應後，就會溶解個別沙粒之間的空間，變成豐沃的伊利石黏土。肌肉纖維的形狀決定了黏土的最後形狀；肌肉的形狀被雕刻在礦物中，並被自己的臨摹本所取代。在蘇姆，從柔軟的肌肉轉變為黏土，是獨一無二的現象，也非常漂亮，這是在一個正向陸地前進的海洋生命願景——正如地質學家防衛性說的，越界（transgressing）一樣——在陸地上，隨著冰河退縮而融化的冰層。

隨著全球氣候暖化，儘管仍有冰層，蘇姆的世界現在卻相當溫和。冰雪融化成看不見、無法通航的水道網路，把水倒回大海，讓海洋變深了。在整個冰河退縮的過程中，海平面上升了，而像蘇姆這樣的環境就位在冰河的最前面。但在世界各地，海平面上升得並不平均；而且矛盾的是，比起靠近冰層的海洋，融化的水會更快填滿距離冰層最

---

* 譯注：水底的沉積層，每一層都有春季與冬季形成的兩個部分。

遠的地方。這是這些巨大冰河期間規模的一種聲明：冰冠（ice caps）<sup>†</sup>是非常龐大的物體，簡直就是在它們自身的引力作用下，把海洋拉向它們。一旦冰融化了，拉力就會放鬆，海洋就會恢復到更平均的深度。[20]

也許有點違反直覺，全球海平面上升並不會淹沒長期被冰覆蓋的地區。在短期內，隨著冰河退縮，海水可能會湧進大陸，但地球的地殼是非常靈活的實體。水可能會被風吹散，被潮水扭曲並被重力拉動，但這一切都會發生在很短的生物時間尺度內。由於星球的笨重，地球會以自己的速度飄浮、反彈並做出回應。它的外殼非常薄。在海洋之下，它可以只有五公里厚，大約是到地心距離的 0.08%。在它下面是洶湧的液體，地殼在上面漂浮，就像浮冰漂浮在冰中湖一般。我們腳下是一個插入地幔的反射世界，地球上存在山峰的地方，下面的地殼會變厚，並形成一個倒立的山峰，往下朝向地球的中心。而海洋盆地下降的地方，岩漿會上升。喜馬拉雅山擁有現代最厚的地殼，約七十公里厚，但聖母峰（Mount Everest）海拔只有九公里。山峰之所以高聳，是因為它們有很深的根在更稠密的地幔中晃動。我們這麼多有浮力的土地被隱藏在地表之下。我們也是走在冰山上。[21]

當一塊大陸承載著一塊冰層時，冰層的重量會扭曲平衡，產生導致地殼漂浮的地殼均衡（isostasy）<sup>‡</sup>說。地殼被迫下沉到地幔，就像一艘滿載的船一樣下沉。當重量最後消散不見時，地殼就會再次上升。

---

† 譯注：又稱冰帽，指長期且大面積覆蓋於陸地表面之冰雪，但範圍通常不超過五萬平方公里。最著名的冰冠位於南極大陸與格陵蘭島。

‡ 譯注：地質學的專有名詞，指地球的岩石圈與軟流圈間的重力平衡，如山脈、高原、平原及海底地殼等，都能達到浮力平衡。

向上反彈超過數萬年，並導致海水倒退。蘇姆位於這種消融的最前面，但海水倒退還沒在蘇姆發生，但假以時日它一定會發生。即使在今日，更新世充滿冰層的土地區域正在增加中，仍沒有完全擺脫冰河時代的重量。以英國為例，北邊的土地每年約上升最多一公分，正沿著一條線附近傾斜，非常接近從亞伯立威斯（Aberystwyth）到約克（York），並隨著岩漿流進下方的空間，而南方的土地正在下沉。這個過程將在未來持續數千年。[22]

在蘇姆正在發生的現象，並不像這個詞（transgression，按：這個字也有違法之意）所暗示的那樣越界。事實上，它可以被視為是回收過去失去的海底。在奧陶紀晚期，在整個世界結冰之前，海平面異常的高。淺淺的陸表海水淹沒了各大陸地，也一如既往地充滿了多樣性。當冰開始形成時，那些水必須來自某個地方，因此導致海水急速下降。在陸表海域下面的土地開始裸露出來，在數十萬平方公里的土地上，生命變得枯竭。在奧陶紀末期，這種型態的地理環境，就是讓滅絕如此嚴重的因素。在漸新世的南極洲發生類似的冰河作用時，剛好陸表海域很少，因此海平面下降時造成的損失也相對很少。[23]

當環境發生變化時，最容易做的事就是順應有利條件，這些就是定義一個生態區位的環境參數。在海洋中，這通常是指溫度、鹽度，以及特別是深度。當世界變暖和變冷時，向北或向南移動就意味著也可以發現適居的條件。在奧陶紀晚期，這世界幾乎所有的土地都在赤道以南，並以南極為中心，讓移動變得不可能。岡瓦納大陸的海岸綿延數萬公里，但大部分都位在同一緯度上。如果海水變冷了，海洋無脊椎動物無法透過向北移動來躲避嚴寒，除非牠能在更深的水域生存。一旦海水再次變暖，牠也無法向南移動來生存，除非牠進入較淺

的水域，但這可能意味著旱地與死亡。那些不屬於岡瓦納的大陸也同樣脆弱，因為它們很小，南北海岸線很有限，不像漸新世南北走向的大陸。隨著冰河作用的速度，不斷前進的冰層推擠、輾磨、壓碎了六分之五物種的基本生態區位。[24]

冰河破壞、侵蝕了數百萬年來形成的地形和生物群落，因為柔軟的岩石在它們面前也只能讓步。但冰河也是貨真價實的建造者，無數噸重的冰在某個地形上通過，在地上形成了永久的標記，上面有平順的條紋、寬闊的山谷與綿延起伏的鼓丘。帕克海斯冰河從高地衝出山谷與周圍的山脈，進入潮水起伏的海灣，它確實移除了一個世界，但也用另一個世界來取代了。冰河景觀帶來了以行星步伐節奏的長遠視角。從這個角度來看，冰的確就像水一樣流動；冰河景觀包含了很多裂縫的冰瀑、峭壁上的冰凍瀑布，以及更快流動的路徑，還有冰中的冰河。經由蘇姆，它們推進到半島海的石英砂中，讓地面後方形成巨大的起伏、冰磧、犁溝與冰丘。因此，地球有了新的形狀。[25]

從空中來看，山裡的沙一層一層下沉，以一種淡色的夏日塗層覆蓋著冬天的腎炎泥色澤。讓海洋旺盛展開的過程為蘇姆帶來生命，也將它保存在死亡中。冰的消失把世界拋進一個看似矛盾的處境，提醒改變的力量，以及那個顛覆一切的轉變方式。在幾個世紀以來的山水詩中，冰河是不屈不撓與遲鈍的象徵，是快速又嘈雜的存在體，是泥土的攪拌器與文件夾，是岩層的創造者與破壞者。河流流在似乎不該流向的地方，空氣中有空氣，冰中有冰，水中有水。物質的狀態似乎相互融合，而泥土變成冰、變成河流，或岩石變成粉末、變成風、變成冰的轉變，在生命的季節性綻放中，為大陸沙漠灌注活力。在蘇姆，即使是這個生命的保存，也明顯與一般狀況反常。柔軟的肌肉與鰓被

保存到非常的細節，但堅硬的外殼與軟骨完全消融不見，保存的只有牠們的造型，我們才知道因為牠們的缺席而留下來的形狀。這個不可能永遠存在的群落遺骸只躺在淤泥中。生命變成了黏土。流動、嘆息的大地刺激與震動著冰封的非洲，非洲也稍微抬高了一點。重量正在被提升。假以時日，陸地的上升速度將超過海洋。

寒武紀地球，5.2 億年前

# 第十五章　消費者
Consumers

中國，雲南澄江
寒武紀（Cambrian），5.2 億年前

「再仔細思考，海洋生物普遍在互相殘殺，
所有的生物互相捕食，進行創世以來永恆的戰爭。」

——梅爾維爾（Hermann Melville）<sup>*</sup>，《白鯨記》（*Moby Dick*）

「你應該把眼睛留著看；
你會需要它們的，我的觀察者，還有很多個夜晚。」

——威廉斯（薩迪）（Sarah Williams〔 Sadie 〕），<sup>†</sup>
〈老天文家〉（The Old Astronomer）

---

* 譯注：19 世紀美國詩人、作家，曾擔任過水手、老師。
† 譯注：19 世紀的英國詩人。

　　空氣很悶，太陽正烘烤著大地，儘管這個星球上只有很少部分可以被認定為土質。地面像砂紙般粗糙，是一片由居住在土地頂部僅幾公厘的微生物所打造的乾旱地殼，形成一種接近土壤性質的不良品。海浪正在冷卻，但只是相對而言。大氣層中的二氧化碳也許超過百萬分之四千，是現代的十倍，同時有略低的含氧量，空氣中充滿了潛水艇航行途中的清新氣息。這裡的緯度是宏都拉斯或葉門的緯度，但海面溫度甚至比紅海（Red Sea）典型的一天更溫暖幾度，遠超過攝氏三十五度。沒有陰涼之處，太陽從清晨的海面上照耀，土地荒涼乾燥，一陣炎熱而塵土飛揚的沙漠風吹過裸露的岩石。[1]

　　在這個地方的南邊，澄江，岡瓦納大陸上升到氣候上的溫帶，緯度上則是極地山脈，是地球上的稀有部分，遠高於已相當高的海洋。在這個極端的溫室世界裡，海平面比現代高出五十公尺多，地球上的大部分陸地表面都在海浪之下。澄江是被洪水淹沒的大陸棚的一部分，位於岡瓦納的沙漠赤道部分與多雨的南部之間的邊界。北半球幾乎沒有陸地，反而是巨大的環流完全不受大陸屏障的阻礙，強有力地在北極周圍旋轉。一條熱帶暴風帶席捲了西伯利亞與勞倫蒂亞島嶼大陸的北部海岸。那個動盪地區，幾乎是在世界的另一邊。澄江此時晴空萬里，酷熱難耐。沿著海岸線，濕氣令人窒息，幾乎沒有理由停留在水面上，但有充分理由鑽到水面下。[2]

　　在海底，死氣沉沉、平靜的土地變得瘋狂起來。沉積物在蠕動，上面佈滿蟲洞。上方洶湧的海浪在經過時投下陰影，海床被輕輕地來回拉動。海浪可以對海底造成影響的深度，稱為波底（wave base）。在波底以下，海床底部是平坦的，只有挖洞的動物才會造成干擾。在波底以上，海底會泛起漣漪，也會被表面上的風干擾。在暴風雨中，

大全牙蟲（*Omnidens amplus*）

海浪越來越強、越來越長，波底也越來越深，而不受影響的海床界線也會移動，離岸越來越遠。正是在這個臨界區域，在晴天與暴風波底之間，時而平靜無波，時而浪淘滾滾。澄江生物群在令人讚歎的多樣性中成長茁壯，是寒武紀最知名的生態系統。[3]

被稱為始萊德利基蟲（*Eoredlichia*）的小三葉蟲，在地上到處亂竄，想獵食其他的小型節肢動物，但在那裡還有更大的獵食者。甲殼類動物奧代雷蟲（*Odaraia*）是一種長十五公分、體型肥胖的甲殼類動物，有九十條腿與大大的眼睛。牠快速經過一顆岩石，然後跳進水中，轉了一百八十度後，以後背仰面游走，由一個類似飛機尾部的三叉方向舵來穩定自己。西德尼蟲（*Sidneyia*）是一種外表很像扁平龍蝦的節肢動物，牠呆板地慢慢潛到海底，帶著長長觸角和可以抓握的手臂，以及能咬碎軟體動物與三葉蟲外殼之類東西的口部。撫仙湖蟲（*Fuxianhuia*）長得很像一隻有眼柄的土鱉蟲，還裝飾著蠷　的尾巴，走路時以蠕動身體前進。[4]

散落在海底的洞，是進入鰓曳動物（priapulid）與其裝甲表親古蠕蟲（palaeoscolecid）洞穴的入口。普亞普利德因其外觀而被命名為「陰莖蠕蟲」。特別的是馬房古蠕蟲（*Mafangscolex*），通常可以看到牠以一種蛇般的扭曲動作，從沉積物中探出多刺的頭。這種蠕蟲挖出的洞將近體長兩倍，還會用附在身體尾端的鉤子佔據位置。牠將液體排泄到地道兩側，把沉積物黏在一起變成鬆散的黏合劑。牠的洞不會挖得很深，而是呈水平狀。

海綿在沙子表面佔主導地位，五顏六色的管子、繩索和蘑菇狀的生長物，以極微細的動作過濾著海水。其中包括有莖柄的腕足類動物，牠們揮舞著堅硬、蛤蜊狀的閥門來過濾食物。還有一種長有羽

毛觸角的早期海葵，名叫仙光海葵（*Xianguangia*）。這是一片動物牧場，長有莖柄、美麗而謎樣的生物高足杯蟲（*Dinomischus*），與長相相近的雛菊一樣瘋狂地散落在各地。有時候，佈局非常複雜；這裡最常見的腕足動物是一種名為滇東貝（*Diandongia*）的腕足動物，在牠身上，經常可以看到更小的生物在生長。有莖柄的腕足動物龍潭村貝（*Longtancunella*），以及像海葵一樣的動物原始管蟲（*Archotuba*），緊緊地坐著不動，當牠們的宿主開關閥門進食時，牠們就興高采烈地吸附在宿主身上。節肢動物以各自的方式列隊，在牠們周圍挖洞、亂竄和游泳。[5]

長期以來，寒武紀大爆發一直被描述為，所有動物門忽然且幾乎在不超過二千萬年的時間裡開始出現。雖然這個描述可能過於簡單，但奇怪的是，在澄江，以及後來在遙遠的加拿大伯吉斯頁岩中更知名的生物群，所有現代的門、現代多樣性的所有基本成分，都已經出現了。存在於今日的每一個動物門都起源於寒武紀，有些還要更早。被放在同一個門的動物，必須有個共同的基本體型呈現方式。脊索動物門的體型呈現，就包括有一個沿著上半身展開的硬桿（stiffened rod），例如在脊椎動物中就是由骨頭與軟骨形成的脊椎支撐著；還有重複的 V 形肌肉片段。刺胞動物門，例如水母與珊瑚，外殼是厚厚、很多單細胞組織層，除了其他各種特徵，每一個特有的獵食細胞，都裝備著一支微小的有毒魚叉。節肢動物門體外有堅硬表皮，身體分成很多體節，肢體有關節。[6]諸如此類。

現在，不同門生物之間的關係非常遙遠。但從根本的層次來說，例如從大量的研究中發現，果蠅屬（*Drosophila*）的果蠅與人就有一些發育上的相似處，特別是在最基本的組織層面。例如在人與蒼蠅胚胎

中，是相同的基因決定了身體的前後軸。這些基因允許每個細胞改變它的發育方式，協調基因複合體，來決定要產生什麼器官或組織。儘管有數十萬種物種比蒼蠅更接近與人類的關係，也有數百萬種物種比人類更接近與蒼蠅的關係，這種基因調控的相似性，依然存在於人類與蒼蠅之間。[7]

　　生命通常被描繪成一棵樹，有個單一原始的樹幹，然後一直進一步區分為大樹枝、樹枝與嫩枝，也就是門、科和物種等等。從這些嫩枝尖端往下移動，你會發現樹枝加進來的分叉點。衡量兩個物種關係有多密切的一個方法，是衡量嫩枝末端與嫩枝末端的距離：距離越短，關係越密切。我們對物種之間距離與相關性的主張，在澄江、在一個非常基本的層次上，開始變得模糊了。由於時間會造成影響，把現代的生物與其古老的相對物拿來做比較，就會產生問題。在澄江已知的兩百種物種中，從以脊椎動物為中心的角度來看，最重要的是一種身軀深厚（deep-bodied）的動物，牠只有幾公分長，形狀像延長的淚珠或落葉，尾端有一個像蕾絲花邊的魚鰭。這就是海口魚（*Haikouichthys*），是後來成為真正的魚的最早可能對象，也是脊椎動物最早的確定親屬。雖然牠沒有椎骨，但有一個脊索，這是所有脊索動物特有的硬背桿，在很遙遠的時間以後，牠的親戚將在這裡長出有軟骨與骨頭的脊柱。除了尾巴，牠沒有鰭可以蜿蜒地在水中滑行。在下方的海底，古生代的魅力明星三葉蟲正在到處爬竄。三葉蟲會有這樣的名稱，是因為牠們的身體是由三個部分或「裂片」組成，每一部分都是從前面連到後面。也許牠們的吸引力來自牠們的時尚感，三葉蟲通常會裝飾著美麗而不太可能的脊柱，似乎除了外觀外，沒有其他的存在理由。牠們堅硬的外骨骼，通常可以讓牠們的形狀被完全保存

下來，而且看起來好像隨時可以爬走一樣。牠們的行為通常很容易可以從姿勢中看出來，牠們會像潮蟲一樣蜷縮起來，或是排成整齊的一列縱隊走路以躲避海流。在英國西米德蘭茲郡的達德利（Dudley），牠們也許是最受人喜愛的。在那裡，挖掘志留紀石灰岩的採石人經常發現「達德利蟲」（Dudley bugs），當地人非常喜歡，因此牠變成了小鎮的象徵。根據民間傳聞，在 19 世紀中葉，在發現牠們的採石場所舉行的一場有關達德利蟲的公開演講，大約吸引了一萬五千人。在目前被稱為猶他州（Utah）的地方，猷特人（Ute people）中的帕萬特族（Pahvant），用寒武紀三葉蟲來作為珠寶與醫療用途。在歐洲也發現了曾被更新世的人戴過、已有一萬五千年的三葉蟲吊飾。[8]

在牠們被凍結在石頭裡的很久之前，澄江三葉蟲的腿在輕輕的海浪中蕩漾，身體也在其中搖搖晃晃。體型小、眼睛大的始萊德利基蟲，是這裡常見的三葉蟲屬，誇耀地以新月為頭，還有一排從胸部每個斑駁體節長出來的細刺。牠們只有一英吋長，但比起微小、只有牠們體型六分之一、正在逃跑的雲南頭蟲（Yunnanocephalus），牠們仍高高在上。三葉蟲是典型的節肢動物，身體以一種類似潮蟲的方式平均分段，每個體節都有一個肢體與一個突出的鰓。[9]

三葉蟲和果蠅有一個最後的共同祖先，根據定義，就是最早的節肢動物。海口魚與人類有一個最後的共同祖先，根據定義，就是最早的脊索動物。因此可以得出結論，海口魚和人類、始萊德利基蟲和果蠅的配對，兩者的關係，比這四者之間的任何組合更密切。實際上，這通常就是表達物種相關性的方式。但時間也很重要；在一個譜系中累積的突變數量，儘管發生的速率略有不同，但大致上與這譜系存在的時間長度成正比。[10]

從這四個物種的最後一個共同祖先的時間到澄江的時代，比起把人類與果蠅從最後一個共同祖先分開的時間，始萊德利基蟲與海口魚分開的時間，可以說是一段短上很多的時期。事實上，把始萊德利基蟲與海口魚分開的演化時間，也比始萊德利基蟲與海口魚這兩種節肢動物之間、或人類與果蠅這兩種脊索動物之間分開的時間更短。[11]

從這個意義上來看，從沿著我們背部的支撐桿，到我們的感覺器官與腦都有的內部保護結構，到 V 形的分段肌肉，雖然我們和海口魚有一些共同的重要解剖特徵，但比起今日的袋鼠與人類，早期的節肢動物與早期的脊椎動物在演化時間上更接近；澄江的不同動物門彼此之間，比未來的任何時間都更接近。

這引出了一個重要問題：如果將始萊德利基蟲與海口魚分開的演化時間，少於將袋鼠與人類分開的時間，為什麼牠們的解剖構造如此不同？比較兩種相對相似的哺乳動物，為什麼會有如此根本的差異？一億年是一段很長的時間，但很明顯還是可以被克服。在現代，有兩種魚在距今一億五千萬年前繼續各自的演化旅程，也就是俄羅斯鱘魚與美國匙吻鱘，但牠們已被記錄為是有生育功能的後代（producing functional offspring）。是什麼因素讓寒武紀的各個門明顯分離？各種動物的體型呈現全都出現在大約相同的時間。然而，為何又是在那個時候？[12]

沒人可以確定，但有兩個答案被仔細考慮過。第一個要深入研究動物本身的內部結構。或許，在寒武紀與更早時期，從受精卵到胚胎到動物的發育較不明確。若是這樣，一般來說，組織與其排列的根本改變就較沒破壞性。然而一旦固定到位，基本結構就很難改變。就像電腦的功能一樣，修改一個應用程式的代碼相對簡單，而且不太可能

破壞機器的整體功能，但要編輯操作系統中的一行，很可能就會造成問題。那麼，天擇最後就變成了一種修補機制，不能，或至少極不可能，拿著一把大鐵鎚對付內部的基本結構。在這樣的觀點下，今日這個時代就不可能出現一個新的門，因為與寒武紀與前寒武紀的祖先相比，現在的生物構造實在太過複雜，因此只能在過去設定的限制內進行今日的演化。[13]

另一個答案是向外看。這個說法的意思是，如果不是為了其他生物的存在，今日要發育一個新的體型呈現方式，在本質上也不是不可能的。在這種觀點下，對於發展新的體型呈現方式來說，寒武紀是一個新的世界，生態系統更簡單、已有的角色較少、可能的生活方式也較少。門的起源被描述為「桶子填充」（barrel-filling）模型。在一個生態系統裡面建立新的角色，就像在一個桶子裡加入大石頭一樣。現在，如果要出現一個新的體型呈現方式，牠就必須在一個已被其他物種佔據的生態空間中競爭，而那些物種已演化到非常適應牠們的生態區位了。這很難，而且新奇是一個天然障礙。因此與其增加更多的大石頭，演化過程讓生態系統更整合、更複雜，所以加進來的是越來越精細的演化過程劃分。在大石頭留下的空隙之間，在桶子裡放的是鵝卵石與沙子，把結構建構在其他的結構上。[14]

在澄江，最早的這類結構，例如複雜的食物網，就正在建立當中。這時候正是由兩側對稱動物統治海洋世界的初期，這種生物群的名稱來自牠們身體的反射對稱，以及更複雜的內部組織結構。因此，一隻兩側對稱動物的基本結構，就是一隻蟲子的形狀。在這個模式上可以有很多種變化。有些加上了鰭，便能在水中做流線型的運動，例如海口魚。其他如節肢動物，就增加了肢體以沿著海床爬行，其中有些還

有堅硬的外殼，把基本的蠕蟲形狀修飾為更複雜的樣子。尤其是三葉蟲，牠們有很難裂開的盔甲。鈣化更像是螃蟹或龍蝦的高科技保護殼，而非大部分生物使用的昆蟲的幾丁質，還有充滿礦物質水晶體的砲塔眼睛，牠們是行走的堡壘，希望能避免成為獵物，或者，也許希望自己能抓到一些獵物。即使是在兩側對稱動物的早期，也是一個蟲吃蟲的世界。

●●●●●

寒武紀之前的世界，是一個相對平靜的海底世界，海床表面是被多細胞生物佔據的唯一棲息地。沒什麼東西會深深地挖進土裡，也沒有什麼會主動在其上的水中快速游動。在一個大致穩定、以濾食為主的世界，動物們平靜地撿起水中漂過來的碎屑或浮游生物，或是慢慢啃食微生物群落，有些則已經開始去尋找自己的食物。動物變得有點活力；而掠食者也誕生了。

雖然在寒武紀之前的化石紀錄中已觀察到生物互相吃食，但只有在這個時期，掠食者─獵物關係網路變得夠廣泛、複雜而清楚，而能進行研究。忽然之間，能量流經生態系統時，不僅是由生產者流向消費者之後就直接腐爛；消費者本身也可以變成被消費者。動物採取了各種策略來避免這種命運，例如防止或威嚇攻擊用的盔甲、快速偵測掠食者與獵物的眼睛和感覺器官，以及有效獵捕獵物或逃走的動作。前寒武紀伊甸園的純真年代已經結束，軍備競賽開始了。令人驚訝的是，這些最早的寒武紀食物網與今天的食物網有非常相似的特性，都是從底部開始。[15]

食物網的架構可以被想像成一個繩索攀爬架。物種充當錨點，並透過互動連結在一起，較高的物種以較低的物種為食。在寒武紀，有些掠食者—獵物的關係較不明確，而且食物鏈往往更長一點，但原則基本上相同。當生物互動時，是基於相同的能量流動原則、支配相遇機率的相同規則、相同的宇宙基本數學。自食物網出現以來，有些角色一直存在。五十多億年以來，每一個生物群落賴以維生的生態結構幾乎沒有改變；只有一個古老主題的變化。

在寒武紀食物鏈底部，是漂浮在陽光中的微塵；漂浮的浮游植物群是植物的祖先。此外，還有透過光與化學合成製造自己食物的細菌。藻類死亡後分解，它們的殘骸會被泥食動物（deposit-feeder）吃掉，例如寒武紀草食動物威瓦西亞蟲（Wiwaxia）。連同溶解在水柱中的奇怪有機分子，這些提供了可以打造一個生態系統的原始資源。在任何地景中，每一個生物都是從食物網底層的初級生產者吸取自己的原子組成，而這些初級生產者則從它周圍的化學物質（不管是空氣、水或岩石）吸取自己的分子。歸根結柢，所有生命都是由地球上的礦物質所構成。在現代，當然我們的食物網遍布於世界各地。一個人在倫敦喝了杯茶，吃了片巧克力餅乾，他所消耗的原子可以是由幾大洲的礦物經過數十億年的風化而形成的；生長在前寒武紀岡瓦納片麻岩土壤中的印度茶樹所吸收的離子，被扔進陡峭的山上，而這是由始新世的大陸碰撞造成的斜坡；小麥從重新分布的冰河壤土中吸收的原子，自磨成麵粉後彷彿在重演更新世冰河的行為。而象牙海岸（Ivorian）的可可，是生長在來自古新世磷酸鹽沉積物製成的肥料中，這些沉積物位在不斷循環的熱帶雨林土壤上；而這些土壤，來自古老的底層花崗岩。這些西非地質中心的石英與片岩，即使在澄江生物群的時代，也已埋

在地下約三十億年了。[16]

　　一個基於統計事實的常見陳述認為，你吸進來的每一口氣都包含了莎士比亞曾呼出的原子，或是基於這個主題的某些變化說法。想到你不斷補充身體的原子，也許過去一年裡曾是某座山的某部分，而這座山曾是一片海底，會令人多麼滿足？事實上，還有更多礦物遠距傳送的例子，舉例來說，亞馬遜盆地就依賴撒哈拉沙漠每年吹入的風沙，以補充下游流失的礦物質。然而觸及到全球範圍是奢侈的，只有富裕的現代社會才負擔得起，在自然界的大多數情況下，大部分的食物鏈依然只能固執地維持在當地。澄江也不例外。[17]

　　在澄江舒緩波動的水流中，不消耗能量就能自在漂浮的微小浮游動物，吃著浮游生物與細菌。絲瓜絡形狀的海綿在過濾浮游生物，而碎步疾跑、長得像蝦子的加拿大盾蟲（*Canadaspis*），在覓食時會送出泥漿漩渦。陰莖蠕蟲從洞穴中探出，到處尋找碎屑，或把握機會對屍體大快朵頤。在其上方，奇蝦蟲舉起爪臂俯衝，在獵食中抓走獵物。[18]

　　沿著海底蜿蜒前進的是一種葉足動物，這種動物有類似蚯蚓長長圓柱形的身體，分成很多軟環。但是這種生物有七對柔軟而靈活的肢體，由靜液壓（hydrostatic pressure，按：液體在靜止時的壓力）控制，每一肢體頂端都有一個爪子。從牠的背上伸出一根長長的脊柱，有點像麟片。牠的長相怪異，隱約與這裡不太相容，被命名為怪誕蟲（*Hallucigenia*）。怪誕蟲存活至今最近的親屬是神祕、出奇優雅的生物，叫作天鵝絨蟲。天鵝絨蟲看起來有一點像是有腳的蛞蝓，卻有壓力玩具乾燥柔軟的質地，棲息在森林地面柔軟的腐殖質中。今日，天鵝絨蟲捕食昆蟲，是用一串黏稠的黏液主動噴射牠們；但在海底，怪

誕蟲與其葉足類近親大部分是靠啃食海綿維生。[19]

　　早期的葉足類動物混合了各式各樣的特徵，因此很難在生命之樹上確定其位置。怪誕蟲腸道第一部分的咽部有一排牙齒，看起來像是一隻廣義的節肢動物，但牠們分解海綿的下消化系統卻很像甲殼類動物。大網蟲（*Megadictyon*）和尖山蟲（*Jianshanopodia*）是兩種掠食性葉足動物，牠們的腸道更深，令牠們顯得更與眾不同——牠們就是牠們吃下的東西。在葉足動物的每對肢體之間，可以發現來自主要腸道的八或九對死巷，作為簡單的腺體形式，用來消化牠們已食用的屍體或屍體碎片，這種生理策略也許有助於促進節肢動物與其近親旺盛的多樣性。但怪誕蟲和其他掠食性葉足動物的肉套（fleshy sleeves）還有另一個花招；為了找到獵物與提防自己的掠食者，牠們和許多其他寒武紀同時代的動物，已演化出某些非常了不起的本事，對所有動物來說都是新的——牠們能偵測並使用電磁輻射。第一隻眼睛正在出現。[20]

　　對生物來說，世界充滿了訊息，但其中只有一些是有用的。理解這些訊息並做出回應，是所有行為的基礎，因為能對環境中的新事件做出適當回應的有機體就能存活更久。所有反應中最簡單的一種是化學感應，亦即偵測附近的分子。這包括細菌的基本化學感應能力，牠們會尋找食物濃度的變化率，然後朝那方向前進，相當於透過感覺地面的坡度爬山。動物的味覺與嗅覺也與化學有關，而且大多數物種都可以偵測鹽、酸雨等其他可能相關的化學物質。然而，當地的化學環境只是感覺的一種形式；磁場、重力與溫度的方向都有助於確定位置、方向與適當的回應。這些感官可回溯到數十億年前。在那段時間的大部分時間裡已可偵測到光，但只對藍綠菌與其他進行光合作用的生物有用。但隨著快速移動的生物開始出現，世界的變化不斷增加，緩慢

移動已不足以應付生存，光也開始變得很重要，它不只是一種能量來源，也是一種訊息來源。[21]

　　也許是因為看的能力非常有用，在多細胞生物中多少算是無所不在，所以我們很容易將它視為理所當然。植物偵測得到光並向著光生長，但它們的生活方式很慢，所以不需要專化的器官來專注於光，只需要知道光在那裡就好。然而，當動物變得更活躍時，牠們的反應需要變得更快，所以許多動物利用了電磁波頻譜被其他表面反射的波長。特別是怪誕蟲，牠的眼睛和其他早期的節肢動物與近親的眼睛種類很多，而且有很多獨立的視覺源頭。[22]

　　三葉蟲的眼睛更了不起。與其他節肢動物一樣，牠們的眼睛是複眼，有很多單獨的水晶體，每一個直徑大約十分之一公厘，固定在位置上並指向不同方向。這為三葉蟲提供了一幅詳細、如馬賽克的世界圖像。每一個水晶體是由一個方解石晶體構成，這是一種透明的礦物，光線可透過它成為清楚的影像。脊椎動物眼睛的水晶體需要肌肉來集中，以前後移動、彎曲與扭曲，所以我們才能看見我們選擇的任何位置上的某個物件的清晰影像，這稱為「調適」（accommodation）。這並不完美，因為在任一時間，我們只能準確看到一個距離的物體。聚焦在你面前的手上時，你就無法看見比牆更遠的詳細影像。然而，後寒武紀晚期的一些三葉蟲眼睛的水晶體，是由兩種材料構成，具有不同的折射特性。這讓牠們可以同時聚焦於漂浮在只有幾公分遠的細小物體和遠處的物體上，而且理論上可以是無限遠的距離，不需做任何調整，很少有其他物種演化出這種能力。澄江的大部分動物都有相當發達的視覺，也有更強大的大腦來處理訊息。在寒武紀要發育良好視覺的選擇壓力一定很大。[23]

這種壓力也許來自澄江的專食性頂級掠食者。全牙蟲（Omnidens）這個聽起來不吉利的名字，是這種特殊蠕蟲掠食本性的一個線索。有些研究過牠的人將牠與《星際大戰：絕地歸來》（Star Wars: Return of the Jedi）電影中的沙拉克（sarlacc）拿來比較；那是一種住在沙裡、難以置信的大型肉食蠕蟲。全牙蟲約長一百五十公分，像滑板一樣寬，開始行動時會呈扁平狀。真正的全牙蟲是節肢動物的古老親戚，也許比任何生物形式的關係更遠。牠用二十四隻肉質肢體在海底爬行，嘴巴是由多達十六根像女巫手指的刺所組成的圓形錘，隱藏在視線看不到的地方。全牙蟲飢餓時會像相機鏡頭一樣打開護刺（guarding spine），把真正的口器伸出體外——多達六個牙齒螺旋，每一個有六個尖角，包圍在消化系統的入口。[24]

在澄江，其他的頂級掠食者是所謂的「大附肢」節肢動物。牠們有毒蕈形的柄眼，展開時像有十幾對翅膀的龍蝦盔甲板，像海豚一起起伏游動，有喇叭形尾巴與裸露的附肢，真的是非常奇特的動物。巨大的附肢本身是成對的，嘴巴前是巨大的有刺尖牙，像手指一樣靈活，用來捕捉獵物。從大附肢節肢動物的大腦連結方式來看，這些尖牙似乎是同源結構（homologous structures），也就是說，像萊尼地區微小的角怖蛛掠食性螯肢動物的尖牙，或是蘇姆海蠍子的划槳，都是相同器官的不同版本。最知名的大附肢節肢動物奇蝦（Anomalocaris），也有葉足動物像甲殼動物一樣的消化系統，使牠成為另一種拼貼生物。澄江奇蝦長兩公尺，相較之下，在這個生態系統中的幾乎其他生物，都顯得極為渺小。[25]

在這些生態演化的早期階段，甚至已出現現代的行為模式。微小的節肢動物在泥濘中快速奔跑，每一隻都有一個分成兩部分的彎曲外

殼,中間有將兩半分開的皺褶。每一個半殼接近滿月形,就像一個誠實的種子莢。牠們有七對腿,走起路來會在水中形成漣漪,牠們無所不在,佔據這個群落的四分之三。每一條腿都有一個次級結構,是個鰓器官,但雌性的朵氏昆明蟲(*Kunmingella douvillei*)展示了一種新的演化創新行為。在牠的最後三對腿中,每一對都附有直徑小於五分之一公厘的小卵。每隻雌性可攜帶約八十顆卵,並受到外殼盔甲的保護。在整個生命史中,昆明蟲是最早一批在幼蟲孵化前會孵卵的動物。撫仙湖蟲被認為是另一個有孵卵行為的動物,有一隻成年和四隻同齡但未成年的蟲一起被發現,這是親職育兒最早的例子,遠超過化石紀錄中的孵卵紀錄。這些生物都有一個共同點:牠們的後代體型大但數量少,在決定地球中每種生物生活史的繁殖硬幣中,這是其中的一面。[26]

　　一個有機體只有一定能量可以用於繁殖,但從演化的角度看,必須要這麼做才能避免滅絕。把所有精力都用在單一的繁殖行為,並在這個過程中死亡,與把所有精力用在生存而不再繁殖,兩者之間必須要取得平衡。關於最佳投入能量與開始繁殖的時間,物種之間的差異很大,而且有幾個重要的決定因素。與以往一樣,死亡是最急迫的一個因素。如果一個物種的成蟲有特別高的死亡率,那麼盡早完成繁殖、以防早夭,就有演化上的合理性。如果成年比幼年的死亡率低,那麼一旦成年,就將有更長的預期壽命,也許在牠們的一生中也會有更多數量的後代。年輕時可以多次生產,並對每次生產都付出很大的心力是很合理的,因為這會讓後代有最大的機會在危險的幼年時期倖存下來。其他因素,例如死亡率隨族群密度、食物供應或季節性而變化的方式,則增加了更多複雜性。不過一般來說,需要很長時間成熟且很

少後代的物種，如人類，以及昆明蟲或撫仙湖蟲，嬰兒死亡率很高，彌補的方式就是投入很多精力撫養每一個後代。在任何時候都只有更少後代時，把所有的蛋放在同個籃子的風險，就要與假如目前這批都無法存活、如何擁有更多後代生存下來，兩者之間要找到平衡。[27]

這些以質量勝於數量的繁殖方法實驗，顯示了寒武紀動物群的長期穩定性。雖然經常性的風暴可能會破壞當地的海底群落，但它會逐漸恢復元氣。澄江的生態遠遠不只是徹底改變的爆發期，它也已經足夠穩定、足以預測，因此天擇的力量並沒有懲罰一次只有幾個後代所代表的豪賭。

· · · · ·

在澄江沿岸，也許沒有生命來標誌這一年的過去，沒有開花、沒有落葉、沒有成群結隊的昆蟲，但這片土地仍有兩個季節，即濕季與乾季。雖然多樣化的群落在這兩季都存在，但沒有乾季期間的化石被保存下來。這就是古生物學研究的關鍵矛盾：我們所有關於生命的訊息幾乎都來自於死亡。在保存化石的地方，可能顯示著死亡當時的情況或屍體落腳的地方。痕跡化石是直接觀察生命與固化行為最接近的化石，然而更多時候，沒有實體與這些痕跡相關，必須用臆測的方式推論出痕跡的主人。我們已經知道，不同的環境可以改變屍體變成化石的概率，但時間與空間也會影響石化。乾季時，淡水的流速較慢，陸棚仍有鹹味，腐爛進行得很快。雨季時，暴風雨很猛烈，海浪沖進來，河流使當地的海洋煥然一新，而沉積物會被撕扯成暴風雨般的紋理，稱為風暴堆積（tempestite）。只有當海床穩定下來，陸地的矽酸

鹽被帶進來，屍體才會被掩埋。在黏土的底部，鐵質很多，但碳很少，喜歡礦物的細菌會進來以屍體殘骸為食，這就減少了鐵，並把肌肉與其他柔軟的組織轉化為黃鐵礦（按：因有金黃色光澤，俗名愚人金），可說是有愚人麥達斯（Midas，按：希臘神話中點石成金的國王）點石成金的本事。[28]

　　寒武紀是在地球四十億年無作為後瘋狂爆發的想法，有部分是基於寒武紀動物擁有堅硬部位特徵的幻覺。口器、外骨骼與像礦物的眼睛在化石紀錄中的保存，都會比肌肉或神經部位更好。這些堅硬的部分被認為是為了適應新的掠食性世界而存在，因為寒武紀是多細胞生物真正開始捕食的時代。因應在那世界生存的壓力，為了獵食或避免被捕食，而產生了越來越專門的工具。就如我們今日所知，這在生態系統的起源中是個關鍵發展。但寒武紀大爆發並不是開始；在兩棲動物忽然出現帶來大騷動之前、在競爭與混亂以及無數已知與未知生物的興衰之前，還存在其他多細胞群落。依附在澄江海底，一些長得像羽毛的動物——春光蟲（Stromatoveris）在水中輕輕搖擺，是來自另一個更平和的永世的旁觀者。還有一個遺址等著我們去探查，處於暴風雨前的寧靜。[29]

泛　大　洋

登鄂
華南
澳大利亞
埃迪卡拉丘陵
東南極洲
阿拉伯
印度
非洲
岡瓦納
納馬
勞倫大陸
西伯利亞
白海
巨神海
埃吉俪海
波羅的古陸
阿瓦隆尼亞
塔門戈
亞馬遜流域
錯誤點

埃狄卡拉紀地球，5.5 億年前

# 第十六章 緊急情況

## Emergence

澳大利亞，埃迪卡拉丘陵（Ediacara Hills）

埃迪卡拉紀（Ediacaran），5.5 億年前

「自然，在她創造的第一個小時時，

並沒有預見到她的後代會變成什麼樣子。

是植物？還是動物？」

——米亞雷特（Athénaïs Michelet）<sup>*</sup>，《自然》（*Nature*），

（亞當斯〔W.H.D. Adams〕<sup>†</sup>翻譯）


「然而那未知平原的部分，霍吉會永遠存在。

他樸實的北方胸腔與大腦，長出了南方的樹，

而眼睛奇怪的星群將永遠統治著他的星星。」

——哈代（Thomas Hardy）<sup>‡</sup>，〈鼓手霍吉〉（Drummer Hodge）

---

\* 譯注：19 世紀法國自然歷史作家。
† 譯注：19 世紀英國作家、新聞記者。
‡ 譯注：19 到 20 世紀初維多利亞時代最知名的英國作家。

　　站在南澳最大城市阿德萊德（Adelaide）的中心，向北觀看。從阿德萊德與奧古斯塔港（Port Augusta）駛入正午陽光的道路，穿過弗林德斯山脈（Flinders Ranges），這是世界上最古老的連續山脈，然後就進入遼闊無邊、位於澳洲中心的大沙漠。沿著這條路走得夠遠，路就會變得越來越小，越來越塵土飛揚，也越來越孤立，持續穿過鴯鶓與袋鼠的土地、乾燥的尤加利灌叢帶，以及辛普森沙漠（Simpson Desert）最長的沙丘。這裡的土地甚至比弗林德斯山脈更古老，是古大陸中心的一部分，澳大利亞的古陸核（craton）含有數十億年前以礦石形式存在的礦物。在大規模開採這些金屬的伊薩山（Mount Isa）礦山，道路彎向西方，最後抵達北方的最大城市達爾文市（Darwin）。[1]

　　穿越生命史的旅程有時長得不可思議。用物理術語來講，想像一下達爾文市，也許剛剛好就標示了在地球史中所有現存生命、地球上每一個生物融合為單一物種露卡（LUCA，按：原文是 The Last Universal Common Ancestor，所謂的普遍共同祖先）的時間，而阿德萊德市中心則標示著今日。沿著那條路旅行，穿越弗林德斯山脈的每一公厘都相當於一年，在那三千五百公里的旅程中，每一公里就是回溯澳大利亞生命史的一百萬年。只要踏出一步，所有殖民的影響就過去了。在這條路上僅僅十七公尺的地方，我們就回到了更新世，那是北部猛獁草原的時代。在那時候，人類與和牛一樣大小的袋熊、巨蟒和袋獅（Thylacoleo）共享澳大利亞這片土地。袋獅是無尾熊長得像貓一樣、會攀爬的親戚，被稱為「有袋的獅子」，前臼齒有鋒利片狀的切割功能。距離我們起點一個街區的地方，在澳大利亞大陸上的人類史就結束了。當我們經過城市邊界，離市中心一個馬拉松的距離時，我們就回到始新世，當時有袋動物棲息在從澳大利亞穿越南極洲、到南

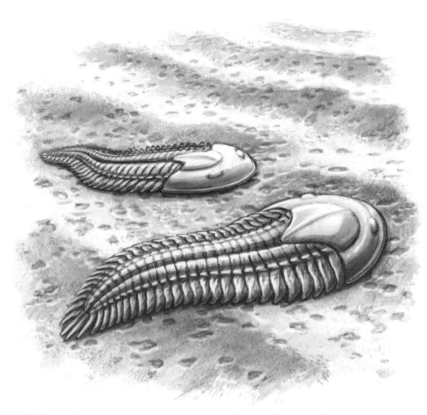

弗氏斯普里格蟲（*Spriggina floundersi*）

美洲的廣大無邊茂密森林裡。而前方還有一片時間大陸。[2]

　　於是我們繼續步行，數千個千年一一落在路邊，逆向開展。澳大利亞古陸核漂浮在世界各地，與其他大陸連接又分離，隨著物種的興衰與海洋的升降，不斷地反向變化，然後生命因鹹水而放棄了土地。經過兩週的徒步旅行，沿路走了五百五十公里，走到過去的五億五千萬年前，我們發現自己置身於埃迪卡拉的群山之中，我們停下來查看一下我們的位置。前方，是早期地球史中無窮無盡的澳洲內地，只有微生物的存在。[3]

　　陸地上，什麼都沒有，就像往常一樣。海洋可能會蒸發，並降雨在陸地上，但它們不會為沙地帶來生命。在浩瀚的地質時間中，山脈在構造隆起作用中升起，再次被自然元素的力量侵蝕，無生命的雨水把沙子與泥土沖刷下來。在朝向古老的澳大利亞海洋陸峭下降的地形中，一條像辮子般的河流蜿蜒流向大海，它寬闊而不斷變化的河道，就像窗上的雨，來來回回不斷轉向，隨著從山上帶下來的沉積物堆積起來，也在流動中打造出沙洲與河中小島。沉積、壓縮、礦化，也許還有一些變質、隆起與侵蝕作用。不屈不撓的礦物循環，一圈又一圈，再一圈，從大海到閃閃發亮的大海。從三十九億年前的大陸凝固、海洋形成以來，就一直如此。在埃迪卡拉紀的天空中一輪巨大月亮的照耀下，今晚的海洋肯定閃閃發亮。[4]

　　對於看慣現代星座的眼睛來說，即使天空看起來也很不一樣。我們以為星星是永遠固定在蒼穹上的，但它們其實是相對於太陽移動。埃迪卡拉紀是過去兩個多銀河年的時間，也就是說，在這段時間裡，太陽系繞著我們銀河系中心的黑洞轉了超過兩次，總航程超過三十五萬光年。我們最近的恆星鄰居在不同的軌道上，我們也把它們都拋在

後面了。即使我們沒有，許多我們熟悉的星星也還沒有誕生。我們也許是在北半球，但你不會發現北極星，北極星第一次發光是在我們的白堊紀。構成獵戶座獨特的肩膀、腳和腰帶的七顆星，都沒有比中新世更老。現代最亮的夜星天狼星，有著悠久的歷史，但即使它在三疊紀（按：二億五千萬年前到二億零一百萬年前）誕生，它回溯到埃迪卡拉紀（按：六億五千萬年前到五億四千萬年前）的時間，也比到迎向未來的全新世（按：一萬一千七百年前開始到今天）的時間更遠。W 形仙后座五顆星中的兩顆已存在於銀河系的某處，真的古老得令人尊敬，但我們將在天空中繪製形狀的鷹架，幾乎都還沒有成形。[5]

連月亮都令人吃驚。自年輕、熔融狀態的地球與一顆巨大的小行星發生碰撞後，就把月亮掛在天上了，但它一直在慢慢遠離地球，也將持續這樣下去。在人類史的微小時間尺度上，它幾乎沒有移動過，但微小的改變加總起來已超過五億五千萬年。埃迪卡拉紀的月亮更接近地球一萬兩千公里，也比最浪漫詩人心目中的月亮更亮 15%。停留片刻，你會發現白天的時間也更短了，日出之間只有二十二個小時。之後，摩擦才逐漸減緩了地球的自轉速度。這確實就是一個外星世界，更像是一個含水的火星，而不是我們今日所知的地球。然而在那水中，我們發現了複雜的生命。[6]

· · · · ·

這是顯生宙（Phanerozoic）開始之前的地質紀元，生物世界將開始像我們自己的世界。自地球形成以來，變化的規模深不可測。從深海的鹼性噴口的生命起源，到海洋的形成，已花了三十五億年。第一

個十億年或更多年，幾乎沒有什麼變化就過去了，然後藍綠菌發現了
光合作用的魔法，並將氧氣打入大氣，這段時間歷時一千萬年。這些
被加進來的氧氣很容易引起反應，導致溶解於海洋中的鐵氧化，沉入
獨特的紅色鐵礦石層，簡直就是讓全世界的海洋都生鏽了。在有史以
來一連串最大的冰河時代中，地球反覆凍結，冰層席捲了這個星球。
在最極端的情況下，冰層從兩極前進並在赤道相遇，因此大部分的地
球被冰雪覆蓋，成了所謂的雪球地球（Snowball Earth）。高緯度地區
的冰很厚，冰河在高出海平面數百公尺的冰層上流動，固態水的河流
對於下面的液體世界毫無知覺。在赤道，冰河依然在流動，只是我們
知道，至少有些熱帶水域並未永久地被冰雪覆蓋。[7]

在冰河覆蓋世界時，唯一以光線為食的生物是藍綠菌。在這種缺
氧的海洋，一個相對的營養沙漠中，它們活得比其他生物更興旺。只
有融水河流流出的冰水，才能為海洋帶入足夠的氧氣，讓需氧生物得
以生存。隨著雪球開始解凍，融冰侵蝕了大陸表面，並將數百萬噸的
磷酸鹽排入海洋，為藻類的全面接管創造了機會。突然之間，因為小
而能快速吸收營養，藍綠菌擁有的優勢不再重要。更大的生物也有了
生存空間，藍綠菌的數量也夠多到被更大的微生物捕食。體型大對掠
食者來說是一種優勢，即使在微觀的細胞層次上也是如此。也正是在
這個時候，多細胞的藻類變得常見。在埃迪卡拉紀初期，大部分的海
洋仍然沒有氧氣，但在接下來的數千萬年裡，化學反應發生了劇烈波
動，最後將無氧世界翻轉成一個充分混合的嶄新海洋，這種不穩定本
身可能推動了演化上的創新。[8]

多細胞生物在過去已演化過很多次，可能包括距今十億年前的類
植物生物與紅藻，但在雪球地球與其造成的後果期間，出現了自我合

作的有機體，永遠改變了全球的生態系統。[9]

　　新的生態成為可能，並開展了新的生活方式。隨著多細胞體進入分工，不同的細胞專化成組織，每個組織有特定的作用。隨著群體變成個體，形狀可以根據目的來控制與優化，繁殖也可以有更嚴格的控制，生物正式地在這些新的溫帶海洋中、在這些被嚴重破壞的岩石大陸邊緣淺而泥濘的海中、在被稱為埃迪卡拉紀的時期，變得越來越大。[10]

　　當被保存在埃迪卡拉丘陵的生態系統出現時，宏觀尺度的生命已存在了約兩千萬年。已知最早的多細胞生物，來自巨神海南緣的泥濘大陸海床上一塊與馬達加斯加島差不多大小的陸地板塊上，叫作阿瓦隆尼亞（Avalonia），以在卡姆蘭（Camlann）一役戰敗而身負重傷後被抬到該島上睡覺的亞瑟王（King Arthur）命名，直到情勢再次需要他出面才醒過來。阿瓦隆尼亞的遺跡雖然不都是棲息在那裡的生物，但遍布於弗里西亞（Frisia）與薩克森（Saxony）低地、英國南部與愛爾蘭、紐芬蘭與加拿大新斯科舍省，以及葡萄牙部分地區。這是一個古老的地方，只有碎片倖存下來，散落在破碎的大陸邊緣。[11]

　　在其中一處邊緣，紐芬蘭著名的海角、相當詩意地被稱為錯誤點（Mistaken Point）的地方，在被淹沒的火山灰中，一些羽狀的印記揭示了最早的大型生物蹤跡。在阿瓦隆尼亞海岸外，第一個多細胞生物從成冰紀（Cryogenian）*的睡眠中甦醒，而且似乎遍布了全球各地。當埃迪卡拉丘陵形成時，從俄羅斯到澳大利亞都發現了這些生態系統，而且確實變得非常複雜。[12]

---

\* 　譯注：當時地球處於冰河時期，是生物的低潮。

　　埃迪卡拉紀的天空可能有明亮的月光，但水裡卻是混濁而風暴肆虐。漩渦潛入海浪，又強又冷，而且透過深褐色的淤泥很難發現。當海床下降時，水從岸邊消失。沒有魚，沒有任何主動游泳的東西。幾乎所有住在這裡的一切都附著在海底，以躲避上面的波動。在水面上，漲潮帶來了大滾輪，每一袋的水都在令人眼花撩亂的垂直圓圈中旋轉。在海岸線正下方，充滿了動盪與混亂；但在水深之處，平靜取而代之；圓周運動越來越難以察覺，直到世界變得黑暗、藍色與靜止。[13]

　　在某些地方，地面上覆蓋著一層堅硬的皺褶層，除了質地以外，幾乎無法與海床其他的部分區分開來。這些粗糙的犀牛皮質地，與才剛注入如細砂糖般光滑的石英砂地形成鮮明對比。這個粗糙的質地是微生物墊，覆蓋土與沙之間的介面，是一種已存在數十億年的生態結構。細菌與古菌是生命中兩個最簡單的領域，已在埃迪卡拉進食與繁殖了數千年，當它們穩定海床時在海底鋪了一層又一層，並形成連貫的最上層，就像冷乳蛋糕上的那層皮。在微生物是藍綠菌的地方，這些墊子經常有明顯的菌塊，稱為疊層石，就像黏糊糊而慢慢長大的卵石，朝著光爬過去。在其他地方，就像在這個三角洲一樣，這些墊子平展開來，在海底形成一張由生命組成的皺皺薄片。不管在什麼時候，只有上面幾層是活的，但累積好幾代數百萬的微觀細胞，仍意味著這墊子的厚度可以達到好幾公分。[14]

　　在這些微生物地墊上，向水中長出了高達三十公分、奇怪的羽狀生物。而直徑只有一公分的橄欖球狀有脊生物，在牠們之間漂流。在這些上方盤旋著奇怪的圓錐體，一個尺寸一公分的飛碟在漂浮時不停旋轉，然後再次沉入海底。靠近一點看，很明顯的是，這個模糊的形

狀是由八個脊所組成，從圓錐的頂端到底部順時鐘旋轉，像迴旋滑梯盤繞著，也像催眠般漂浮著。牠無法在水中快速移動，也談不上是天生游泳好手，儘管如此，牠偶爾還是會在微生物墊上留下牠的家。牠被發現存在於風暴波底以下的平靜水域中，而且在游泳時會懸浮在陌生生物上方的水中。多細胞生命已經很複雜了，而這其實是我們可以肯定稱為動物的一種最早生物。仙母蟲（*Eoandromeda*）之所以被如此稱呼，是因為牠在化石中變平時，牠的八條手臂就像螺旋狀星系仙女座（Andromeda）。仙母蟲是黑暗的埃迪卡拉紀中的一盞燈籠，是這裡為數不多的生命形式當中可以在遠處就被辨認出來的。仙母蟲確實的親屬關係還無法確定。有人認為牠的八重對稱性，且每條手臂都有揮動的結構，使牠成為今日自由游在開放海域的美麗動物櫛水母的親戚。櫛水母閃耀著來自彩虹光子晶體的光，並利用光的誘惑來吸引獵物。但這可能只是表面上的相似。[15]

每當我們很有信心地把一個滅絕生物放在生命之樹上時，我們就會增加對樹的其他分枝的理解。瞭解一個有機體的遺留物，可以告訴我們演化時間上的事件順序、模糊不清的解剖構造本質，以及更多關於生活史的訊息。至於描述一個物種的行為，以及牠如何與鄰居互動等其他問題，就不是根據牠的遺留物，而是根據牠的行動來判斷。仙母蟲非常普遍，北到澳大利亞，南到中國，在世界各地都可以發現。儘管牠的解剖構造與功能生態學上有很多不確定，但與埃迪卡拉紀的其他生物群相比，認為仙母蟲是一種櫛水母的提議，算是相對精確，只是仍無法肯定其正確性。如果是櫛水母，牠會告訴我們，其他群體如海綿、以魚叉捕食的刺胞動物，以及兩側對稱蠕蟲狀生物，都應該在附近某處，但要能辨識出牠們就是另一回事了。

　　自埃迪卡拉紀的第一批標本被發現以來，埃迪卡拉紀的生命就一直困擾著科學家。傳統智慧認為，前寒武紀完全沒有宏觀的化石。寒武紀可以回溯到像化石紀錄開始的時刻。因此，埃迪卡拉丘陵的第一批發現，被推測是屬於寒武紀早期的生物。然後，在 1956 年，在萊斯特郡（Leicestershire）的查恩伍德森林（Charnwood Forest）中，一名十五歲的女孩蒂娜·內格斯（Tina Negus）在毫無疑問是前寒武紀的岩石中，發現了一個奇特的羽狀化石痕跡，儘管一開始沒人相信她。另一名學生梅森（Roger Mason），向當地的地質學教授指出這個遺址時，這些生物被描述了一番，並被命名為恰尼亞蟲（*Charnia*）。之後，牠們出現在錯誤點（Mistaken Point），被認為和埃迪卡拉與西伯利亞的那些化石一樣。但有些仍無法準確分類，像恰尼亞蟲本身就是。活著時，恰尼亞蟲是飽滿的羽狀，彈性的中心軸上有一連串充滿液體的葉片，是被一個肥胖、埋在地下的固著器錨定在沉積物上的葉狀體。這個葉狀體可以無性生殖，線一般的細絲和生殖根，把這些固著器連成一個互相連結的網絡，讓牠們可以共享養分。儘管牠們與今天的任何生物都不一樣，但恰尼亞蟲卻與許多其他埃迪卡拉生物，都是動物王國故事的一部分。[16] 剩下的問題只是，牠們扮演的是什麼角色。

　　整體來說，微生物墊中散布著一個不確定的世界。一群一群冒著煙的錨定生物，每平方公尺就有數百個，每個直立塔都由像繩結一樣的凸起物所組成，好像高第（Gaudi，按：以自然形狀為創作靈感的西班牙知名建築大師）設計了一個工業城市。在這些像保齡球瓶的佈局中，還有許多扁平的體盤，牠們的螺層上有脊柱，就像泥沼中的超大指紋。

　　從塔群中緩緩飄出的乳白色煙霧，是革命性生態適應的一部分。

每個塔是稱為繩蟲（Dorothy's Rope）的朵西繩蟲（Funisia dorothea）物種的一個個體。儘管藻類已有性生殖了五億年，但這些是明確已知最早的有性生殖動物親屬。性是如此根深蒂固，絕大多數的動物都有性行為，以至於很容易忘記性是一種生態策略。如果沒有性活動，後代就是父母無性繁殖的複製品，在產生最多後代是演化成功唯一衡量標準之處，這種做法很理想。但若所有的複製品都一模一樣，這個策略就會帶來其他的風險。牠們會在與父母親一樣的環境中適應良好，但如果世界變得更溫暖或更酸，或是食物變得更稀缺，牠們全都會一樣失敗或成功。雖然有幾個例外，但有性生殖的動物通常不會持續很長的演化期。在一個多變的世界中，性是一種擾亂基因密碼的方式，把你所有的雞蛋（比喻或字面意義）放進不同的籃子，就可以有更大的機會讓至少一些後代倖存下來。即使是一點點的有性生殖，也可以克服無性生殖的缺點。所以，朵西繩蟲兩者兼顧。[17]

躺在朵西繩蟲形成的捆捆繩索中的體盤，是狄金森尼亞蟲（Dickinsonia）這種食草動物。牠的每一個脊柱都是一個生長段，從十二點鐘標記開始第一對，並在每個方向慢慢移動，然後向六點鐘方向壓縮，就像一個手風琴紙花環。牠們可能很奇怪，但牠們更接近動物，而不像其他活物，因為牠們在身後留下了可供法醫鑑定的膽固醇痕跡，這是動物的分子特殊標記。牠們的發育，表明了牠們甚至可能是比海綿更接近我們的親戚。觀察牠們足夠長的時間，你就會發現牠們完成了動物生命中「精力旺盛」的部分。牠們會定期移動，在微生物墊中休息，然後在食物耗盡時再重新找地方落腳。[18]

除了狄金森尼亞蟲的定期休息之外，還有更多運動在進行。在這裡較淺的水域中波流更強，沙中有些通道，每個凹槽都有凸起的邊緣，

就像在海底拖動指尖會產生的痕跡。這個痕跡的主人不詳，但在這條小路的盡頭，一定是某種動物正在滑動牠的肚子。最可能的動物是伊卡利亞蟲（*Ikaria*，音譯）這種有明確正面與背面的小動物，牠是最早的兩側對稱生物，但從沒有在與埃迪卡拉群落完全相同的化石床中被發現過。找不到主人的痕跡，在全世界到處都有。在未來會成為中國的登郢，發現了更了不起的證據——步行。各種小洞，也許是洞穴，成為生物尋求保護的庇蔭所，導向微生物墊下方。連結孔洞之間的路線是微小的成對凹槽，這是某種未知動物的腳印。在這種情況下，沒有身體被拖著走的凹槽，表示那隻動物抬起了自己的身體。這些腳印呈不規則狀，代表製造這些印痕的有機體可能遭到渦流撞擊。成對的印痕很令人震驚，這意味著它們的創作者，神祕的第一個步行者，是兩側對稱的動物，而不像海綿或水母。[19] 究竟是什麼生物留下了登郢的痕跡，還不得而知；很可能我們永遠不會發現牠，不論福爾摩斯會如何引導你，從這一連串的腳印中，就只能推導出這麼多的細節。

　　生物的肉質部分會腐爛，如果有留下什麼，也只保存在牠們於歷久不衰的石頭上留下的痕跡、骨頭或外殼上，因此這也折磨人地提醒我們化石紀錄的不完整性。這段期間的地球史有很多是模糊不清的，只能從這裡的一個凹槽、那裡的一個外星形狀分布圖案，來做點推論。有了埃迪卡拉的淤泥鑄模模型，我們可以超越單純的猜測，但我們對這個世界的看法並不完整。一定還有更多的生物生活在埃迪卡拉大陸棚的柔軟泥土中，只是我們看不見。

　　風暴正在減弱，向岸邊移動變得更容易。繩蟲（*Funisia*）隨氣流抽動的管子消失了，取而代之的，一樣是繩索狀但扁平盤繞的生物，牠長達八十公分，被動地停在海床上；此外，還有恰尼亞蟲的羽毛葉

狀體親戚們。狄金森尼亞蟲還在墊上吃草，但這個微生物的面積覆蓋了越來越多的海床。在多細胞生物的早期，生態區位就已經形成，物種也正分成不同的群落，在生態系統中佔據各自小小的塊狀棲息地。這樣的生態區位結構非常嶄新，因為錯誤點早期的生物群顯示，一個個體所在的群落比較是由父母的位置所決定，而不是由特定的生活方式所決定。儘管如此，各種物種開始瓜分資源了。淺海的海床更容易受到浪潮的影響，繩蟲較無法忍受這種變化。在這裡，沙子泛起波紋，陣陣浪潮累積下來的結果是把沙子推成微型沙丘，然後又把它推倒在一邊。對於在風暴波底以上的生物來說，這些是天然的保護脊，相當於海底的防風林。一組像火山樣子的小型結構，提供了更多的保護。在這些火山錐邊緣的周圍，有堅硬如直尺一般直的脊柱，投射出火山錐高度的兩倍長度。可能與海綿有關的可洛納可里納蟲（*Coronacollina*，音譯），是全世界第一個製造身體堅硬部分的有機體；縮在後面的是一群斯普里格蟲（*Spriggina*），正在躲避波濤洶湧的大海最糟狀況。牠有像新月一樣的頭，身長約三公分，身體有體節，柔軟而扁平，這是另一種早期的動物。[20]

　　隨著海水變稠並變成像沖茶一樣的褐色時，一切忽然變暗了，還有一股沉悶的騷動。風暴掀起的海浪，削弱了被辮狀河帶來的鬆軟沉積物。隨著風暴減弱，把沉積物推回海岸的力道也放鬆了，這導致淤泥坍塌，這是一場吞噬正在游泳的仙母蟲並掩埋微生物墊的海底土石流。懸浮的泥漿非常緩慢地在水中沉澱下來，因為現在已軟化的海浪仍會把它們扔向各處。那些錨定在海底的物種將無法生存，最後會腐爛，並留下完美的印記。這裡的群落將只會剩下龐貝式的保存，在一層凝固的沙子下側會有一個完美的鑄模模型，但只有形狀，沒有別

的。[21]

在一座淺沙洲後面，水域比較平靜，受海浪的影響較小。這裡也有淤泥坍塌，但淤泥沉澱得較快，因為靜止的水讓它從懸浮直接慢慢落下，這就是不斷被搖晃的瓶子與靜置的瓶子之間的差別。所有生命都被掩埋了，海床一片貧瘠，到處都是一樣。就像排水孔裡的水一樣，一圈新的白沙定期向下脈動，被一種看不見的力量吸走。罩著一層堅硬鱗甲防護罩的東西出現了，它的主人正拖著有波紋且肌肉發達的腳在走路。接著出現了其他脈動的沙圈，更多裝甲生物隨之而來，這是一小群金伯拉蟲（*Kimberella*）。每一隻金伯拉蟲的整體印象，是個有鱗片的矽膠氣墊船——一個被更堅硬的鱗片固定著的靈活橡膠罩，靠在因自身盔甲重量而肌肉發達的膨脹床鋪上。從一頭來看，一個圓頭就放在一條可伸展的、彎曲的、幾乎是液壓式像挖掘機的手臂末端上，正在沙灘上探索，尋找食物。[22]

在被掩埋之前，這些金伯拉蟲正與狄金森尼亞蟲、葉狀的查恩盤蟲（*Charniodiscus*）一起吃草。金伯拉蟲用頭把一圈圈的沉積物掃向自己，就像賭場經理收集籌碼一樣。當水下的土石流發生時，牠們把自己縮到最初的保護盔甲內，每一隻都用像蚯蚓的肌肉組織，從倒塌的扇狀物中挖出一個垂直的洞穴。不是所有的金伯拉蟲都能做到。更年輕與更小的金伯拉蟲可能會被困住，無法集中力量或活到足以爬到表面。牠們徒勞無功的努力也會被保存下來——垂直的管子直接中止在其他蟲抵達新的表面的地方，在石頭中鑄造的紀念碑，記錄了注定要為生存而戰的最後一搏。[23]

除了像這樣的意外，海底沒有真正的洞穴，埃迪卡拉紀的世界是由兩個維度的棲息地構成的。微生物穿透很小的一段距離進入沉積物

中，但喜歡氧氣的多細胞生物就受限於地表的生活。所謂的「生物擾動作用」（bioturbation），基本上是顯生宙的發明，而且可能有助於動物的多樣性。在這種作用中，生物把精細的不同壓層弄亂並混合在一起，並把海水的某些化學成分帶進岩石中。埃迪卡拉紀的葉狀體與固著器，也許正在撒下自身毀滅的種子；牠們以凸起的形狀存在於地面上方與下方，改變了食物資源的分配，也讓後來兩棲動物的演化在生態上能夠超越牠們。埃迪卡拉的生物將堅守在某些地方繼續存在於寒武紀，包括澄江，但在即將到來、競爭激烈的蠕蟲世界中，牠們將無法大量生存下來。[24]

如果仙母蟲後來證明就是一種櫛水母，如果斯普里格蟲就是一種蠕蟲，如果可洛納可里納就是一種海綿，而另一種自由游泳的動物亞滕伯瑞蟲（*Attenborites*，音譯）就是水母的刺胞動物親戚，那麼，在埃迪卡拉，我們就有許多動物群體的早期成員了。在其他地方，有動物親緣關係的其他有機體正從混濁、黑暗的大海中現身。在查恩伍德（Charnwood），奧羅拉魯米納蟲（*Auroralumina*，音譯）意為「黎明之光」（light of dawn），是一種接近三十公分長的動物，每一隻都由兩個硬硬的杯狀物所組成，觸手也從那裡伸出。牠似乎是比埃迪卡拉丘陵更古老的刺胞動物。像櫛水母一樣，刺胞動物都是掠食者，這表示這裡是一個比發現恰尼亞蟲時的最初想像更複雜的生態系統。[25]

隨著各種動物建立自己的王國，世界各地也出現了各種王國。在中國的斗山陀（Doushantuo）以及巴西的塔曼戈（Tamengo），細小的、分支狀的海藻隨著浪潮搖曳，形成一些最早的海底藻類花園。一整個全新的生命王國從無中生有，這個概念實在難以想像，但這主要是時

間的問題。我們只將真後生動物（Eumetazoa）$^*$定義為一個「王國」，是因為牠們在深遠的地球史中就開始互相分化。有些王國比其他王國更獨立；動物與真菌各自與植物的關係，都沒有比動物與真菌彼此的關係更親近。如果任何埃迪卡拉紀的有機體都是消失王國的一部分，單從現代眼光來看，牠們是異常的。回到在埃迪卡拉紀時期，這些異常從其他多細胞生物群體分化以來的時間，可能只有幾千萬年，這與蜘蛛猴從環尾狐猴分出來的時間距離相同。[26]

在回溯了這麼長遠的時間後，只有轉身回頭看向通往現在的道路，我們才能開始對這些存在於遙遠過去的生物進行分類。有五億年甚至更長的時間可以思量，理論上埃迪卡拉紀的任何或所有動物，都可以建立一個具多樣性價值的王國。埃迪卡拉紀期間動物生命的最初分化，將定義居民的體型呈現，以及未來生態系統的組成部分。從狄金森尼亞蟲（*Dickinsonia*）的世界、恰尼亞蟲（*Charnia*）的世界、斯普里格蟲（*Spriggina*）的世界，我們有很多可以採取的路線。我們相信，在大多數的情況下，埃迪卡拉紀的生物群都圍繞在這些分歧點上，有的會合點在演化路上比其他點更遠，但通常彼此相當、不太明朗。大多數的路無路可去，其他的歷經數百萬年與精采世界之後，就像幾乎所有其他生物一樣，只能消失在發育不全的路上。埃迪卡寄生物群還沒有從晦澀的世界中完全出現，部分原因是我們試圖以我們僅有的方式來定義牠們：想根據少數的倖存者，在超過兩個銀河年，幾乎是太陽系年齡八分之一的漫長歲月，找到通往現在的道路。

---

$^*$　譯注：指所有具有細胞組織的動物。動物中只有扁盤動物門，多孔動物門和中生動物門不屬於真後生動物。

　　我們在古新世觀察到多樣化胎盤哺乳動物的早期成員。與古新世一樣，埃迪卡拉丘陵的岩石模型主人參與了各種發散式的演化，包括多細胞生物、動物與藻類，以及因沒有倖存下來而喪失了共同名稱的生物。在多細胞生物出現後的初期，發育過程不斷在變化。隨著天擇引導生命透過物種形成而專化，發育過程開始變得固定；也許，桶子正在被填滿中。隨著有機體發展出新的程序、新的功能和新的生活方式，也增加了新的約束。每一個會合點都增加了更多生物，快速修補在一起的生命在已存在的基礎上進行修正。兩側對稱動物都是左右對稱，牠們都有左側與右側。如果把導致這種對稱性的早期胚胎分裂背後的基本機制弄亂，幾乎可以肯定將會危害生命。這並不是說這些規則不能轉彎；天擇很善於找到漏洞，但一旦有了基本規則，把一個系統過度弄亂，就會導致身體的其他部分無法發揮正常功能。

　　有一件事是確定的；不管我們觀察的生物是否在其中，在埃迪卡拉紀的海洋中，有些存有開始了通往現在的漫長步行——我們的漫長步行。埃迪卡拉紀生物群正在探索與定義作為某種動物的意義。

　　在大多數的情況下，牠們的後代已離開了祖先居住地。微生物墊的生態系統幾乎消失了，寒武紀的挖洞行為把有毒的氧氣帶給了不需要的生物。但古老的方式仍存在於這個世界的深處，包括岩石太硬而無法挖掘以及氧氣太少的地方。在這些地帶，微生物墊仍頑強地堅持下來。在俄羅斯的白海（White Sea）周圍，在遙遠先輩於五億年前生存的地方，它們繼續生長著，而疊層石從三十五億年開始這樣做以來，仍繼續在現代的澳大利亞海岸外打造它們的綠色踏腳石。[27]

　　在澳大利亞內陸，埃迪卡拉丘陵從水中升起，被鑄模的野獸從岩石中出現，像是祖先墓碑上的墓誌銘。從牠們最後一次躺在夜空下以

來，這座星球的變化已不太容易理解。在牠們的模型上，土地上一千萬年的泥與沙不斷被攪動。在寒武紀期間，牠們的岩石被折疊並被推入弗林德斯山脈，五億四千萬年來，包住牠們且不斷受到侵蝕的山峰從北向南航行，與其他大陸塊對接並交換居民，牠們是這些多細胞生物先驅幸運且不斷變化的繼承者與後代子孫。現在，牠們的印記出現在尤加利樹蔭下，停留在土地傾斜的山丘上，就在奇怪、年輕、偏西的星星下，淺而模糊。

OTHERLANDS

# 結語　一個叫希望的小鎮

Epilogue: A Town Called Hope

「心可能會為了看不見的土地而破碎。
因為它生命所在的森林，已經不會回來了。」

──薇莉特・雅各（Violet Jacob），[*]〈陰影〉（The Shadows）

「只有一個方法可以贏得希望，就是捲起我們的袖子。」

──奧爾帝斯（Diego Arguedas Ortiz），科學記者

---

[*]　譯注：1863-1946，英國作家與詩人。

　　1978 年，在世界歷史上，第一次有人類在南極洲生產，她就是席
薇亞・莫雷拉・德・帕馬（Silvia Morella de Palma）。從那以後，至少
有十個孩子在南極洲誕生，大部分都與第一個一樣，出生在同一聚落，
一個叫埃斯佩蘭薩（Esperanza），意為希望的小村莊，這裡是世界底
部僅有的兩個永久民間聚落之一。在埃米利奧・馬科斯・帕馬（Emilio
Marcos Palma）出生的那一刻，人類完成了緩慢遷移到地球上每一個主
要大陸的壯舉。埃斯佩蘭薩是個大約有一百人的阿根廷社區，在西南
極半島上白雪覆蓋的黑色山脈下，是一組矮矮的紅牆房屋。這是一個
活躍的研究站，住在這裡的幾乎都是地質學家、生態學家、氣候學家
和海洋學家的家眷，這裡是收集並預測我們星球的生命未來相關數據
的研究前線。[1]

　　現在，毫無疑問地，地球是一顆人類星球。但過去並非一直如此，
未來也未必一直如此，但就現在來說，我們這物種的影響力幾乎與任
何其他物種的生物性力量截然不同。這個世界的今日面貌是過去事件
的直接結果，不是結論、不是結局，而是結果。過去大部分的生活都
處在緩慢變化的穩定狀態，但有時又會顛覆一切。來自太空、大陸規
模的火山噴發、全球冰河作用等等，都是無可避免的衝擊，這些轉變
遍及各方面，迫使生命的結構重新自我改造。如果這些事件中的任何
一件以另一種方式發生，或是根本沒有發生，那麼當時還未成形的未
來，可能就會以非常不同的方式出現。藉著檢視過去，古生物學家、
生態學家和氣象學家才能引導我們看見我們星球短期與長期未來的不
確定性，並且向後投射以預測可能的未來。

　　在過去，單一物種或一群物種可以從根本上改變生物圈，例如海
洋的氧化作用、延展開來的煤炭沼澤等，但我們的現在與過去的情況

不同。在控制結果方面，我們人類這物種站在非常特殊的位置。我們知道改變正在發生、我們知道我們有責任、我們知道如果繼續下去會發生什麼狀況、我們知道我們可以阻止它繼續下去，也知道如何做。問題是，我們是否會嘗試。

研究地球過去的古生物學歷史，是為了看見一系列可能的結果，這是真正長遠的視角。一方面，地球歷經了雪球地球、有毒天空、流星撞擊、大陸規模的火山爆發事件，生命存活了下來，而且最近的世界和過去一樣多樣化，也一樣引人注目。生命會復甦，而且滅絕之後就是多樣化。這是一種自我安慰的方式，但不是故事的全部。生命的復甦把根本的改變（通常是驚人的不同世界），變成存在的現實，也需要至少數萬年的時間。生命的復甦無法取代失去的事物。

埃斯佩蘭薩社區的座右銘是：「永恆，一種犧牲的行為」。正如我們所見，在地球史上並沒有真正的永恆。埃斯佩蘭薩的房子蓋在岩石上，而那岩石說明了生命有多麼短暫。它們記錄了三疊紀早期的淺海，以及二疊紀末期整個大死亡時期的海洋環境。它們充滿了痕跡化石、在泥岩中長期廢棄的 U 型洞穴，以及蠕蟲和甲殼類動物蓋在沙子裡的家園。[2]

希望灣岩層是由坍塌的海底扇形淤泥所形成的一連串岩石。希望灣岩層的海底在那時非常缺氧。出現這情況以及世界各地發現類似模式的原因，已被猜測了數十年，但直到最近才被證實。2018 年，我們終於確認，一個以當時而言前所未有的規模、災難性的全球暖化，毫無疑問導致了二疊—三疊紀的海洋缺氧。西伯利亞的火山活動產生了足夠的溫室氣體，導致全球氣溫急遽上升，並引發海洋大量釋出氧氣，世界各地的魚類與其他活躍的海洋生物也因此死亡。細菌因此壯大，

它們呼吸的副產品就是釋出硫化氫，並瀰漫在大氣中，也因此毒害了陸地和海洋的生態系統。生物數量銳減，倖存者寥寥無幾。在二疊紀末期，是生命（或至少是多細胞生命）幾乎消失的時代。這個突出例子為我們說明了環境可能面臨的最嚴重擾動。在這種情況下，生存只能靠預先存在的有用特徵和一定的運氣。[3]

　　比較我們的世界與二疊紀的世界，我們發現了一些令人擔憂的相似之處。從海洋中流失氧氣不只發生在過去，今日也正在發生。從1998 年到 2013 年間，加州洋流中的氧氣濃度已下降了 40%，這是北美西海岸向南流動的主要洋流。在全球範圍內，自 1950 年代以來，低氧的底層水域範圍已擴大了八倍，在 2018 年達到三千二百萬平方公里，是俄羅斯面積的兩倍。在過去半個世紀裡，每年從海洋中流失的氧氣超過十億噸。部分原因是農業的氮徑流更經常引發藻類繁殖；另外也因為海洋正在變暖，就像二疊紀末期一樣。[4]

　　對需氧生物來說，溫暖的海洋造成三方面的問題。第一是純粹的化學問題。氧氣不容易在溫暖的海水裡溶解，所以一開始氧氣就少了。然後是物理學問題。溫水的密度低於冷水，所以會升到頂部，但如果熱源來自於太陽，表面的水無論如何都會更快變暖，因此就把溫暖的水層和寒冷的深水層分開了。溫水與冷水很少會混合，所以任何已溶解的氧氣也不會移動到深海處。最後是生物學問題。溫暖讓冷血動物的代謝更快，需要更多氧氣，所以任何已溶解的氧氣會更快被用掉。對於活動性的動物來說，這些意味著災難。[5]

　　這對所有相關的底棲動物來說，並不是壞消息，例如螃蟹與蠕蟲等，牠們一般可以生存在較低氧濃度的環境中，但另一種氣體會帶來不同的問題。在二疊紀末期，二氧化碳增加的速度很快，還有更濃烈

的溫室氣體甲烷增加助力。我們今天的二氧化碳排放量很容易就超過了這個速度，而且這個二氧化碳正在導致海洋酸化。[6]

隨著二氧化碳在海水中溶解——目前的速度是每天超過二千萬噸，就產生了碳酸。這降低了珊瑚產生碳酸鹽骨架的能力，因此目前為止，新珊瑚的生產速度下降了 30%。在 21 世紀結束之前，珊瑚礁的溶解速度將高於成長速度。倖存者可能會是較圓、表面積較小的塊狀珊瑚，而非充滿魅力的彩色細絲樹。固然這是比較極端的例子，但正如我們在蘇姆看到的情形，對珊瑚與其他軟體動物等有殼生物來說，酸性條件是主要的威脅，而且溫暖本身就是有害的。與珊瑚形成夥伴關係的藻類，在溫暖的水中較沒效率，因此就放棄了牠們互利的生活方式，讓宿主淪入漂白而無助的命運。在複雜的地球生態系統中，真正的臨界點很少，但珊瑚礁是其中之一。隨著世界變暖，隨著更多的二氧化碳進入海洋，大部分的淺層珊瑚礁將不復存在。然而，正如我們所見，珊瑚並不是唯一的造礁生物。令所有人感到驚訝的是，像是侏羅紀全盛時期的一個迷人反映，玻璃海綿礁又回來了。[7]

在過去兩億年的大部分時間裡，玻璃海綿在深海中打造了孤獨而美麗的存在。有個稱為「維納斯的花籃」的物種——阿氏偕老同穴（*Euplectella aspergillum*），會誘捕一對蝦子作為清潔者。成年蝦子永遠無法從海綿變成的水晶牢籠中逃脫，海綿也會專門捕獲並轉移粒子到內部餵養牠們。只有蝦子的後代，因為體型夠小，可以穿過囚禁雙親的柵欄之間，得到機會離開。維納斯的花籃獨自生活，但在加州洋流的頂端、加拿大卑詩省缺氧的水域中，這些玻璃海綿正在聚集，珊瑚礁現在又開始生長了，有些已長到數十公尺高、幾公里長了。牠們輕輕地濾水，所以不需要太多氧氣就能生存，而且主要是由矽製成，較

不會受到酸性的海水影響。如果牠們能夠面對拖網捕撈與石油探勘的威脅，玻璃海綿的時代以及牠所促成的了不起的生物多樣性，可能正在回歸；這種在變暖世界中的拉撒路物種生態系統，是在遺失汪洋當中的一點收穫。[8]

離開水域，暖化的一個結果是全球氣候之夜。在地球歷史中的溫室時期，例如有很大的森林企鵝的始新世，從赤道到兩極的緯度溫度變化率比現代低很多。西摩島時代的紀錄顯示，即使有森林覆蓋的極地，赤道溫度並沒有比今日高出太多。我們可以看到，今日的地球正接近這種更平均的情況，極地變暖的速度是地球其他地方的三倍。這已經開始改變我們的大氣循環。[9]

大氣氣流系統的穩定性，是由高緯度與低緯度的溫差來維持的。在北半球，極地空氣向南移動，溫帶空氣向北移動，然後交會成一股單一氣流，稱為噴射氣流（jet stream），並因地球自轉被拉向東方。密度高的空氣袋很難與密度低的空氣袋合流，因此一般來說，密度高的空氣與溫暖的溫帶空氣並不會合在一起，在兩者接觸的地方形成強大的單一氣流。然而，隨著地球變暖，高緯度的極地與溫帶空氣之間的溫差正在縮小，空氣袋互相打轉，形成了小渦流與環流，而且流動也變得更狂暴，並削弱了極地渦旋（polar vortex）的連貫性。極地與溫帶區域之間的邊界變得模糊而不穩定，導致噴射氣流的路徑進一步瘋狂向北或向南擺動，特別是在冬天。在各大洲，相對極端的氣溫，意味著例如在北美，噴射氣流在冬天有更偏南擺動的傾向，並將寒冷的極地空氣帶到大陸的大部分地區。結果是，由於氣溫升高，以及全球平均氣溫的升高，最近幾年來北美經常出現區域性的寒流。2020年2月9日，南極洲在現代以來，於西摩島監測站測到一個創紀錄高

溫為攝氏二〇・七五度，而且數十年來，平均溫度每年都在穩定上升。[10]

　　這應該不是意外之事。透過把現在與過去的大氣做比較，我們可以預測全球氣候看起來的樣子。今日的大氣結構與漸新世類似，當時是溫室與冰室之間的過渡期。政府間氣候變遷專門委員會（The Intergovernmental Panel on Climate Change，簡稱 IPCC）預測，根據目前實施的計畫，在已出生孩子的一生中，大氣中的二氧化碳程度將會達到自始新世以來從未見過的程度。如果我們達到那個大氣結構，我們最後也將達到始新世的溫度。其中的不確定性不是最後的溫度，而是大氣適應所需的時間，因為地球環境的反饋系統確保了在達到大氣穩定與最後溫度之前，需要一段時間間隔。而確保我們不會達到這些濃度和溫度的唯一方法，是以比目前計畫更高的速度減少碳排放量。[11]

　　大多數的碳排來自化石燃料：石油來自海洋浮游生物的屍體，煤則來自石松沼澤。迄今為止，化石燃料沉積物中已發現三兆噸的碳，而我們才燃燒了五千億噸，就感受到了衝擊。化石紀錄告訴我們，導致它們被埋葬的條件，以及石炭紀廣袤的熱帶沼澤，不會在今日就打算回歸。簡單來說，在自然狀態下，這個世界並不是以緩衝氣候變遷所需的量來擬定碳儲量的。森林仍是現代最大的碳匯（carbon sink），[*]而二氧化碳增加的程度，將會刺激少量的光合作用，但我們並沒有森林生態系統與廣袤的沼澤來形成足夠的煤炭，以此反制我們

---

[*]　譯注：能無限期累積及儲存碳化合物（特別是二氧化碳）的天然或人工「倉庫」，　　例如森林、土壤、海洋、凍土等。

的燃燒。[12]

隨著溫度變暖也增加了分解作用，從猛獁草原形成泥炭以來，以泥炭儲存的碳也被釋放了出來。在加拿大與俄羅斯的很大部分，龐大的泥炭沉積物存在於永久凍土之內，也就是永久冰凍的土地。北半球的冰凍泥炭保存了一兆一千億噸的碳，約佔世界土壤中有機物質的一半，是 1850 年以來人類從化石燃料中排放碳的總量的兩倍多。但那個碳的儲存並不穩定。現在，沿著阿拉斯加北坡（North Slope）的北部海岸，在波弗特海（Beaufort Sea）的邊緣，永久凍土正在融化，而且土地正受到侵蝕。沿著海岸可以發現一塊塊上下顛倒的草皮，被土壤中的冰塊保持在一起，就坍在令人擔憂的液態北冰洋中。[13]

隨著永久凍土融化，泥炭土也跟著鬆動，並隨著冰的融化與沉降而縮小。當它變鬆軟時，坍塌的黏土導致樹木跟著傾倒，導致樹幹不平衡地倒向向四面八方。這被稱為「醉林」（drunken forests），現場不見電鋸，整片林地就可以一次砍伐完畢。解凍後，土壤中的有機物質會開始分解並釋放出溫室氣體，這個過程可能需要很長的時間。如果永久凍土中所有的碳都以二氧化碳與甲烷的形式釋放出來，那麼暖化效應將會史無前例。但這不會全部一下子就發生，有些局部的因素意味著永久凍土的某些部分，例如升溫更快的溫暖、潮濕的小坑洞，以及朝向南方的斜坡，會融化得更快。永久凍土可以重新結凍，而分解需要數十年。就像在二疊紀的西伯利亞一樣，位於這個世界的北方高緯度地區，是一個不祥的存在，但這一次它不再是一顆等待忽然引爆的定時炸彈，而是持續的壓力來源。它緩慢的排放速度可以進一步減緩，甚至可以停止。當前的政策與行為就是讓永久凍土融化，但我們可以改變政策，並藉此解決這個問題。從化石紀錄與現代氣候模型

中，我們知道如果我們不這樣做，會產生什麼後果。[14]

　　永久凍土不是末次冰盛期的唯一遺留物。冰不僅被鎖在極地冰層和從兩極延生出來的冰河中，也被鎖在高海拔的冰河中。雖然自末次冰盛期以來，極地冰層已大幅減少，但喜馬拉雅山的冰河仍然存在，在這些冰河期間與間冰期期間已存在了數萬年。但隨著高山地區變暖，這些冰河也在融化，並改變了南亞與中亞的水流分布，而這是所有生命賴以生存的基本化學物質。

　　印度許多河流的季節性流量，都依賴高山冰河與每年的融雪，特別是印度河、恆河與雅魯藏布江。總體而言，雅魯藏布江有超過三分之一的流量是來自冰雪融化成的水。在短期內，融雪量增加正導致更頻繁的山洪爆發，以及集水區嚴重受到侵蝕。這種增加只能靠山區雪線提高來補充，因此不能無限期地繼續下去。雅魯藏布江的流量已變化很大，因此從中期來看，也就是在 21 世紀的後期，當冰河融化完了而不復存在時，可預期的是乾季將會變成乾旱。我們已經看見，在中新世時，整片海洋如何在一千年內蒸發，但喜馬拉雅山的冰河所包含的水量遠低於地中海。對於生活在靠喜馬拉雅山的冰補充流量河岸邊的七億人來說，這可能是一場不可避免的災難，因為興都庫什山脈（Hindu Kush）的 90% 冰河體積預計會消失不見。對全世界 10% 的人口來說，未來的某一天，河流中將不再有水。孟加拉的人民將這問題視為三重問題的一部分。他們是廣袤的孟加拉三角洲（Ganga-Brahmaputra delta）居民，這裡是兩條大河（按：即恆河與布拉馬普特拉河）匯入大海的地方。赤道的熱度增加，海面蒸發得更多，導致發生更早與強烈的季風。變暖的水在物理上會膨脹體積，然後又注滿了來自南極與格陵蘭山脈冰河與冰層的融水，海平面因此會升高。目

前大部分地區比海平面高不到十公尺的孟加拉，很可能會被淹沒。孟加拉這個有二億五千萬人口的國家，土地、河流與天空都受到威脅。總的來說，全世界有大約十億人口住在低於目前高潮線十公尺高的地方。[15]

　　人類的數量以驚人的速度增加。現在地球上有超過七十億人口，除了極少數的生態系統之外，我們是所有生態系統的主導力量。其中的一個原因是兒童死亡率較低，毫無疑問這是件好事，但人們提出一個普遍的擔憂就是人口過剩的問題。所有眾生一律平等，更多人口當然會消耗更多資源，但並不是所有的眾生都一律平等。身為買過這本書的人，你可能過著相對高消費的生活方式。2018 年，全球人均碳排放量為四‧八噸二氧化碳。美國人平均十五‧七噸，澳大利亞人十六‧五噸，卡達人三十七‧一噸。相比之下，非洲少數超過人均碳排放量的國家是南非與利比亞，其中大部分國家的人均排放量都低於〇‧五噸。[16]

　　人口過剩的問題本身正在自己解決當中。數十年來，世界各地的生育率一直在下降，因此預測全球人口會在本世紀達到顛峰，同時會有更高的都市化與婦女受教育程度。真正且緊急的問題是，這樣的人口在消費什麼？2018 年的 IPCC 報告發現，為了將全球暖化限制在攝氏一度半以內，淨二氧化碳排放量必須減少 45%。如果美國的平均碳排率可降低到例如歐盟的平均水平，生活水準幾乎不會下降，但光是這一點就能將全球碳排放量減少 7.6%。相比之下，完全停止國際航班就表示將下降 1.5%。但碳排放並不是全部問題之所在，富裕國家也要對其他資源的更高消耗率負起責任。[17]

　　除了二氧化碳，塑料已成為我們環境衝擊中的公眾問題。我們看

到巨大的塑料垃圾渦流在海中旋轉的照片，也聽到越來越常在海洋動物胃裡發現塑料碎片的報導。這些影響已超越了生態學的範疇。對於航海的人來說，這是文化遺產的流失。隨著塑料對魚類種群累積的影響開始出現，漁業崩潰了，至於海灘被沖刷的垃圾霸占而產生可衡量的心理健康衝擊，所有這一切都增加了非立即可見的成本。姑且不談龐大的生物與社會損失，據估計塑料對海洋的破壞，每年造成的全球經濟成本高達二兆五千億美元。[18]

塑料無所不在的本質，最徹底表現在微生物演化的方式中。化石紀錄一次又一次地告訴我們，每當有一個新的生態區位出現，每當有一種新的資源可供開發利用時，就會有一些生物演化出來去利用它。如果沒有創造力，大自然就什麼都不是。20 世紀下半葉塑料產品的普及，導致了一種大致上未被開發的新資源。2011 年，來自厄瓜多爾熱帶雨林，一種被稱為小孢擬盤多毛孢（*Pestalotiopsis microspora*）的真菌，被發現有消化聚胺甲酸酯（polyurethane，PU）的能力。2016年，日本堺市一家塑料回收廠附近的泥土中，發現了一種稱為大阪堺菌（*Ideonella sakaiensis*）的細菌，它已演化到可以消化聚對苯二甲酸乙二酯（polyethylene terephthalate，PET），將其分解為兩種不會傷害環境的產物。這是許多已知完全以塑料為食的生命形式中的第一種，在一個熱堆肥堆降解植物物質約相同的時間下，能安全分解完整的塑料瓶，在回收領域有明顯的潛力。自十億年前氧氣流出以來，生物化學可利用的資源類型沒有發生過如此根本性的變化，而且最小、繁殖最快的有機體正在跟上變化。[19]

就像猛獁草原上的生物一樣，另一個跟上永久變化的方法就是遷徙。埃斯佩蘭薩南部布朗海崖（Brown Bluff）的企鵝，就展示了由於

氣候因素而產生的遷徙行動。牠們大多是阿德利企鵝，就生活在半島上，但牠們也居住在整個羅斯海（Ross Sea）的島嶼上。生活在廣大的聚居地上，牠們的鳥糞已滲入土壤，並且年復一年地沉積下來，廢物層記錄了企鵝在同一地點生活的時間長度。自上個冰河時代以來，南極變暖了，也更適合居住，而且向下挖掘幾世紀以來的阿德利企鵝糞便顯示，這個海島聚居地已持續被佔領了將近三千年。在冰層積得更久的布朗海崖，企鵝聚居地只存在約四百年。物種可以改變牠們的放牧空間；氣溫升高使布朗海崖成為養育幼雛的聰明場所，因此形成了新的聚居地。[20]

　　然而，企鵝相對擅長從一個地方移動到另一個地方，因此當變化的氣流將牠們的海洋天堂變成一片貧瘠水域時，牠們能夠適應並與時俱進。但其他物種根本無法快速移動以逃避氣候變遷的衝擊。例如長壽的植物就無法輕易跟著氣候遷徙而生存，因為每一種植物的環境耐受度都有限制。我記得我家附近的山丘上長著一種小葉椴樹（_Tilia cordata_），那是伯斯郡（Perthshire）非常鄉下的地方。它每年都會結果，但是與花楸、樺樹和松樹都不一樣，它是我見過唯一自成一格的類型。它原產於英國大部分地區，但適應了比過去所處環境更溫暖的氣候，因此它的果實不太可能像以前一樣豐饒。一顆流浪的種子因某個偶然事件而被傳播到北方，在那裡被種下，並開始生長，但被困在其繁殖範圍的邊緣之外。隨著氣候變遷，權力的平衡也改變了，隨著最佳條件的移動，物種的生存範圍也緊跟在後。從 1970 年到 2019 年，北美大平原（Great Plains）生態系統平均向北移動了三百六十五公里，也就是說，平均每四十五分鐘移動一公尺。在一個廣闊而平坦的大陸上，還有移動的空間，但如果你是在一個小島上，或是在高緯度的海岸或

山上已適應涼爽的高海拔地區，最後將無處可逃。在自然世界中，遠距傳播還是罕見的，而且是被逼到生活範圍的盡頭，許多物種實際上是被逼上了絕路。[21]

我們現在還在引進新的生態系統。也許現代就相當於滅絕後的生態系統。樹木與大型動物不見蹤跡，城市的生產力也很低。許多物種根本無法在這些新世界生存，而那些能夠生存的物種，甚至連最基本的行為也必須適應這個新世界。與城市相比，即使是叢林的嘈雜聲也幾乎是無聲的，因此，對於透過聲音向配偶或潛在對手發出所在位置信號的物種來說，這些噪音非常干擾。城市裡的鳴禽叫聲比在鄉村的同類音調更高、更快，也更短促。在機器低頻的隆隆聲中，只有高頻的吱吱聲才能被聽到。以氣味為主的信號也受到氣候變遷的影響；在較高的溫度下，雄性蜥蜴為了吸引配偶而留下的痕跡更不穩定，也消失得更快，因此錯過了交配的機會。隨著海冰破碎，北極熊腳墊留下來的氣味痕跡也消失了，這影響了從繁殖行為到領域性的一切。物種的生存不僅僅是個體生理條件對環境的耐受性，還依賴於行為的彈性。在地球上的每一角落，我們都會以某種方式接觸到該地棲息者的生活方式。[22]

純粹就數量上來看，我們的數量不可思議地普遍，而且自 2000 年 11 月 2 日以來，甚至在地球的大氣層外，也一直持續有人存在於太空中。按質量（mass，按：指重量）計算，人類佔了所有哺乳動物的 36%。所有哺乳動物的質量中，60% 是被馴養動物，如牛、豬、羊、馬與狗。這個星球上的哺乳動物質量，只有 4% 是野生的。對鳥類來說，情況就更加殘酷了。地球上有 60% 的鳥類都來自同一物種——家裡養的雞。總的來說，在 2020 年，人類生產物質的質量，大約相當於

地球上生命物質的質量。如果我們今日以與化石紀錄相同的採樣方式對地球進行採樣，我們會觀察骨骼的分布情況，並推論發生了一件很奇怪的事，這麼多的脊椎動物生物質量（biomass）竟然是由這麼少的物種組成的。我們可能會談到災難性的環境破壞、大規模滅絕這樣的字眼。確實，野生動物的生物質量已以駭人的速度在下降。帕馬（按：第一個出生在南極洲的有紀錄證明的人）於 1978 年出生的世界，野生脊椎動物的數量是 2018 年的二・五倍。在地質時間上的彈指之間，我們就失去了地球一半以上活生生的個別脊椎動物。

自上一個冰河時代以來，最大的物種不是從每個大陸上消失，就是正在走向滅絕之路。地球開始像是一個滅絕後的世界，人類生態系統是災難類群的避難所。能夠適應我們世界的動物，例如擁有多種技能、可以靠垃圾維生的老鼠、歐洲狐狸、浣熊、黑脊鷗與澳洲白　等，或是為了我們自己的目的而合作或繁殖的動物，特別是雞、牛、狗正在蓬勃發展。許多植物與較少活動性的動物，則受益於人為媒介的長距離傳播，無論是偶然還是故意的。航道已取代了罕見的木筏事件，在傳播的意義上，使物理上不相連的大陸更接近彼此。把生物從棲息地中帶走，通常也把牠們從競爭環伺的環境中帶走，牠們因此能生長旺盛，並在競爭中贏過其他具重要生態意義的原生生物。[23]

在如此多的物種以大規模滅絕的速度消失的地方，很容易看到我們所作所為並感到絕望。但我們絕不能意志消沉。人為造成的變化本身並不是新的行為，而且在很大程度上可以視為是自然的。我們是生物領域的一部分，也棲息在生命之樹上。有很多明確的證據顯示，就像我們之前的很多物種一樣，人類一直是自然生態系統的工程師。近八千年以來，人類一直在打造牧場。焚燒森林與草地以引進牛隻，

幾乎在同一時間改變了歐亞大陸部分地區反射陽光的方式，影響了熱量的吸收，也改變了印度與東南亞的季風模式。自從進入更新世以來，人類一直有意識地帶著動物一起移動；來自所羅門群島（Solomon Islands）的證據顯示，常見的袋貂是在二萬年前被人從新幾內亞引入的。這是一種棲息在樹上的袋貂，一種重要的狩獵動物，很顯然是與人類的黑曜石貿易一起進來的。[24]

我們是如此有效能的生物系統工程師，因此一個不受人類生物學與文化影響的原始地球，這種觀念是不可能行得通的，這樣的伊甸園根本不存在。而且自從人類出現以來，也從未存在過。由於人類對全球造成的破壞，在我們物種的一生中前所未有，保護計畫必須決定對任何生態系統來說，什麼程度的人類衝擊是可取而可以達成的，是前工業時代，前殖民時代，還是前人類時代？這些都是困難的問題。把當前的生態系統恢復到完全野生的狀態，通常會對依賴它們維生的原住民與貧困社區造成超出比例的負面影響，這為環境決策增加了複雜的社會背景因素。孟加拉哲學家阿米德（Nabil Ahmed）在他的書《被糾纏的地球》（*Entangled Earth*）中談到他的國家：「土地與河流、人口、沉積物、氣體、穀物和森林、政治與市場，是不可能分開的。」所有這一切都融合為一個實體，也都承受政治與自然行為者之間互動的遺產。他認為，這個國家直接誕生於 1970 年的波拉颶風，並從對自然與人道災難的政治反應中取得獨立地位。[25]

就像在酷熱的二疊紀盤古大陸一樣，當超級風暴席捲全球海洋時，世界各地的熱帶風暴事件就增加了。從 20 世紀初期有紀錄以來，每個季節的大西洋颶風數量一直在穩定地增加，在 2020 年，被命名的風暴就達到三十個，是長期平均值的三倍。2018 年，地中海地區甚至出現

了前所未有的颶風強度的風暴。會發生這種情況，是因為溫暖的水增加了熱帶緯度周圍空氣上升的速度，這意味著颶風可以在更快的時間內變得更強，讓它們有更好的機會在抵達陸地時形成強大的力量，這也對沿途的國家造成嚴重的後果。[26]

　　我們不可能忽視氣候變遷對社會的影響。從北極圈及其他地區的富裕國家爭奪融冰下的海床資源競賽，到國際間不斷爭論在東非建造水壩以控制日益減少的水源供應，環境的變化已影響政治決策幾十年了。一個是為了財富的競賽，另一個則是基本資源的爭奪戰，這表明了氣候變遷的成本大部分是由對氣候變遷影響最少、回報也最低的人所承受。今日，我們可以看見即將展開的變化。我們星球的地質史以廣泛而明確的筆觸，描繪出一幅可能的未來景象。我們正在經歷一場遍及整個地球的人道與自然災難，但這是我們可以應付的。[27]

・・・・・

　　昨日的世界奇異又美麗，是在生活中適應的一課。但是，還有第二課，就是岩石教導我們：我們自己世界的無常。本書一開始，我就引用了雪萊的名詩〈奧茲曼迪亞斯〉。鮮為人知的是，這是在他與朋友史密斯（Horace Smith）在進行十四行詩比賽中寫的詩，這是在受到同一文物啟發的文學觀光客之間玩的同好遊戲。雪萊回顧過去，嘲笑當權者的狂妄自大，史密斯則以更明確的方式嚴肅地展望未來。在用了前八行描述由早已消失的基座顯示的城池之後，他反思著他最熟悉的城市的短暫，然後說：

我們感到驚訝，而有些獵人可能會表達

像我們一樣的驚嘆，

在穿越倫敦過去所在的荒野並追趕狼的時候，

他遇到了一些巨大的碎片，

於是停下來猜想，

在那個被毀滅的地方，

曾發生過多麼盛大但沒有被記錄下來的比賽。

　　我們認為理所當然的景觀，並不是世界不可分割的一部分，沒有它們，沒有我們，生命仍將繼續。最後，我們排放的二氧化碳將再次被吸收到深海裡，生命與礦物質的循環會繼續下去。我們和地球上其他的居民一樣，與目前的物種群一起演化，以複雜的方式和牠們互動。我們是全球生態系統的一部分，而且一直都是，認為我們自己不會受到我們對世界施加的改變所影響，這種想法是愚蠢的。

　　作為一個物種，我們處於一個可以從我們目前產生的大規模滅絕中倖存下來的有利地位。從衣服到堤防，空調到海水淡化，憑藉著我們的技術，我們一直在改良我們自己的環境，否則我們將無法生存。但是自六千六百萬年前最後一次大滅絕以來所建立的生態系統，正處於嚴重的壓力之下。由於破壞了群落與改變了世界的化學性質，我們正在強拉蜘蛛網的絲線，而且有幾根線已經斷了。如果突然拉斷，我們與世界互動方式的後果，就會演變成一場空前的生物與社會災難。乍看之下，這似乎令人招架不住，讓人癱瘓。但我們可以徹底反省我們的環境狀態，我們有回顧過去並找到現在的類似情況的分析能力，這是我們可以樂觀的理由。

我們知道，在像我們生活其中這環境的動盪期間會發生什麼事。在繪製過去的地圖中，我們可以預測未來，並找到可以避免災難發生的路徑。針對某些無法避免的災難性後果，我們可以為它做好規劃，把損害降到最低，或減輕損害的程度。至少從 1970 年代以來，基礎建設的興建就考量了氣候變遷的影響。泰晤士河防洪閘（Thames Barrier）是倫敦的主要防洪設施，是為預期到了 2100 年，海平面將上升九十公分而專門設計的，它的防洪能力可達二‧七公尺。我們也知道，國際合作是有效的；由一百九十七個政府簽署的 1987 年蒙特婁議定書（Montreal Protocol）規定，逐步淘汰導致臭氧層變薄的氟氯碳化合物的生產與使用。由於採取了這個措施，臭氧層的「破洞」正在恢復。這些措施是由一個基金支付經費，透過這個基金，對該問題的人均貢獻最大的國家，正幫助經濟上的發展中國家遵守規定。[28]

在撰寫這本書的過程中發生的兩件事，顯示了更專注於檢視過去與未來的重要性。在 2019 年年初，在一個小小的熱鬧開場儀式下，在奧克冰河（Okjökull）的遺址上被放置了一個紀念匾額。由於融化，奧克冰河現在已無法靠自己的重量移動，這是冰島第一條失去冰河地位的冰河。匾額上以冰島語和英語標明著「給未來的一封信」，並在解釋奧克冰河被降級為冰湖之後，寫著：「這座紀念碑是要承認，我們知道正在發生的事以及必須做的事。只有你知道，我們是否做到了。」[29] 看，它正在我們的作品上訴說著。

第二個事件是 SARS-CoV-2 冠狀病毒的大流行，迫使人類以更直接的方式面對根本的變化。在一個月的時間內，全世界有三分之一的人口被迫或志願進入封城狀態，根本上改變了生活上的很多方面，以因應生存的威脅。這些改變的效果是立竿見影的。在算是交通堵塞代

名詞的洛杉磯市，被報導空氣乾淨的情況是好幾世代的人沒見過的程度。長久以來被遊艇堵塞的威尼斯，也有了比以前更乾淨的水。碳排放量下降了，雖然只有 8% 左右；由於貨品仍然充滿著商店、待送貨品堆積如山，石油變得一文不值。幾家媒體報導，這些是「地球自我療癒」的實例，其中的言外之意就是，人類才是真正的病毒。這樣厭惡人類是不必要的；人類確實可以用剝削資源的方式生活，但我們可以學到更好的教訓。我們可以改變行為，因應危機，而我們所做的改變可以發揮立即的有益效果。其他國家人民的苦難也影響著我們所有人，只有透過共同努力，並在需要的地方集中資源與支持，才能將這類國際危機造成的損害降到最低。透過聽取專家意見、認真對待威脅、將福祉放在首位，一些國家在因應這個流行病上比其他國家有效能多了。在創紀錄的時間內，研發有效疫苗的國際協調行動證明，我們有快速而有效應付致命威脅的能力。但在分配疫苗時缺乏國際合作，以及隨之而來的感染與死亡潮，顯示對全球危機採取孤立而防禦性的反應有多麼天真。

面對環境的變化，自滿是會致命的。「一切照舊」的方法，對生態系統破壞率與溫室氣體排放率不做任何改變，將會產生原始人類從未面臨過的氣候。但是，說這是無可避免的厄運，一樣沒有幫助。在保護行動中，成功與失敗並非一種二元選擇。當報紙報導，我們有五年或十年的時間來阻止氣候的變化時，這些並非全有或全無的最後期限。即時做出改變，並不意味著一切都會像過去一樣；如果沒這樣做，也不意味著一切就要滅絕了。20 世紀上半葉與之前存在的生態系統已經永遠改變了，但損害仍然持續累積中。我們的行動越快、越強而有力，越不會有全方位的損害。我們是否選擇以集體行動來因應氣候變

遷的原因與影響，取決於我們。尖頂可能已經倒塌，但大教堂仍屹立不搖，我們必須選擇是否要撲滅火焰。

只有藉著改變習慣，努力減少剝削性的生活，我們才能防止環境變化變成一場空前的災難，另一次大死亡事件。地球無法提供需要的資源，以支持像現在的經濟發達國家一樣揮霍無度的生活，更不用說為其他物種提供足夠的額外資源來維生、交配，讓牠們過上牠們的生活。防止今天的野生動物世界變成另一個被遺忘的生態系統、未來時代的博物館中的另一個展覽廳，唯一可靠的方法就是減少消費，並且停止依賴改變氣候的能量來源。這些解決方案一定會遭遇阻力。可以理解的是，人們會擔心這可能會在短期內降低我們的生活品質，而且也需要一些個人與社會的努力。然而在幾十年內，如果沒有在社區、國家與全球的層次採取行動，我們肯定會遭受更大的痛苦。為了我們物種與個人的長期福祉，我們必須與全球環境建立一種更互惠互利的關係。只有這樣，我們才能不僅保留環境中無限的多樣性，也保留我們在這個環境中的位置。改變終究是不可避免的，但我們可以讓地球依照自己的步調來，就像我們讓地質時代的流沙溫柔帶著我們進入明日的世界。犧牲，是一種持續性的行為。然後，我們也將活在希望中。

OTHERLANDS

# 致謝詞
## Acknowledgements

　　和這本書的時間表一樣，或許我應該用倒退的時間序感謝相關的人。如果沒有企鵝出版社（Penguin Press）的 Laura Stickney 和 Rowan Cope、藍燈書屋（Random House）的 Hilary Redmon，以及加拿大企鵝出版社的 Nick Garrison 等編輯的付出，這必定會是一本更枯燥、更跳躍和更專門的讀物。跟 Beth Zaiken 一起工作是極為美好的事，她用書裡提到的物種為每一個章節的表頭創作出驚人的圖像，要不是我被告知尚未完成，一開始我就會很高興地把初稿當成定稿收下。我發現最後的結果相當令人讚嘆。

　　我要感謝 Marion Boyars、Dr Alice Tarbuck、聖經文學協會（Society of Biblical Literature）、Miguelángel Meza、Tracy K. Lewis、John Curl、佳能門出版社（Canongate Books）、哥倫比亞大學出版社（Columbia University Press）、Laurel Rasplica Rodd、Shambhala、西澳大利亞大學出版社（the University of Western Australia Press）、Rachael Mead、Lascaux Publishers、Robert Ziller、Natalia Molchanova 家族、Viktor Hilkevich、聯合國教育、科學及文化組織（UNESCO）、Diego Arguedas Ortiz、BBC Futures，以及泰勒與法蘭西斯出版集團（Taylor and Francis）允許我們摘錄他們創作或持有版權的作品。Vasily Grossman 的著作摘錄 *Life and Fate* 由 Vintage 出版，Copyright © Editions L'Age d'Homme, 1980，英文翻譯 copyright © Collins Harvill, 1985，複製許可 Random House Group Ltd。摘錄 *The Epic of Gilgamesh* copyright © 1985 為 the Board of Trustees of the Leland Stanford Jr. University 所有，保留所有權利，使用許可 Stanford University Press sup. Org。Virgil 的 *The Aeneid* 摘錄 由 Penguin Group 出版，翻譯和序言 copyright © David West 1990, 2003，複製許可 Penguin Books Ltd. ©。*Miss Peregrine's Home for Peculiar Children*（2013,

Quirk Books, Ransom Riggs）摘錄蒙 Ransom Riggs and Quirk Books 提供。我要感謝 Emma Brown 取得這些許可所做的努力。Dr John Halliday 好意地翻譯尼采（Nietzsche）德文著作 *Dionysus Dithyrambs* 的部分段落。關於適切地引據 Matthew A. Henson 1912 年的自傳 *A Negro Explorer at the North Pole*，我要感謝 African-Caribbean Research Collective 會員的建議，以及協助我和他們聯繫的 Dr Sam Giles。所有的努力都是為了追溯版權所有人，以取得版權資料的使用許可。

我的經紀人 Catherine Clarke 及 Felicity Bryan Associates 團隊其他成員從本書的計畫階段開始，直到找到合適的出版社，還有協助我做出完美的決定上都有卓越的貢獻。也要感謝許多幫助完成本書的英國海外分銷商：ZP Agency 的 Zoë Pagnamenta、Barbara Barbieri、Juliana Galvis、Sabine Pfannenstiel、Marei Pittner、Rachael Sharples、Ludmilla Sushkova、Susan Xia 和 Andrew Nurnberg Associates 的 Jackie Yang。

從實際面來說，我必須感謝提供空間和時間讓書寫本書成為可能的人。很多內容是我在每週的工作時間，離開家裡和 Chris Bryan 或 Jenny Ainsworth 住在一起時寫下的。英國圖書館（British Library）和恩菲爾德圖書館（Enfield Library）不只是非常棒的寫作空間，也是可以找到有用資料的地方。因為本書大部分是寫於疫情封鎖期間，我也要感謝生物多樣性傳承圖書館（Biodiversity Heritage Library），沒有他們允諾開放較舊的科學文獻，我就沒有辦法好好地研究這本書。

我也要感謝很多閱讀本書的章節草稿，並且提供相當有用回饋的朋友和家人，包括 Dr Catherine Ainsworth、Eugenie Aitchison、Dr Gemma Benevento、Dr Andrew Button、Ivan Brett、Hugh Bowden 教授、Andrew Dickson、Martin Dowling、Charlotte Halliday、Marianne

Johnson、Johnny Mindlin、Dr Travis Park、Tammela Platt、Roxanne Scott 和 Steve Wright。

　　沒有人會對生物史無所不知，因此我誠摯感謝專業知識超越我的古生物學同事們，他們撥冗對內文和插圖提供更多的專家意見，讓我避免在地區、時間、物種和學科上出現嚴重的錯誤：Dr Chris Basu、Dr Gemma Benevento、Dr Neil Brocklehurst、Dr Thomas Clements、Dr Mario Coiro、Dr Darin Croft、Dr Emma Dunne、Dr Daniel Field、Prof. Sarah Gabbott、Dr Maggie Georgieva、Dr Sandy Hetherington、Dr Lars van den Hoek Ostende、Dr Dan Ksepka、Dr Liz Martin-Silverstone、Dr Emily Mitchell、Dr Elsa Panciroli、Dr Stephanie Smith 和 Dr Zhang Hanwen（Steven Zhang）。本文尚有任何錯誤的話，必定是歸因於我。我要謝謝 Dr Douglas Boubert 在天文學方面的建議，以及 Dr Will Tattersdill 推介我第一位讓地質學普及的維多利亞作家的文本，對於我瞭解早期地層的寫作形式有極大的幫助。

　　另外我還要感謝 Dr Elsa Panciroli，若不是她，我就不會參加休·米勒寫作競賽（Hugh Miller Writing Competition），特別是另一位競賽裁判 Larissa Reid，我在這項競賽的經驗是本書蹣跚起步的直接與最接近的原因。Ivan Brett 指點我如何撰寫新書提案，讓我走在正軌上，也值得我獻上謝意。

　　我永遠感激主要博士指導教授 Anjali Goswami 的支持、教導與引導，不只是在我當博士生時，還有博士後研究，以及隨同她的團隊在印度及阿根廷做田野調查的時期。在我成為科學家的進程中，在博士生和第一次博士後時期指導我的 Paul Upchurch 和 Ziheng Yang，以及那些指導和指引我其他研究計畫的人—Richard Butler、Mike Benton 和

Andrew Balmford 等三位教授，我也要感謝他們的付出。從頭至尾太多未能指名的朋友和同事，讓成為古生物學群體的一份子變成一件最有回饋的事。

維持對自然界的興趣得依賴優秀的教育者，所以我不能看輕 Dr Rob Asher、Nick Davies 教授，和已故的偉大教授 Jenny Clack 授課的影響，Geoff Morgan 和 Fiona Graham 的生物課也是一樣，不論是在教室中或是田野裡。講到田野，我也必須提到 Neo Kim Seng，他是第一個教我潛水、讓我初識海底世界的人。還有 Dr Federico Agnolin、Dr Andrew Cuff、Dr Ryan Felice、Anjali Goswami 教授、Javier Ochoa、Guntupalli Prasad 教 授、Dr Agustín Scanferla、MS Thanglemmoi 和 Dr Aki Watanabe 在尋找化石時的陪伴與建議。在我自己的元古代深處，我要感謝我的小學老師，他們教會我怎樣犯錯，並且忍耐九歲的我簡報林奈分類法（Linnaean classification）。我要向我的父母致上最深的謝意，回頭來看，在回答小孩問題時，即使他們知道答案，也總是告訴我要自己去從書本中找答案。他們和我的祖父母讓我觀察鳥類、辨別樹木、尋找蘑菇、每個早上測量降雨量。不論是從山裡拾撿像足球一樣大、重得不得了的乳白色石英岩，或是和祖父母一起用閣樓的望遠鏡觀察幼鴞，或幫助別人餵食他們的鴿子和在花園模仿牠們的叫喚聲，我的家人無疑地讓觀察和聆聽自然變得容易。

最後，我必須向那些在生活的土地上挖出化石的人們致謝，並感謝科學家們，沒有數以千計的人花費數不盡的時間在研究上並破解了岩石紀錄，讓它們可以被理解，就不會有這本書。光是本書直接引用的參考資料就牽涉超過四千名科學家的工作成果。參考資料當中，下列作者被引用相當多次：Josep Alcover、Mike Benton、René Bobe、

Darin Croft、Michael Engel、John Flynn、Andrzej Gaździcki、Javier Gelfo、Phil Gingerich、Anjali Goswami、Dale Guthrie、Kirk Johnson、Conrad Labandeira、Meave Leakey、Sally Leys、Lü Junchang、Fredrick Manthi、Sergio Marenssi、Jean-Michel Mazin、Marcelo Reguero、Ren Dong、Sergio Santillana、Gustav Schweigert、Claudia Tambussi、Carol Ward、Lars Werdelin、Greg Wilson、Andy Wyss、James Zachos 和 Zhang Haichun。對於那些在採石場採石、分解、掃描和篩出奇妙事物的人，不論有沒有包括在本書裡，我都要致上謝意。

　　再度回到現在並展望未來，我必須感謝我太太 Charlotte 在我撰寫本書期間給予的支持，以及她準確提出正確問題的能力，讓我們激發彼此的下一個想法。最後，我要把本書獻給我的兒子，當你們長大到可以閱讀這本書時，世界將已經改變。讓我們期待它會變得更好。

# 注釋
## Notes

## 前言 百萬年之屋

1   Bell, E. A. & others. *PNAS* 2015; 112:14518 – 21; Chambers, J. E. *Earth and Planetary Science Letters* 2004; 223:241 – 52; El Albani, A. & others. *Nature* 2010; 466:100 – 104; Miller, H. *My Schools and Schoolmasters*. Edinburgh, UK: George A. Morton; 1905.

2   Leblanc, C. *Museum International* 2005; 57:79 – 86; Parr, J. *Keats-Shelley Journal* 1957; 6:31 – 5.

3   Ullmann, M. 'The Temples of Millions of Years at Western Thebes'. In: Wilkinson, R. H. and Weeks, K. R., eds. *The Oxford Handbook of the Valley of the Kings*. Oxford, UK: Oxford University Press; 2016. Pp. 417 – 32.

4   Dunne, J. A. & others. *PLoS Biol.* 2008; 6:693 – 708; Gingerich, P. D. *Paleobiology* 1981; 7:443 – 55; Gu, J. J. & others. *PNAS* 2012; 109:3868 – 73; Pardo-Perez, J. M. & others. *J. Zool.* 2018; 304:21 – 33; Rayfield, E. J. *Annual Review of Earth and Planetary Sciences* 2007; 35:541 – 76; Smithwick, F. M. & others. *Curr. Biol.* 2017; 27:3337.

5   Black, M. *The Scientific Monthly* 1945; 61:165 – 72; Cunningham, J. A. & others. *Trends in Ecology and Evolution* 2014; 29:347 – 57.

6   Frey, R. W. *The Study of Trace Fossils: A Synthesis of Principles, Problems, and Procedures in Ichnology*. Berlin: Springer-Verlag; 1975; Halliday, T. J. D. & others. *Acta Palaeontologica Polonica* 2013; 60:291 – 312; Nichols, G. *Sedimentology and Stratigraphy*. Oxford, UK: Blackwell; 2009.

7   Herendeen, P. S. & others. *Nature Plants* 2017; 3:17015; Prasad, V. & others. *Nature Communications* 2011; 2:480; Stromberg, C. A. E. *Annual Review of Earth and Planetary Science* 2011; 39:517 – 44.

8   Breen, S. P. W. & others. *Frontiers in Environmental Science* 2018; 6:1 – 8; Ceballos, G. & others. *PNAS* 2017; 114:E6089 – 96; Elmendorf, S. C. & others. *Ecology Letters* 2012; 15:164 – 75.

9   Ezaki, Y. *Paleontological Research* 2009; 13:23 – 38.

10  Hutterer, R. and Peters, G. *Bonn Zool. Bull.* 2010; 59:3 – 27.

11  Ashe, T. *Memoirs of Mammoth*. Liverpool, UK: G. F. Harris; 1806; O'Connor, R. *The Earth on Show: Fossils and the Poetics of Popular Science, 1802–1856*. Chicago: University of Chicago Press; 2013; Peale, R. *An historical disquisition on the mammoth: or, great*

*American incognitum, an extinct, immense, carnivorous animal, whose fossil remains have been found in North America.* C. Mercier and Co.; 1803.

## 第一章 解凍——更新世

1 Berger, A. & others. *Applied Animal Behaviour Science* 1999; 64:1－17; Bernaldez-Sanchez, E. and Garcia-Vinas, E. *Anthropozoologica* 2019; 54:1－12; Beyer, R. M. & others. *Scientific Data* 2020; 7:236; Burke, A. and Cinq-Mars, J. *Arctic* 1998; 51:105－15; Chen, J. & others. *J. Equine Science* 2008; 19:1－7; Feh, C. 'Relationships and communication in socially natural horse herds: social organization of horses and other equids'. In: MacDonnell, S. and Mills, D., eds. Dorothy Russell Havemeyer Foundation Workshop. Holar, Iceland 2002; Forsten, A. *J. Mammalogy* 1986; 67:422－3; Gaglioti, B. V. & others. *Quat. Sci. Rev.* 2018; 182:175－90; Guthrie, R. D. and Stoker, S. *Arctic* 1990; 43:267－74; Janis, C. *Evolution* 1976; 30:757－74; Mann, D. H. & others. *Quat. Sci. Rev.* 2013; 70:91－108; Turner Jr, J. W. and Kirkpatrick, J. F. *J. Equine Veterinary Science* 1986;6: 250－58; Ukraintseva, V. V. *The Selerikan horse. Mammoths and the Environment.* Cambridge, UK: Cambridge University Press; 2013. Pp. 87－105.

2 Burke, A. and Castanet, J. *J. Archaeological Science* 1995; 22:479－93; Carter, L. D. *Science* 1981; 211:381－3; Gaglioti, B. V. & others. *Quat. Sci. Rev.* 2018; 182:175－90; Packer, C. & others. *PLoS One* 2011; 6:e22285; Sander, P. M. and Andrassy, P. *Palaeontographica Abteilung A* 2006; 277:143－59; Wathan, J. and McComb, K. *Curr. Biol.* 2014; 24: R677-R679; Yamaguchi, N. & others. *J. Zool.* 2004; 263:329－42.

3 Bar-Oz, G. and Lev-Yadun, S. *PNAS* 2012; 109:E1212; Barnett, R. & others. *Molecular Ecology* 2009; 18:1668－77; Chernova, O. F. & others. *Quat. Sci. Rev.* 2016; 142:61－73; Chimento, N. R. and Agnolin, F. L. *Comptes Rendus Palevol* 2017; 16:850－64; de Manuel, M. & others. *PNAS* 2020; 117:10927－34; Nagel, D. & others. *Scripta Geologica* 2003:227－40; Stuart, A. J. and Lister, A. M. *Quat. Sci. Rev.* 2011; 30:2329－40; Turner, A. *Annales Zoologici Fennici* 1984:1－8; Yamaguchi, N. & others. *J. Zool.* 2004; 263:329－42.

4 Guthrie, R. D. *Frozen Fauna of the Mammoth Steppe: The Story of Blue Babe.* Chicago, USA: The University of Chicago Press; 1990; Kitchener, A. C. & others. 'Felid form and

function'. In: Macdonald, D. W. and Loveridge, A. J., eds. *Biology and Conservation of Wild Felids.* Oxford, UK: Oxford University Press; 2010. Pp. 83 – 106; Rothschild, B. M. and Diedrich, C. G. *International J. Paleopathology* 2012; 2:187 – 98.

5    Sissons, J. B. *Scottish J. Geology* 1974; 10:311 – 37.

6    Gazin, C. L. *Smithsonian Miscellaneous Collections* 1955; 128:1 – 96; Jass, C. N. and Allan, T. E. *Can. J. Earth Sci.* 2016; 53:485 – 93; Merriam, J. C. *University of California Publications of the Geological Society* 1913; 7:305 – 23; Upham, N. S. & others. *PLoS Biol.* 2019; 17.

7    Bennett, M. R. & others. Science 2021; 373:1528 – 1531. Goebel, T. & others. *Science* 2008; 319:1497 – 1502; Kooyman, B. & others. *American Antiquity* 2012; 77:115 – 24; Seersholm, F. V. & others. *Nature Communications* 2020; 11:2770; Vachula, R. S. & others. *Quat. Sci. Rev.* 2019; 205:35 – 44; Waters, M. R. & others. *PNAS* 2015; 112:4263 – 7.

8    Krane, S. & others. *Naturwissenschaften* 2003; 90:60 – 62; Madani, G. and Nekaris, K. A. I. *J. Venomous Animals and Toxins Including Tropical Diseases* 2014; 20; Nekaris, K. A. I. and Starr, C. R. *Endangered Species Research* 2015; 28:87 – 95; Nekaris, K. A. I. & others. *J. Venomous Animals and Toxins Including Tropical Diseases* 2013; 19; Still, J. *Spolia Zeylanica* 1905; 3:155; Wuster, W. and Thorpe, R. S. *Herpetologica* 1992; 48:69 – 85; Zareyan, S. & others. *Proc. R. Soc. B* 2019; 286:20191425.

9    Begon, M. & others. *Ecology : From Individuals to Ecosystems.* Oxford, UK: Blackwell Publishing; 2006.

10   Alexander, R. M. *J. Zoology* 1993; 231:391 – 401; Ellis, A. D. 'Biological basis of behaviour in relation to nutrition and feed intake in horses'. In: Ellis, A. D. and others, eds. *The impact of nutrition on the health and welfare of horses.* Netherlands: Wageningen Academic Publishers; 2010. Pp. 53 – 74; Kuitems, M. & others. *Arch. and Anth. Sci.* 2015; 7:289 – 95; van Geel, B. & others. *Quat. Sci. Rev.* 2011; 30:2289 – 303.

11   Beyer, R. M. & others. *Scientific Data* 2020; 7:236; Hopkins, D. M. 'Aspects of the Paleogeography of Beringia during the Late Pleistocene'. In: Hopkins, D. M. and others, eds. *Paleoecology of Beringia* : Academic Press; 1982. Pp. 3 – 28; Paterson, W. S. *Reviews of Geophysics and Space Physics* 1972; 10:885; Tinkler, K.J. & others. *Quaternary Research*

1994; 42:20 – 29.

12　Ager, T. A. *Quaternary Research* 2003; 60:19 – 32; Anderson, L. L. & others. *PNAS* 2006; 103:12447 – 50; Brubaker, L. B. & others. *J. Biogeog.* 2005; 32:833 – 48; Fairbanks, R. G. *Nature* 1989; 342:637 – 42; Holder, K. & others. *Evolution* 1999; 53:1936 – 50; Quinn, T. W. *Molecular Ecology* 1992; 1:105 – 17; Shaw A. J. & others. *J. Biogeog.* 2015; 42:364 – 76; *Paleodrainage map of Beringia* : Yukon Geological Survey; 2019; Zazula, G. D. & others. *Nature* 2003; 423:603.

13　Guthrie, R. D. *Quat. Sci. Rev.* 2001; 20:549 – 74; *Paleodrainage map of Beringia* : Yukon Geological Survey; 2019.

14　Batima, P. & others. 'Vulnerability of Mongolia's pastoralists to climate extremes and changes'. In: Leary, N. and others, eds. *Climate Change and Vulnerability*. London: Earthscan; 2008. Pp. 67 – 87; Clark, J. K. and Crabtree, S. A. *Land* 2015; 4:157 – 81; Fancy, S. G. & others. *Can. J. Zool.* 1989; 67:644 – 50; Mann, D. H. & others. *PNAS* 2015; 112:14301 – 6.

15　Clark, J. & others. *J. Archaeological Science* 2014; 52:12 – 23; Lent, P. C. *Biological Conservation* 1971; 3:255 – 63; Sommer, R. S. & others. *J. Biogeog.* 2014; 41:298 – 306.

16　Guthrie, R. D. and Stoker, S. *Arctic* 1990; 43:267 – 74.

17　Kuzmina, S. A. & others. *Invertebrate Zoology*. 2019; 16:89 – 125; Mann, D. H. & others. *Quat. Sci. Rev.* 2013; 70:91 – 108.

18　Begon, M. & others. *Ecology* : From Individuals to Ecosystems. Oxford, UK: Blackwell Publishing; 2006; Beyer, R. M. & others. *Scientific Data* 2020; 7:236; Kazakov, K. 2020. *Pogoda i klimat.* <http://www.pogodaiklimat.ru>.

19　Churcher, C. S. & others. *Can. J. Earth Sci.* 1993; 30:1007 – 13; Emslie, S. D. and Czaplewski, N. *J. Nat. Hist. Mus. LA County Contributions in Science* 1985; 371:1 – 12; Figueirido, B. & others. *J. Zool.* 2009; 277:70 – 80; Figueirido, B. & others. *J. Vert. Paleo.* 2010; 30:262 – 75; Kurten, B. *Acta Zoologica Fennica* 1967; 117:1 – - 60; Sorkin, B. *J. Vert. Paleo.* 2004; 24:116A.

20　Chernova, O. F. & others. *Proc. Zool. Inst. Russ. Acad. Sci.* 2015; 319:441 – 60; Harington, C. R. *Neotoma* 1991; 29:1 – 3; Matheus, P. E. *Quaternary Research* 1995; 44:447 – 53.

21  Grayson, J. H. *Folklore* 2015; 126:253 – 65; Hallowell, A. I. *American Anthropologist* 1926; 28:1 – 175; Huld, M. E. *Int. J. American Linguistics* 1983; 49:186 – 95.

22  Mann, D. H. & others. *Quat. Sci. Rev.* 2013; 70:91 – 108; Zimov, S. A. & others. 'The past and future of the mammoth steppe ecosystem'. In: Louys, J., ed. *Paleontology in Ecology and Conserva*tion. Berlin: Springer Verlag; 2012. Pp. 193 – 225.

23  Guthrie, R. D. *Quat. Sci. Rev.* 2001; 20:549 – 74.

24  Chytry, M. & others. *Boreas* 2019; 48:36 – 56; Guthrie, R. D. *Quat. Sci. Rev.* 2001; 20:549 – 74; Kane, D. L. & others. *Northern Research Basins Water Balance* 2004; 290:224 – 36; Mann, D. H. & others. *Quat. Sci. Rev.* 2013; 70:91 – 108.

25  Pec'nerova, P. & others. *Evolution Letters* 2017; 1:292 – 303; Rogers, R. L. and Slatkin, M. *PLoS Genetics* 2017; 13:e1006601; Vartanyan, S. L. & others. *Nature* 1993; 362:337 – 40.

26  Currey, D. R. *Ecology* 1965; 46:564 – 66; Gunn, R. G. *Art of the Ancestors: spatial and temporal patterning in the ceiling rock art of Nawarla Gabarnmang, Arnhem Land, Australia.* Archaeopress Archaeology; 2019; Paillet, P. *Bulletin de la Societe prehistorique francaise* 1995; 92:37 – 48; Valladas, H. & others. *Radiocarbon* 2013; 55:1422 – 31.

27  Martinez-Meyer, E. and Peterson, A. T. *J. Biogeog.* 2006; 33:1779 – 89.

## 第二章　起源——上新世

1  Kassagam, J. K. *What is this bird saying? – A study of names and cultural beliefs about birds amongst the Marakwet peoples of Kenya.* Kenya: Binary Computer Services; 1997.

2  Field, D. J. *J. Hum. Evol.* 2020; 140:102384; Hollmann, J. C. *South African Archaeological Society Goodwin Series* 2005; 9:21 – 33; Owen, E. *Welsh Folk-lore.* Woodall, Minshall, & Co.; 1887; Pellegrino, I. & others. *Bird Study* 2017; 64:344 – 52; Rowley, D. B. and Currie, B. S. *Nature* 2006; 439:677 – 81; Ruddiman, W. F. & others. *Proc. Ocean Drilling Program*, Scientific Results 1989; 108:463 – 84.

3  Chorowicz, J. *J. African Earth Sciences* 2005; 43:379 – 410; Feibel, C. S. *Evol. Anthro.* 2011; 20:206 – 16; Furman, T. & others. *J. Petrology* 2004; 45:1069 – 88; Mohr, P. A. *J. Geophysical Research* 1970; 75:7340 – 52.

4  Feibel, C. S. *Evol. Anthro.* 2011; 20:206 – 16; Furman, T. & others. *J. Petrology*

2006; 47:1221 − 44; Hernandez Fernandez, M. and Vrba, E. S. *J. Hum. Evol.* 2006; 50:595 − 626; Kolding, J. *Environmental Biology of Fishes* 1993; 37:25 − 46; Olaka, L. A. & others. *J. Paleolimnology* 2010; 44:629 − 44; Van Bocxlaer, B. *J. Hum. Evol.* 2020; 140:102341; Yuretich, R. F. & others. *Geochimica Et Cosmochimica Acta* 1983; 47:1099 − 1109.

5    Alexeev, V. P. *The origin of the human race.* Moscow: Progress Publishers; 1986; Brown, F. & others. *Nature* 1985; 316:788 − 92; Leakey, M. G. & others. *Nature* 2001; 410:433 − 40; Lordkipanidze, D. & others. *Science* 2013; 342:326 − 31; Ward, C. & others. *Evolutionary Anthropology* 1999; 7:197 − 205.

6    Aldrovandi, U. *Ornithologiae.* Bologna: Francesco de Franceschi; 1599; Hedenstrom, A. & others. *Curr. Biol.* 2016; 26:3066 − 70; Henningsson, P. & others. *J. Avian Biol.* 2010; 41:94 − 8; Hutson, A. M. *J. Zool.* 1981; 194:305 − 16; Liechti, F. & others. *Nature Communications* 2013; 4; Manthi, F. K. *The Pliocene micromammalian fauna from Kanapoi, northwestern Kenya, and its contribution to understanding the environment of Australopithecus anamensis.* Cape Town : University of Cape Town; 2006; Mayr, G. *J. Ornithology* 2015; 156:441 − 50; McCracken, G. F. & others. *Royal Society Open Science* 2016; 3:160398; Zuki, A. B. Z. & others. *Pertanika J. Tropical Agricultural Science* 2012; 35:613 − 22.

7    Delfino, M. *J. Hum. Evol.* 2020; 140:102353; Field, D. J. *J. Hum. Evol.* 2020; 140:102384; Kyle, K. and du Preez, L. H. *Afr. Zool.* 2020; 55:1 − 5; Manthi, F. K. and Winkler, A. J. *J. Hum. Evol.* 2020; 140:102338; Werdelin, L and Manthi, F. K. *J. African Earth Sciences* 2012; 64:1 − 8.

8    Geraads, D. & others. *J. Vert. Paleo.* 2011; 31:447 − 53; Lewis, M. E. *Comptes Rendus Palevol* 2008; 7:607 − 27; Stewart, K. M. and Rufolo S. J. *J. Hum. Evol.* 2020; 140:102452; Van Bocxlaer, B. *J. Systematic Palaeontology* 2011; 9:523 − 50; Van Bocxlaer, B. *J. Hum. Evol.* 2020; 140:102341; Werdelin, L and Lewis, M. E. *J. Hum. Evol.* 2020; 140:102334; Werdelin, L. and Manthi, F. K. *J. African Earth Sciences* 2012; 64:1 − 8.

9    Stewart, K. *Nat. Hist. Mus. LA County Contributions in Science* 2003; 498:21 − 38; Stewart, K. M. and Rufolo, S. J. *J. Hum. Evol.* 2020; 140:102452.

10   Field, D. J. *J. Hum. Evol.* 2020; 140:102384; Owry, O. T. *Ornithological Monographs*

1967; 6:60 – 63; Rijke, A. M. and Jesser, W. A. *Condor* 2011; 113:245 – 54.

11  Field, D. J. *J. Hum. Evol.* 2020; 140:102384; Kozhinova, A. https://ispan.waw.pl/ireteslaw/handle/20.500.12528/1832017; Louchart, A. & others. *Acta Palaeontologica Polonica* 2005; 50:549 – 63; Meijer, H. J. M. and Due, R. A. *Zoo. J. Linn. Soc.* 2010; 160:707 – 24; Ogada, D. L. & others. *Conservation Biology* 2012; 26:453 – 60; Pomeroy, D. E. *Ibis* 1975; 117:69 – 81; Szyjewski, A. *Religia Słowian.* Warsaw: Wydawnictwo WAM; 2010; Warren-Chadd, R. and Taylor, M. *Birds: Myth, lore & legend.* London: Bloomsbury; 2016. P. 304.

12  Basu, C. & others. *Biology Letters* 2016; 12:20150940; Brochu, C. A. *J. Hum. Evol.* 2020; 140:102410; Geraads, D. & others. *J. African Earth Sciences* 2013; 85:53 – 61; Geraads, D. and Bobe, R. *J. Hum. Evol.* 2020; 140:102383; Harris, J. M. *Annals of the South African Museum* 1976; 69:325 – 53; Nanda, A. C. *J. Palaeont. Soc. India* 2013; 58:75 – 86.

13  Harris, J. M. *Annals of the South African Museum* 1976; 69:325 – 53; Solounias, N. *J. Mamm.* 1988; 69:845 – 8; Spinage, C. A. *J. Zool.* 1993; 230:1 – 5.

14  Sengani, F. and Mulenga, F. *Applied Sciences* 2020; 10:8824; Wynn, J. G. *J. Hum. Evol.* 2000; 39:411 – 32.

15  Cerling, T. E. & others. *PNAS* 2015; 112:11467 – 72; Wagner, H. H. & others. *Landscape Ecology* 2000; 15:219 – 27.

16  Farquhar, G. D. and Sharkey, T. D. *Annual Reviews* 1982; 33:317 – 45; Waggoner, P. E. and Simmonds, N. W. *Plant Physiology* 1966; 41:1268.

17  Pearcy, R. W. and Ehleringer, J. *Plant, Cell, and Environment* 1984; 7:1 – 13; Spreitzer, R. J. and Salvucci, M. E. *Ann. Rev. Plant Biol.* 2002; 53:449 – 75; Westhoff, P. and Gowik, U. *Plant Physiology* 2010; 154:598 – 601.

18  Caswell, H. & others. *American Naturalist* 1973; 107:465 – 80; Cerling, T. E. & others. *PNAS* 2015; 112:11467 – 72; Pearcy, R. W and Ehleringer, J. *Plant, Cell, and Environment* 1984; 7:1 – 13.

19  Cerling, T. E. & others. *PNAS* 2015; 112:11467 – 72; Field, D. J. *J. Hum. Evol.* 2020; 140:102384; Franz-Odendaal, T. A and Solounias, N. *Geodiversitas* 2004; 26:675 – 85; Geraads, D. & others. *J. African Earth Sciences* 2013; 85:53 – 61; Harris J. M. *Annals*

*of the South African Museum* 1976; 69:325 − 53; Uno, K. T. & others. *PNAS* 2011; 108:6509 − 14; Wynn, J. G. *J. Hum. Evol.* 2000; 39:411 − 32.

20  Cerling, T. E. & others. *PNAS* 2015; 112:11467 − 72; Sanders, W. J. *J. Hum. Evol.* 2020; 140:102547; Valeix, M. & others. *Biological Conservation* 2011; 144:902 − 12.

21  Žliobaitė, I. *Data Mining and Knowledge Discovery* 2019; 33:773 − 803.

22  Gunnell, G. F and Manthi, F. K. *J. Hum. Evol.* 2020; 140:102440; Wynn, J. G. *J. Hum. Evol.* 2000; 39:411 − 32.

23  David-Barrett, T. and Dunbar, R. I. M. *J. Hum. Evol.* 2016; 94:72 − 82; Head, J. J. and Muller, J. *J. Hum. Evol.* 2020; 140:102451; Stave, J. & others. *Biodiversity and Conservation* 2007; 16:1471 − 89; Ungar, P. S. & others. *Phil. Trans. R. Soc.* B 2010; 365:3345 − 54; Ward, C. & others. *Evolutionary Anthropology* 1999; 7:197 − 205; Ward, C. V. & others. *J. Hum. Evol.* 2001; 41:255 − 368; Ward, C. V. & others. *J. Hum. Evol.* 2013; 65:501 − 24.

24  Stave, J. & others. *Biodiversity and Conservation* 2007; 16:1471 − 89.

25  Almecija, S. & others. *Nature Communications* 2013; 4; Brunet, M. & others. *Nature* 2002; 418:145 − 51; Haile-Selassie, Y. & others. *American J. Physical Anthropology* 2010; 141:406 − 17; Parins-Fukuchi, C. & others. *Paleobiology* 2019; 45:378 − 93; Pickford, M. and Senut, B. *Comptes Rendus A* 2001; 332:145 − 52; Sarmiento, E. E. and Meldrum, D. J. *J. Comparative Human Biology* 2011; 62:75 − 108; Ward, C. V. & others. *Phil. Trans. R. Soc. B* 2010; 365:3333 − 44; Wolpoff, M. H. & others. *Nature* 2002; 419:581 − 2.

26  Rose, D. 'The Ship of Theseus Puzzle'. In: Lombrozo, T. and others, eds. *Oxford Studies in Experimental Philosophy.* Volume 3. Oxford, UK: Oxford University Press; 2020. Pp. 158 − 74.

27  Wagner, P. J. and Erwin, D. H. *Phylogenetic Patterns as Tests of Speciation Models.* New York: Columbia University Press; 1995. Pp. 87 − 122.

28  Kimbel, W. H. & others. *J. Hum. Evol.* 2006; 51:134 − 52.

29  Lewis, J. E. and Harmand, S. *Phil. Trans. R. Soc. B* 2016; 371:20150233; McHenry, H. M. *American J. Physical Anthropology* 1992; 87:407 − 31; Reno, P. L. & others. *PNAS* 2003; 100:9404 − 9; Ward, C. V. & others. *Phil. Trans. R. Soc. B* 2010; 365:3333 − 44.

30  Geraads, D. & others. *J. African Earth Sciences* 2013; 85:53 − 61; Sanders, W. J. *J. Hum.*

*Evol.* 2020; 140:102547.

31  Faith, J. T. & others. *Quaternary Research* 2020; 96:88 − 104; Fortelius, M. & others. *Phil. Trans. R. Soc. B* 2016; 371:20150232; Werdelin, L. and Lewis, M. E. *PLoS One* 2013; 8:e57944.

32  Bobe, R. and Carvalho, S. *J. Hum. Evol.* 2019; 126:91 − 105; Harmand, S. & others. *Nature* 2015; 521:310; Department of Agriculture, Turkana County Government, Kenya. https://www.turkana.go.ke/index.php/ ministry-of-pastoral-economies-fisheries/ department-of-agriculture. Accessed 07/08/2020.

33  Olff, H. & others. *Nature* 2002; 415: 901-904; Ripple, W. J. & others. *Science Advances* 2015; 1:e1400103.

## 第三章　洪水——中新世

1  Audra, P. & others. *Geodinamica Acta* 2004; 17:389 − 400; Fauquette, S. & others. *Palaeo3* 2006; 238:281 − 301; Mao, K. S. & others. *New Phytologist* 2010; 188:254 − 72; Young, R. A. 'Pre- Colorado River drainage in western Grand Canyon: Potential influence on Miocene stratigraphy in Grand Wash Trough'. In: Reheis, M. C. and others, eds. *Late Cenozoic Drainage History of the Southwestern Great Basin and Lower Colorado River Region: Geologic and Biotic Perspectives* : The Geological Society of America; 2008. Pp 319 − 33.

2  Cita, M.B. 'The Messinian Salinity Crisis in the Mediterranean'. In: Briegel, U. and Xiao, W., eds. *Paradoxes in Geology* : Elsevier; 2001. Pp. 353 − 60.

3  Hou, Z. G. and Li, S. Q. *Biological Reviews* 2018; 93:874 − 96.

4  Hsu, K. J. 'The desiccated deep basin model for the Messinian events'. In: Drooger, C.W, ed. *Messinian Events in the Mediterranean.* Amsterdam: Noord-Halland Publ. Co.; 1973. Pp. 60 − 67; Madof, A. S. & others. *Geology* 2019; 47:171 − 74; Popov, S. V. & others. *Palaeo3* 2006; 238:91 − 106; Wang, F. X. and Polcher, J. *Sci. Reports* 2019; 9:8024.

5  Barber, P. M. *Marine Geology* 1981; 44:253 − 72; Cita, M. B. 'The Messinian Salinity Crisis in the Mediterranean'. In: Briegel, U. and Xiao, W., eds. *Paradoxes in Geology* : Elsevier; 2001. Pp. 353 − 60; El Fadli, K. I. & others. *Bull. Am. Meteorological Soc.* 2013; 94:199 − 204; Haq, B. U. & others. *Global and Planetary Change* 2020; 184:103052;

Kontakiotis, G. & others. *Palaeo3* 2019; 534; Murphy, L. N. & others. *Palaeo3* 2009; 279:41 − 59; Natalicchio, M. & others. *Organic Geochemistry* 2017; 113:242 − 53.

6   Anzidei, M. & others. 'Coastal structure, sea-level changes and vertical motion of the land in the Mediterranean'. In: Martini, I. P. and Wanless, H. R., eds. *Sedimentary Coastal Zones from High to Low Latitudes: Similarities and Differences*. Volume 388. London: Geological Society of London Special Publications ; 2014; Dobson, M. and Wright, A. *J. Biogeog.* 2000; 27:417 − 24; Meulenkamp, J. E. & others. *Tectonophysics* 1994; 234:53 − 72.

7   Fauquette, S. & others. *Palaeo3* 2006; 238:281 − 301; Freudenthal, M. and Martin-Suarez, E. *Comptes Rendus Palevol* 2010; 9:95 − 100.

8   Kleyheeg, E. and van Leeuwen, C. H. A. *Aquatic Botany* 2015; 127:1 − 5; Meijer, H. J. M. *Comptes Rendus Palevol* 2014; 13:19 − 26; Pavia, M. & others. *Royal Society Open Science* 2017; 4:160722.

9   Mas, G. & others. *Geology* 2018; 46:527 − 30; van der Geer, A. & others. *Gargano. Evolution of Island Mammals: Adaptation and Extinction of Placental Mammals on Islands*, 1st edition: Blackwell Publishing Ltd; 2010. pp 62 − 79; Willemsen, G. F. *Scripta Geologica* 1983; 72:1 − 9.

10   Kotrschal, K. & others. 'Making the best of a bad situation: homosociality in male greylag geese'. In: Sommer, V. and Vasey, P. L., eds. *Homosexual Behaviour in Animals: An Evolutionary Perspective*. Cambridge, UK: Cambridge University Press; 2006. pp 45 − 76; Meijer, H. J. M. *Comptes Rendus Palevol* 2014; 13:19 − 26; Pavia, M. & others. *Royal Society Open Science* 2017; 4:160722.

11   Alcover, J. A and McMinn, M. *Bioscience* 1994; 44:12 − 18; Ballmann, P. *Scripta Geologica* 1973; 17:1 − 75; Brathwaite, D. H. *Notornis* 1992; 39:239 − 47; Wehi, P. M. & others. *Human Ecology* 2018; 46:461 − 70.

12   Guthrie, R. D. *J. Mamm.* 1971; 52:209 − 212; Mazza, P. P. A. and Rustioni, M. *Zoo. J. Linn. Soc.* 2011; 163:1304 − 333.

13   Bazely, D. R. *Trends in Ecology & Evolution* 1989; 4:155 − 56; Wang, Y. & others. *Science* 2019; 364:1153.

14   Mazza, P. P. A. *Geobios* 2013; 46:33 − 42; Patton, T. H. and Taylor, B. E. *Bull. Am. Mus.*

*Nat. Hist.* 1971; 145:119 − 218.

15   Jaksić, F. M. and Braker, H. E. *Can. J. Zool.* 1983; 61:2230 − 2241; Leinders, J. J. M. *Scripta Geologica* 1983; 70:1 − 68; Mazza, P. & others. *Palaeontographica Abteilung A* 2016; 307:105 − 147.

16   Freudenthal, M. *Scripta Geologica* 1971; 3:1 − 10.

17   Van Hinsbergen, D. J. J. & others. *Gondwana Research* 2020; 81:79 − 229.

18   Angelone, C. and Cˇermak, S. *Palaeontologische Zeitschrift* 2015; 89:1023 − 38; Ballmann, P. *Scripta Geologica* 1973; 17:1 − 75; Delfino, M. & others. *Zoo. J. Linn. Soc.* 2007; 149:293 − 307; Mazza, P. *Bull. Palaeont. Soc.* Italy 1987; 26:233 − 43; Moncunill-Sole, B. & others. *Geobios* 2018; 51:359 − 66.

19   Benton, M. J. & others. *Palaeo3* 2010; 293:438 − 54; Itescu, Y. & others. *Global Ecology and Biogeography* 2014; 23:689 − − 700; Lomolino, M. V. *J. Biogeog.* 2005; 32:1683 − 99; Marra, A. C. *Quaternary International* 2005; 129:5 − 14; Meiri, S. & others. *Proc. R. Soc. B* 2008; 275:141 − 48; Mitchell, K. J. & others. *Science* 2014; 344:898 − 900; Nopcsa, F. *Verhandlungen der zoologische-botanischen Gesellschaft.* Volume 54. Vienna 1914. Pp. 12 − 14; van Valen, L. M. *Evolutionary Theory* 1973; 1:31 − 49; Worthy, T. H. & others. *Biology Letters* 2019; 15:20190467.

20   Alcover, J. A. & others. *Biol. J. Linn. Soc.* 1999; 66:57 − 74; Bover, P. & others. *Geological Magazine* 2010; 147:871 − 85; Kohler, M. & others. *PNAS* 2009; 106:20354 − 58; Kurakina, I. O. & others. *Chemistry of Natural Compounds* 1969; 5:337 − 39; Quintana, J. & others. *J. Vert. Paleo.* 2011; 31:231 − 40; Welker, F. & others. *Quaternary Research* 2014; 81:106 − 16; Winkler, D. E. & others. *Mammalian Biology* 2013; 78:430 − 37.

21   Caro, T. *Phil. Trans. R. Soc. B* 2009; 364:537 − 48; Freudenthal, M. *Scripta Geol.* 1972; 14:1 − 19; Nowak, R. M. *Walker's Mammals of the World I.* 5th ed. Baltimore, Maryland: Johns Hopkins University Press; 1991. Pp. 1 − 162; Wilson, D. E. and Reeder, D. M. *Mammal Species of the World. A Taxonomic and Geographic Reference.* Baltimore, Maryland, USA: Johns Hopkins University Press; 2005.

22   Abril, J. M. and Perianez, R. *Marine Geology* 2016; 382:242 − 56; Balanya, J. C. & others. *Tectonics* 2007; 26:TC2005; Garcia-Castellanos, D. & others. *Nature* 2009; 462: 778-U. &96; Pliny the Elder. *Natural History.* Volume 11855.

23 Garcia-Castellanos, D. & others. *Nature* 2009; 462:778－U96; Micallef, A. & others. *Sci. Reports* 2018; 8:1078.

24 Marra, A. C. *Quaternary International* 2005; 129:5－14; Northcote, E.M. *Ibis* 1982; 124:148－58.

25 Ermakhanov, Z. K. & others. *Lakes & Reservoirs* 2012; 17:3－9; Hammer, U. T. *Saline Lake Ecosystems of the World*. Springer Netherlands; 1986; Lehmann, P. N. *American Historical Review* 2016; 121:70－100; O'Hara S. L. & others. *Lancet* 2000; 355:627－8; Rogl, F. and Steininger, F. F. 'Neogene Paratethys, Mediterranean and Indopacific Seaways'. In: Brenchley, P., ed. *Fossils and Climate*. London: Wiley and Sons; 1984. Pp. 171－200; Walthan, T. and Sholji, I. *Geology Today* 2002; 17:218－24; Yechieli, Y. *Ground Water* 2000; 38:615－623; Yoshida, M. *Geology* 2016; 44:755－8.

26 Billi, A. & others. *Geosphere* 2007; 3:1－15.

27 Black, T. *Ecology of an island mouse, Apodemus sylvaticus hirtensis* : University of Edinburgh; 2013; Bover, P. & others. *Holocene* 2016; 26:1887－91; Kidjo, N. & others. *Bioacoustics* 2008; 18:159－81; Vigne, J. D. *Mammal Review* 1992; 22:87－96; Vigne, J. D. 'Preliminary results on the exploitation of animal resources in Corsica during the Preneolithic'. In: Balmuth, M. S. and Tykot, R. H., eds. *Sardinian and Aegean Chronology*. Oxford, UK: Oxbow Books; 1998. Pp. 57－62.

## 第四章　家園——漸新世

1 Diester-Haass, L. and Zahn, R. *Geology* 1996; 24:163－6; Flynn, J. J. & others. *Palaeo3* 2003; 195:229－59; Kedves, M. *Acta Bot. Acad. Sci. Hung.* 1971; 17:371－8; Kohn, M. J. & others. *Palaeo3* 2015; 435:24－37; Liu, Z. & others. *Science* 2009; 323:1187－90; Prasad, V. & others. *Science* 2005; 310:1177－80; Sarmiento, G. *Boletin Geologico Ingeominas* 1992; 32; Stromberg, C. A. E. *Annual Review of Earth and Planetary Science*s, Vol. 39 2011; 39:517－44.

2 Croft, D. A. & others. *Arquivos do Museu Nacional* 2008; 66:191－211; Folguera, A. and Ramos, V. A. *J. South American Earth Science*s 2011; 32:531－46; Lockley, M. & others. *Cretaceous Research* 2002; 23:383－400.

3 Houston, J. and Hartley, A. J. *Int. J. Climatol.* 2003; 23:1453－64; Mattison, L. and

Phillips, I. D. *Scottish Geographical Journal* 2016; 132:21 – 41; Nanzyo, M. & others. 'Physical characteristics of volcanic ash soils'. In: Shoji, S. and others, eds. *Volcanic Ash Soils, Genesis, Properties, and Utilization.* Tokyo: Elsevier; 1993. Pp. 189 – 207; Williams, M. A. J. 'Cenozoic climate changes in deserts: a synthesis'. In: Abrahams, A. D. and Parsons, A. J., eds. *Geomorphology of Desert Environments.* London: Chapman and Hall; 1994. Pp. 644 – 70.

4  Hernandez-Hernandez, T. & others. *New Phytologist* 2014; 202:1382 – 97.

5  Croft, D. A. & others. *Fieldiana* 2003; 1527:1 – 38; Hester, A. J. & others. *Forestry* 2000; 73:381 – 91; McKenna, M. C. & others. *Am. Mus.* Nov. 2006; 3536:1 – 18; Milchunas, D. G. & others. *American Naturalist* 1988; 132:87 – 106; Scanlon, T. M. & others. *Advances in Water Resources* 2005; 28:291 – 302; Simpson, G. G. *South American Mammals.* In: Fittkau, J. J., editor. *Biogeography and Ecology in South America.* The Hague: Dr. W. Junk N.V; 1969. Pp. 879 – 909.

6  De Muizon, C. & others. *J. Vert. Paleo.* 2003; 23:886 – 94; De Muizon, C. & others. *J. Vert. Paleo.* 2004; 24:398 – 410; Delsuc, F. & others. *Curr. Biol.* 2019; 29:2031; McKenna, M. C. & others. *Am. Mus.* Nov. 2006; 3536:1 – 18; Patino, S. & others. *Hist. Biol.* 2019, DOI: 10.1080/08912963.2019.1664504; Urbani, B. and Bosque, C. *Mammalian Biology* 2007; 72:321 – 29.

7  Croft D. A. & others. *Annual Review of Earth and Planetary Sciences* 2020; 48:259 – 90; Hautier L. & others. *J. Mamm. Evol.* 2018; 25:507 – 23.

8  Barry, R. E. and Shoshani, J. *Mammalian Species* 2000; 645: 1-7; Croft, D. A. *Evolutionary Ecology* Research 2006; 8: 1193-1214; Croft, D. A. *Horned Armadillos and Rafting Monkeys : The Fascinating Fossil Mammals of South America.* Bloomington and Indianapolis : Indiana University Press; 2016; Flynn, J. J. & others. *Palaeo3* 2003; 195:229 – 59.

9  Croft D. A. & others. *Annual Review of Earth and Planetary Sciences* 2020; 48:259 – 90; Winemiller, K. O. & others. *Ecology Letters* 2015; 18:737 – 51.

10  Rose, K.D. & others. 'Xenarthra and Pholidota'. In: Rose, K. D. and Archibald, J. D., eds. *The Rise of Placental Mammals: Origins and Relationships of the Major Extant Clades.* Baltimore, USA: Johns Hopkins University Press; 2005. Pp. 106 – 26.

11 Costa, E. & others. *Palaeo3* 2011; 301:97 – 107; Kohler, M. and Moya-Sola, S. *PNAS* 1999; 96:14664 – 7.

12 Guerrero, E. L. & others. *Rodriguesia* 2018; 69.

13 Bond, M. & others. *Nature* 2015; 520:538; Martin, T. *Paleobiology* 1994; 20:5 – 13.

14 Capobianco, A. and Friedman M. *Biological Reviews* 2019; 94:662 – 99; Chakrabarty, P. & others. *PLoS One* 2012; 7:e44083; Martin, C. H. and Turner, B. J. *Proc. R. Soc. B* 2018; 285:20172436; Pyron, R. A. *Syst. Biol.* 2014; 63:779 – 97; Richetti, P. C. & others. *Tectonophysics* 2018; 747:79 – 98.

15 Bertrand, O. C. & others. *Am. Mus.* Nov. 2012; 3750:1 – 36.

16 Linder, H. P. & others. *Biological Reviews* 2018; 93:1125 – 44.

17 Cully, A. C. & others. *Conservation Biology* 2003; 17:990 – 98; Hooftman, D. A. P. & others. *Basic and Applied Ecology* 2006; 7:507 – 19; Pereyra, P. J. *Conservation Biology* 2020; 34:373 – 7; Preston, C. D. & others. *Bot. J. Linn. Soc.* 2004; 145:257 – 94; Thomas, C. D. and Palmer, G. *PNAS* 2015; 112:4387 – 92; van de Wiel, C. C. M. & others. *Plant Genetic Resources* 2010; 8:171 – 81; Wildlife and Countryside Act. Parliament of the United Kingdom 1981.

18 Ameghino, F. *Anales del Museo Nacional* (Buenos Aires) 1907; 9:107 – 242; Benton, M. J. *Palaeontology* 2015; 58:1003 – 29; Gaudry, A. *Bulletin de la Societe Geologique de France* 1891; 19:1024 – 35; Podgorny, I. *Science in Context* 2005; 18:249 – 83; Vilhena, D. A. and Smith, A. B. *PLoS One* 2013; 8:e74470.

19 Hochadel, O. *Studies in Ethnicity and Nationalism* 2015; 15:389 – 410; McPherson, A. *State Geosymbols: Geological Symbols of the 50 United States.* Bloomington: AuthorHouse; 2011; Rowland, S. M. 'Thomas Jefferson, extinction, and the evolving view of Earth history in the late eighteenth and early nineteenth centuries'. In: Rosenberg, G. D., ed. *The Revolution in Geology from the Renaissance to the Enlightenmen*t: Geological Society of America Memoir 2009; 203: Pp. 225 – 46.

20 McKenna, M. C. & others. *Am. Mus.* Nov. 2006; 3536:1 – 18; Waitt, R. B. *Bulletin of Volcanology* 1989; 52:138 – 57.

21 Flynn, J. J. & others. *Palaeo3* 2003; 195:229 – 59; Travouillon, K. J. and Legendre, S. *Palaeo3* 2009; 272:69 – 84.

22   Barton, H. & others. *J. Archaeological Science* 2018; 99:99 − 111; Lucas, P. W. & others. *Annales Zoologici Fennici* 2014; 51: 143-52; Massey, F. P. & others. *Oecologia* 2007; 152: 677-683; Massey, F. P. & others. *Basic and Applied Ecology* 2009; 10:622 − 30; Rudall, P. J. & others. *Botanical Review* 2014; 80:59 − 71; Veits, M. & others. *Ecology Letters* 2019; 22:1483 − 92.

23   McHorse, B. K. & others. *Integrative and Comparative Biol.* 2019; 59:638 − 55; Mihlbachler, M. C. & others. *Science* 2011; 331:1178 − 81; Saarinen, J. *The Palaeontology of Browsing and Grazing.* In: Gordon, I. J. and Prins H. H. T., eds. *The Ecology of Browsing and Grazing II.* Cham: Springer Nature Switzerland; 2019. Pp. 5 − 59; Tapaltsyan, V. & others. *Cell Reports* 2015; 11:673 − 80.

24   Bacon, C. D. & others. *PNAS* 2015; 112:6110 − 15; Woodburne, M. O. *J. Mamm. Evol.* 2010; 17:245 − 64.

25   Barnosky, A. D. and Lindsey, E. L. *Quaternary International* 2010; 217:10 − 29; Barnosky, A. D. & others. *PNAS* 2016; 113:856 − 61; Frank, H. T. & others. *Revista Brasileira de Paleontologia* 2015; 18:273 − 84; MacPhee, R. D. E. & others. *Am. Mus. Nov.* 1999; 3261:1 − 20; McKenna, M. C. and Bell, S. K. *Classification of Mammals Above the Species Level.* New York Columbia University Press; 1997; Vizcaino, S. F. & others. *Acta Palaeontologica Polonica* 2001; 46:289 − 301.

26   MacPhee, R. & others. *Society of Vertebrate Palaeontology 74th Annual Meeting.* Berlin, Germany 2014; Welker, F. & others. *Nature* 2015; 522:81 − 4.

27   Bai, B. & others. *Communications Biology* 2018; 1; Osborn, H. F. *Bull. Am. Mus. Nat. Hist.* 1898; 10:159 − 65; Rose, K. D. & others. *Nature Communications* 2014; 5.

## 第五章   循環——始新世

1   Bowman, V. C. & others. *Palaeo3* 2014; 408:26 − 47; Case, J. A. *Geological Society of America Me*moirs 1988; 169:523 − 30; Doktor, M. & others. *Acta Palaeontologica Polonica* 1996; 55:127 − 46; Marenssi, S. A. & others. *Sedimentary Geology* 2002; 150:301 − 21; Poole, I. & others. *Annals of Botany* 2001; 88:33 − 54; Poole, I. & others. *Palaeo3* 2005; 222:95 − 121; Pujana, R. R. & others. *Review of Palaeobotany and Palynology* 2014; 200:122 − 37; Seddon, P. J. and Davis, L. S. Condor 1989; 91: 653-

659; Tatur, A. and Keck, A. *Proceedings of the NIPR Symposium on Polar Biology* 1990; 3:133 – 50; Zinsmeister, W. B. and Camacho, H. H. 'Late Eocene (to possibly earliest Oligocene) molluscan fauna of the La Meseta Formation of Seymour Island, Antarctic Peninsula'. In: Craddock, C., ed. *Antarctic Geoscience*. Madison, Wisconsin: University of Wisconsin Press; 1982. Pp. 299 – 304.

2   Buffo, J. & others. *USDA Forest Service Research Paper* 1972; 142:1 – 74.

3   Wyatt, B. M. & others. J. *Astrophysics and Astronomy* 2018; 39:0026.

4   Fricke, HC. & others. *Earth and Planetary Science Letters* 1998; 160:193 – 208; Frieling, J. & others. *Paleoceanography and Paleoclimatology* 2019; 34:546 – 66; Gehler, A. & others. *PNAS* 2016; 113:7739 – 44; Gingerich, P. D. *Paleoceanography and Paleoclimatology* 2019; 34:329 – 35; Higgins, J. A. and Schrag D. P. *Earth and Planetary Science Letters* 2006; 245:523 – 37; Storey, M. & others. *Science* 2007; 316:587 – 9; Zachos, J. C. & others. *Science* 2003; 302:1551 – 4.

5   D'Ambrosia, A. R. & others. *Science Advances* 2017; 3:e1601430; Hooker, J. J. and Collinson, M. E. *Austrian J. Earth Science*s 2012; 105:17 – 28; Porter, W. P. and Kearney, M. *PNAS* 2009; 106:19666 – 72; Shukla, A. & others. *Palaeo3* 2014; 412:187 – 98; Sluijs, A. & others. *Nature* 2006; 441:610 – 13; Zachos, J. C. & others. *Science* 2005; 308:1611 – 15.

6   Bijl, P. K. & others. *PNAS* 2013; 110:9645 – 50; Dutton, A. L. & others. *Paleoceanography* 2002; 17: 6-1-6-13.

7   Slack, K. E. & others. *Mol. Biol. Evo.* 2006; 23:1144 – 55; Tambussi, C. P. & others. *Geobios* 2005; 38:667 – 75.

8   Acosta Hospitaleche, C. *Comptes Rendus Palevol* 2014; 13:555 – 60; Davis, S. N. & others. *PeerJ* 2020; 8; Jadwiszczak, P. *Polish Polar Resear*ch 2006; 27:3 – 62; Levins, R. *Evolution in Changing Environments: Some Theoretical Explorations*. Princeton, New Jersey: Princeton University Press; 1968.

9   Acosta Hospitaleche, C. & others. *Lethaia* 2020; 53:409 – 20; Dzik, J. and Gaździcki, A. *Palaeo3* 2001; 172:297 – 312; Jadwiszczak, P. and Gaździcki, A. *Antarctic Science* 2014; 26:279 – 80; Reguero, M. A. & others. *Rev. Peru. Biol.* 2012; 19:275 – 84; Schwarzhans, W. & others. *J. Systematic Palaeontology* 2017; 15:147 – 70.

10  Reguero, M. A. & others. *Rev. Peru. Biol.* 2012; 19:275 – 84; Scher, H. D. & others. *Science* 2006; 312:428 – 30.

11  Randall, D. *An Introduction to the Global Circulation of the Atmosphere.* Princeton: Princeton University Press; 2015.

12  Acosta Hospitaleche, C. and Reguero, M. *J. South American Earth Sciences* 2020; 99; Bourdon, E. *Naturwissenschaften* 2005; 92:586 – 91; Ivany, L. C. & others. *Bull. Geol. Soc. Am.* 2008; 120:659 – 78; Jadwiszczak P. & others. *Antarctic Science* 2008; 20:413 – 14; Ksepka, D. T. *PNAS* 2014; 111:10624 – 9; Louchart, A. & others. *PLoS One* 2013; 8:e80372; Phillips, G. C. *Survival Value of the White Coloration of Gulls and Other Sea Birds* : Oxford University, UK; 1962.

13  Ksepka, D. T. *PNAS* 2014; 111:10624 – 9; Mackley, E. K. & others. *Marine Ecology Progress Series* 2010; 406:291 – 303.

14  Reguero, M. A. & others. *Rev. Peru. Biol.* 2012; 19:275 – 84; Wueringer, B. E. & others. *PLoS One* 2012; 7:e41605; Wueringer, B. E. & others. *Curr. Biol.* 2012; 22:R150 – R151.

15  Buono, M. R. & others. *Ameghiniana* 2016; 53:296 – 315; Gingerich, P. D. & others. *Science* 1983; 220:403 – 6; Nummela, S. & others. *J. Vert. Paleo.* 2006; 26:746 – 59.

16  Ekdale, E. G. and Racicot, R. A. *J. Anatomy* 2015; 226:22 – 39; Park, T. & others. *Proc. R. Soc. B* 2017; 284:20171836.

17  Bond, M. & others. *Am. Mus.* Nov. 2011; 3718:1 – 16; Mors, T. & others. *Sci. Reports* 2020; 10:5051.

18  Reguero, M. A. & others. *Palaeo3* 2002; 179:189 – 210; Reguero M. A. & others. *Global and Planetary Change* 2014; 123:400 – 413.

19  Gelfo, J. N. *Ameghiniana* 2016; 53:316 – 32; Gelfo, J. N. & others. *Antarctic Science* 2017; 29:445 – 55.

20  Amico, G. and Aizen, M. A. *Nature* 2000; 408:929 – 30; Goin, F. J. & others. *Revista de la Asociacion Geologica Argentina* 2007; 62:597 – 603; Goin, F. J. & others. *J. Mamm. Evol.* 2020; 27:17 – 36; Munoz-Pedreros, A. & others. *Gayana* 2005; 69:225 – 33; Springer, M. S. & others. *Proc. R. Soc. B* 1998; 265:2381 – 6.

21  Tambussi, C. P. & others. *Polish Polar Research* 1994; 15: 15-20; Torres, C. R. and

Clarke, J. A. *Proc. R. Soc. B* 2018; 285:20181540.

22 Alvarenga, H. M. F. & others. *Pap. Avulsos Zool.* 2003; 43:55－91; Bertelli, S. & others. *J. Vert. Paleo.* 2007; 27:409－19; Mazzetta, G. V. & others. *J. Vert. Paleo.* 2009; 29:822－30; Tambussi, C. and Acosta Hospitaleche, C. *Revista de la Asociacion Geologica Argentina* 2007; 62:604－17; Worthy, T. H. & others. *Royal Society Open Science* 2017; 4:170975.

23 Degrange, F. J. & others. *International Congress on Vertebrate Morphology* 2016. Volume 299. Washington, DC, USA, 29 Jun－03 Jul 2016. P. 224.

24 Arendt, J. *Chronobiology International* 2012; 29:379－94; Geiser, F. *Clinical and Experimental Pharmacology and Physiology* 1998; 25:736－9; Grenvald, J. C. & others. *Polar Biology* 2016; 39:1879－95; Peri, P. L. & others. *Forest Ecology and Management* 2008; 255:2502－11; Williams, C. T. & others. *Physiology* 2015; 30:86－96.

25 Goin, F. J. & others. *Geological Society of London Special Publications* 2006; 258:135－44; Krause, D. W. & others. *Nature* 2014; 515:512; Krause D. W. & others. *Nature* 2020; 581:421－7; Monks, A. and Kelly D. *Austral Ecology* 2006; 31:366－75.

26 Case, J. A. *Geological Society of London Special Publications* 2006; 258:177－86.

27 Goldner, A. & others. *Nature* 2014; 511:574; Ivany, L. C. & others. *Geology* 2006; 34:377－80; Kennedy, A. T. & others. *Phil. Trans. R. Soc. A* 2015; 373:20150092; Zachos, J. C. and Kump, L. R. *Global and Planetary Change* 2005; 47:51－66.

28 Burckle, L. H and Pokras, E. M. *Antarctic Science* 1991; 3:389－403; Holdereggar, R. & others. *Arctic Antarctic and Alpine Research* 2003; 35:214－17; Peat, H. J. & others. *J. Biogeog.* 2007; 34:132－46; Veblen, T. T. & others. *The Ecology and Biogeography of Nothofagus forests.* New Haven and London: Yale University Press; 1996; Zitterbart, D. P. & others. *Antarctic Science* 2014; 26:563－64.

29 Bonadonna, F. & others. *Proc. R. Soc. B* 2005; 272:489－95.

## 第六章 重生——古新世

1 Alvarez, L. W. & others. *Science* 1980; 208:1095－108; Arthur, M. A. & others. *Cretaceous Research* 1987; 8:43－54; Byrnes, J. S. & others. *Science Advances* 2018; 4:eaao2994; Chiarenza, A. A. & others. *PNAS* 2020; 117:17084－93; Collins, G. S.

& others. *Nature Communications* 2020; 11:1480; DePalma, R. A. & others. *PNAS* 2019; 116:8190 – 99; Goto, K. & others. 'Deep sea tsunami deposits in the Proto-Caribbean Sea at the Cretaceous/Tertiary Boundary'. In: Shiki, T. and others, eds. *Tsunamites* : Elsevier; 2008. Pp. 251 – 75; Jablonski, D. and Chaloner, W. G. *Trans. R. Soc. B* 1994; 344:11 – 16; Kaiho, K. & others. *Sci. Reports* 2016; 6:28427; Morgan J. & others. *Nature* 1997; 390:472 – 6; Sanford J. C. & others. *J. Geophysical Research-Solid Earth* 2016; 121:1240 – 61; Tyrrell, T. & others. *PNAS* 2015; 112:6556 – 61; Vajda, V. and McLoughlin S. *Science* 2004; 303:1489; Vajda, V. & others. *Science* 2001; 294:1700 – 1702; Vellekoop J. & others. *PNAS* 2014; 111:7537 – 41; Witts, J. D. & others. *Cretaceous Research* 2018; 91:147 – 67.

2   Alvarez, L. W. & others. *Science* 1980; 208:1095 – 108; Field, D. J. & others. *Curr. Biol.* 2018; 28:1825; Harrell, T. L. and Martin, J. E. *Netherlands J. Geosciences* 2015; 94:23 – 37; Henderson, M. D. and Petterson, J. E. *J. Vert. Paleo.* 2006; 26:192 – 5; Kaiho, K. and Oshima, N. *Sci. Reports* 2017; 7:14855; Robinson, L. N. and Honey, J. G. *PALAIOS* 1987; 2:87 – 90; Schimper, W. D. *Traite de paleontology vegetale.* Paris: Balliere; 1874; Swisher III, C. C. & others. *Can. J. Earth Sci.* 1993; 30:1981 – 96; Weishampel, D. B. & others. 'Dinosaur Distribution'. In: Weishampel, D. B. and others, eds. *The Dinosauria.* 2nd ed.: University of California Press; 2004. Pp. 517 – 606; Wilf, P. and Johnson, K. R. *Paleobiology* 2004; 30:347 – 68; Wilson, G. P. 2014; 503:365 – 92.

3   Smith, S. M. & others. *Bull. Geol. Soc. Am.* 2018; 130:2000 – 2014; Wells, H. G. *A Short History of the World.* New York: The MacMillan and Company; 1922.

4   Berry, K. *Rocky Mountain Geology* 2017; 52:1 – 16; Diemer, J. A. and Belt E. S. *Sedimentary Geology* 1991; 75:85 – 108; Fastovsky, D. E. *PALAIOS* 1987; 2:282 – 95; Fastovsky. D. E. and Bercovici, A. *Cretaceous Research* 2016; 57:368 – 90; Robertson, D. S. & others. *J. Geophysical Research* 2013; 118:329 – 36; Russell, D. A. & others. *Geological Society of America Special Paper* 361; 2002. Pp. 169 – 76; Slattery, J. S. & others. *Wyoming Geological Association Guidebook 2015*; 2015:22 – 60.

5   Correa, A. M. S. and Baker, A. C. *Global Change Biology* 2011; 17:68 – 75; Harries, P. J. & others. *Biotic Recovery from Mass Extinction Events 1996* :41 – 60; Jolley, D. W. & others. *J. Geol. Soc.* 2013; 170:477 – 82; Lehtonen, S. & others. *Sci. Reports* 2017;

7:4831; Vajda, V. and Bercovici, A. *Global and Planetary Change* 2014; 122:29 − 49; Walker, K. R. and Alberstadt, L. P. *Paleobiology* 1975; 1:238 − 57.

6   Johnson, K. R. *Geological Society of America Special Papers* 361; 2002. Pp. 329 − 91.

7   Arakaki, M. & others. *PNAS* 2011; 108: 8379-8384; Ivey, C. T. and DeSilva, N. *Biotropica* 2001; 33:188 − 91; Malhado, A. C. M. & others. 2012; 44:728 − 37.

8   Bush, R. T. and McInerney, F. A. *Geochimica Et Cosmochimica Acta 2013* ; 117:161 − 79; Lichtfouse, E. & others. *Organic Geochemistry* 1994; 22:349 − 51; Tipple, B. J. & others. *PNAS* 2013; 110:2659 − 64.

9   Simpson, G. G. *J. Mamm.* 1933; 14:97 − 107; Wilson, G. P. & others. *Nature* 2012; 483:457 − 60.

10  Ameghino, F. *Revista Argentina de Historia Natural* 1891; 1:289 − 328; Bonaparte, J. F. & others. *Evolutionary Monographs* 1990; 14:1 − 61; Fox, R. C. & others. *Nature* 1992; 358:233 − 35; Rich, T. H. & others. *Alcheringa* 2016; 40:475 − 501; Wible, J. R. and Rougier, G. W. *Annals of Carnegie Museum* 2017; 84:183 − 252.

11  Behrensmeyer, A. K. & others. *Paleobiology* 2000; 26:103 − 47; Grossnickle, D. M. & others. *Trends in Ecology & Evolution* 2019; 34:936 − 49; Trueman, C. N. . *Palaeontology* 2013; 56:475 − 86.

12  Friedman, M. *Proc. R. Soc. B* 2010; 277:1675 − 83; Grossnickle, D. M. and Newham, E. *Proc. R. Soc. B* 2016; 283:20160256; Wilson, G. P. & others. *Nature Communications* 2016; 7:13734.

13  Dos Reis, M. & others. *Biology Letters* 2014; 10:20131003; Goswami, A & others. *PNAS* 2011; 108:16333 − 338; Halliday, T. J. D. & others. *Proc. R. Soc. B* 2016; 283:20153026; O'Leary M. A. & others. *Science* 2013; 339:662 − 7; Prasad, G. V. R. and Goswami, A. *12th Symposium on Mesozoic Terrestrial Ecosystems* 2015. Pp. 75 − 7; Wible, J. R. & others. *Bull. Am. Mus. Nat. Hist.* 2009; 327:1 − 123.

14  Halliday, T. J. D. & others. *Biological Reviews* 2017; 92:521 − 50; Halliday, T. J. D. & others. *Proc. R. Soc. B* 2016; 283:20153026.

15  Lindqvist, C. and Rajora, O. P. *Paleogenomics: Genome-Scale Analysis of Ancient DNA.* Cham, Switzerland: Springer Nature ; 2019.

16  Archibald, J. D. 'Archaic ungulates ("Condylarthra")'. In: Janis, C. M. and others,

eds. *Evolution of Tertiary Mammals of North America. Terrestrial Carnivores, Ungulates, and Ungulate-like Mammals.* Cambridge, UK: Cambridge University Press; 1998. Pp. 292 – 331; De Bast, E. and Smith, T. *J. Vert. Paleo.* 2013; 33:964 – 76.

17   Emerling, C. A. & others. *Science Advances* 2018; 4:eaar6478.

18   Barbosa-Filho, J. M. & others. 'Alkaloids of the Menispermaceae'. In: Cordell, G. A., ed. *The Alkaloids: Chemistry and Biology.* Volume 54: Elsevier; 2000. Pp. 1 – 190; Clemens, W. A. *PaleoBios* 2017; 34:1 – 26; Field, D. J. & others. *Curr. Biol.* 2018; 28:1825; Johnson, K. R. *Geological Society of America Special Papers* 361; 2002. Pp. 329 – 91; Parris, D. C. and Hope, S. *Proceedings of the 5th Symposium of the Society of Avian Paleontology and Evolution* 2002:113 – 24.

19   Anderson, A. O. and Allred, D. M. *The Great Basin Naturalist* 1964; 24:93 – 101; Botha-Brink, J. & others. *Sci. Reports* 2016; 6:24053; Robertson, D. S. & others. *Bull. Geol. Soc. Am.* 2004; 116:760 – 68.

20   Holroyd, P. A. & others. *Geological Society of America Special Paper* 503; 2014. Pp. 299 – 312; Milner, A. C. *Geological Society Special Publications* 140; 1998. Pp. 247 – 57; O'Connor, P. M. & others. *Nature* 2010; 466:748 – 51; Turner, A. H. and Sertich, J. J. W. *J. Vert. Paleo.* 2010; 30:177 – 236; Young, M. T. & others. *Zoo. J. Linn. Soc.* 2010; 158:801 – 59.

21   Bryant, L. J. *Non-dinosaurian lower vertebrates across the Cretaceous-Tertiary Boundary in Northeastern Montana.* Berkeley: University of California Press; 1989; Katsura, Y. *Paleoenvironment and taphonomy of the fauna of the Tullock Formation (early Paleocene), McGuire Creek area, McCone County, Montana.* Bozeman: Montana State University; 1992; Keller, G. & others. *Palaeo3* 2002; 178:257 – 97; Puertolas-Pascual, E. & others. *Cretaceous Research* 2016; 57:565 – 90; Wilson, G. P. & others. *Geological Society of America Special* Paper 503; 2014. Pp. 271 – 97.

22   Johnson, K. R. *Geological Society of America Special Papers* 361; 2002. Pp. 329 – 91; Lofgren, D. L. *The Bug Creek problem and the Cretaceous-Tertiary transition at McGuire Creek, Montana.* Berkeley, California: University of California Press; 1995; Shelley, S. L. & others. *PLoS One* 2018; 13:e0200132; Wilson, M. V. H. *Quaestiones Entomologicae* 1978; 14:13 – 34.

23　Donovan, M. P. & others. *PLoS One* 2014; 9:e103542.

24　Labandeira, C. C. & others. *Geological Society of America Special Paper 361* ; 2002. Pp. 297 − 327.

25　Crossley- Holland, K. *The Penguin Book of Norse Myths: Gods of the Vikings.* London: Penguin Books Ltd; 1993.; van Valen, L. M. *Evolutionary Theory* 1978; 4:45 − 80.

26　Carroll, R. L. *Vertebrate Paleontology and Evolution.* New York, USA: W.H. Freeman and Company; 1988; Hostetter, C. F. *Mythlore* 1991; 3:5 − 10; van Valen, L. M. *Evolutionary Theory* 1978; 4:45 − 80.

27　Cooke, R. S. C. & others. *Nature Communications* 2019; 10.

28　Halliday, T. J. D. and Goswami, A. *Biol. J. Linn. Soc.* 2016; 118:152 − 68; Halliday, T. J. D. & others. *Biological Reviews* 2017; 92:521 − 50; Puechmaille, S. J. & others. *Nature* Communications 2011; 2; Smith, F. A. & others. *Science* 2010; 330:1216 − 19.

29　Coxall, H. K. & others. *Geology* 2006; 34:297 − 300; Dashzeveg, D. and Russell, D. E. *Geobios* 1992; 25:647 − 50; Storer, J. E. *Can. J. Earth Sci.* 1993; 30:1613 − 17.

30　Koenen, E. J. M. & others. *Syst. Biol.* 2020; 70: 508–26; Lowery, C. M. & others. *Nature* 2018; 558:288; Lyson, T. R. & others. *Science* 2019; 366:977 − 83.

## 第七章　信號──白堊紀

1　Hone, D. W. E. and Henderson, D. M. *Palaeo3* 2014; 394:89 − 98; Henderson, D. M. *J. Vert. Paleo.* 2010; 30:768 − 85; Lu, J. *Memoir of the Fukui Prefecture Dinosaur Museum* 2003; 2:153 − 60; Lu, J. & others. *Acta Geologica Sinica* 2005; 79:766 − 9; Martill, D. M. & others. *Cretaceous Research* 2006; 27:603 − 10; Modesto, S. P. and Anderson, J. S. *Syst. Biol.* 2004; 53:815 − 21.

2　Chen, P. J. & others. *Science in China Series D* 2005; 48:298 − 312; Fricke, H. C. & others. *Nature* 2011; 480:513 − 15; Wang, X. R. & others. *Acta Geologica Sinica* 2007; 81:911 − 16.

3　Falkingham, P. L. & others. *PLoS One* 2014; 9:e93247; Mallison, H. 'Rearing Giants: Kinetic-dynamic modeling of sauropod bipedal and tripedal poses'. In: Klein, N. and others, eds. *Biology of the Sauropod Dinosaurs.* Indianapolis: Indiana University Press; 2011. Pp. 237 − 50; Taylor M. P. & others. *Acta Palaeontologica Polonica* 2009;

54:213 – 20.

4   Cerda, I. A. and Powell, J. E. *Acta Palaeontologica Polonica* 2010; 55:389 – 98; Gallina, P. A. & others. *Sci. Reports* 2019; 9:1392; Gill, F. L. & others. *Palaeontology* 2018; 61:647 – 58; Twyman, H. & others. *Proc. R. Soc. B* 2016; 283:20161208; Wedel, M. J. *Paleobiology* 2003; 29:243 – 55; Wedel, M. J. *J. Exp. Zool. A* 2009; 311A:611 – 28.

5   Chen, P. J. & others. *Science in China Series D* 2005; 48:298 – 312; Xing, L. D. & others. *Lethaia* 2012; 45:500 – 506.

6   Gu, J. J. & others. *PNAS* 2012; 109:3868 – 73; Heads, S. W. and Leuzinger, L. *Zookeys* 2011; 77:17 – 30; Li, J. J. & others. *Mitochondrial DNA Part A* 2019; 30:385 – 96; Moyle, R. G. & others. *Nature Communications* 2016; 7:12709; Wang, B. & others. *J. Systematic Palaeontology* 2014; 12: 565-574; Wang, H. & others. *Cretaceous Research* 2018; 89:148 – 53.

7   Frederiksen, N. O. *Geoscience and Man* 1972; 4:17 – 28; Hethke, M. & others. *International J. Earth Sciences* 2013; 102:351 – 78; Labandeira, C. C. *Annals of the Missouri Botanical Garden* 2010; 97:469 – 513; Wu, S. Q. *Palaeoworld* 1999; 11:7 – 57; Yang, Y. & others. *American J. Botany* 2005; 92:231 – 41.

8   Dilcher, D. L. & others. *PNAS* 2007; 104:9370 – 74; Eriksson, O. & others. *International J. Plant Sci.* 2000; 161:319 – 29; Friis, E.M. & others. *Nature* ; 410:357 – 60; Gomez, B. & others. *PNAS* 2015; 112:10985 – 8; Ji, Q. & others. *Acta Geologica Sinica* 2004; 78:883 – 96.

9   Chinsamy, A. & others. *Nature Communications* 2013; 4; Hou, L. H. & others. *Chinese Science Bulletin* 1995; 40: 1545-1551; Ji, S. & others. *Acta Geologica Sinica* 2007; 81:8 – 15; Xing, L. D. & others. *J. Palaeogeography* 2018; 7:13.

10  Chen, P. J. & others. *Science in China Series D* 2005; 48:298 – 312; Hedrick, A. V. *Proc. R. Soc. B* 2000; 267: 671–5; Igaune, K. & others. *J. Avian Biology* 2008; 39:229 – 32; Yuan, W. & others. *Naturwissenschaften* 2000; 87:417 – 20.

11  Chen, P. J. & others. *Science in China Series* D 2005; 48:298 – 312; Clarke, J. A. & others. *Nature* 2016; 538:502 – 5; Habib, M. B. *Zitteliana* 2008;B28:159 – 66; Kojima, T. & others. *PLoS One* 2019; 14:e0223447; Senter, P. *Hist. Biol.* 2008; 20:255 – 87; Vinther, J. & others. *Curr. Biol.* 2016; 26:2456 – 62; Woodruff, D. C. & others. *Hist.*

*Biol.* 2020: DOI: 10.1080/08912963.2020.1731806; Xu, X. & others. *Nature* 2012; 484:92 – 5.

12　Bestwick, J. & others. *Biological Reviews* 2018; 93:2021 – 48; Lu, J. C. & others. *Acta Geologica Sinica* 2012; 86:287 – 93; Pan, H. Z. and Zhu, X. G. *Cretaceous Research* 2007; 28:215 – 24; Tong, H. Y. & others. *Am. Mus.* Nov. 2004; 3438:1 – 20; Zhou, Z. H. & others. *Can. J. Earth Sci.* 2005; 42:1331 – 8.

13　Gao, T. P. & others. *J. Systematic Palaeontology* 2019; 17:379 – 91; Li, L. F. & others. *Systematic Entomology* 2018; 43: 810-842; Zhang, J. F. *Cretaceous Research* 2012; 36:1 – 5.

14　Schuler, W. and Hesse, E. *Behavioral Ecology and Sociobiology* 1985; 16:249 – 55.

15　Lautenschlager, S. *Proc. R. Soc. B* 2014; 281:20140497; Xu, X. & others. *PNAS* 2009; 106:832 – 4.

16　McNamara, M. E. & others. *Nature Communications* 2018; 9:2072.

17　Nel, A. and Delfosse, E. *Acta Palaeontologica Polonica* 2011; 56:429 – 32; Shang, L. J. & others. *European J. Entomology* 2011; 108:677 – 85; Wang, M. M. & others. *PLoS One* 2014; 9:e91290; Wang, Y. J. & others. *PNAS* 2010; 107:16212 – 215.

18　De Bona, S. & others. *Proc. R. Soc. B* 2015; 282:20150202; Dong, R. *Acta Zootaxonomica Sinica* 2003; 28: 105–9.

19　Perez-de la Fuente, R. & others. *Palaeontology* 2019; 62:547 – 59; Wang, B. & others. *Science Advances* 2016; 2:e1501918.

20　Hu, Y. M. & others. *Nature* 1997; 390:137 – 42; Hurum, J. H. & others. *Acta Palaeontologica Polonica* 2006; 51:1 – 11; Smithwick, F. M. & others. *Curr. Biol.* 2017; 27:3337; Wong, E. S. W. & others. *PLoS One* 2013; 8:e79092.

21　Li, J. L. & others. *Chinese Science Bulletin* 2001; 46:782 – 6; Xu, X. and Norell, M. A. *Nature* 2004; 431:838 – 41; Hu, Y. M. & others. *Nature* 2005; 433:149 – 52.

22　Angielczyk, K. D. and Schmitz, L. *Proc. R. Soc. B* 2014; 281:20141642; Cerda, I. A. and Powell, J. E. *Acta Palaeontologica Polonica* 2010; 55:389 – 98; Schmitz, L. and Motani, R. *Science* 2011; 332:705 – 7.

23　Arrese, C. A. & others. *Curr. Biol.* 2002; 12:657 – 60; Hunt, D. M. & others. *Vision Research* 1998; 38:3299 – 306; Onishi, A. & others. *Nature* 1999; 402:139 – 40.

24 Evans, S. E. and Wang, Y. *J. Systematic Palaeontology* 2010; 8:81 – 95.

25 Evans, S. E. & others. *Senckenbergiana Lethaea* 2007; 87:109 – 18; Hechenleitner, E. M. & others. *Palaeontology* 2016; 59:433 – 46; Norell, M. A. & others. *Nature* 2020; 583:406 – 10; Rogers, K. C. & others. *Science* 2016; 352:450 – 53; Sander, P. M. & others. *Palaeontographica Abteilung A* 2008; 284:69 – 107; Vila, B. & others. *Lethaia* 2010; 43:197 – 208; Wilson, J. A. & others. *PLoS Biol.* 2010; 8:e1000322.

26 Amiot, R. & others. *Palaeontology* 2017; 60:633 – 47; Ji, Q. & others. *Nature* 1998; 393:753 – 61; Moreno, J. and Osorno, J. L. *Ecology Letters* 2003; 6:803 – 6; Wiemann, J. & others. *PeerJ* 2017; 5; Wiemann, J. & others. *Nature* 2018; 563:555; Yang, T.R. & others. *Acta Palaeontologica Polonica* 2019; 64:581 – 596.

27 Yang, Y. and Ferguson, D. K. *Perspectives in Plant Ecology Evolution and Systematics* 2015; 17:331 – 46.

28 Jiang, B. Y. & others. *Sedimentary Geology* 2012; 257:31 – 44.

29 Zhang, X. L. and Sha, J. G. *Cretaceous Research* 2012; 36:96 – 105.

30 Wu, C. E. *Journey to the West* (tr. Jenner, W. J. F.). Beijing: Collinson Fair; 1955.

## 第八章 基礎——侏羅紀

1 Bennett, S. C. *J. Paleontology* 1995; 69:569 – 80; Frey, E. and Tischlinger, H. *PLoS One* 2012; 7:e31945; Frey, E. & others. *Geological Society of London Special Publications* 2003; 217:233 – 66; Hone, D. W. E. and Henderson, D. M. *Palaeo3* 2014; 394:89 – 98; Upchurch, P. & others. *Hist. Biol.* 2015; 27:696 – 716; Wellnhofer, P. *Palaeontographica A* 1975; 149:1 – 30; Witton, M. P. *Geological Society of London Special Publication* 2018; 455:7 – 23.

2 Arkhangelsky, M S. & others. *Paleontological Journal* 2018; 52:49 – 57; Lanyon, J. M. and Burgess E. A. *Reproductive Sciences in Animal Conservation* 2014; 753:241 – 74; Vallarino, O. and Weldon, P. J. *Zoo Biology* 1996; 15:309 – 14.

3 Davies, J. & others. *Nature Communications* 2017; 8; Foffa, D. & others. *J. Anatomy* 2014; 225:209 – 19; Foffa, D. & others. *Nature Ecology & Evolution* 2018; 2: 1548–555; Jones, M. E. H. and Cree, A. *Curr. Biol.* 2012; 22:R986 – R987; Schweigert, G. & others. *Zitteliana* 2005; B26: 87-95; Stubbs, T. L. and Benton, M. J. *Paleobiology* 2016;

42:547 − 73; Thorne, P. M. & others. *PNAS* 2011; 108:8339 − 44; Young, M. T. & others. *PLoS One* 2012; 7:e44985.

4　Collini, C. A. *Acta Theodoro-Palatinae* Mannheim 1784; 5 Physicum:58 − 103; O'Connor, R. *The Earth on Show: Fossils and the Poetics of Popular Science 1802–1856.* Chicago: University of Chicago Press; 2013; Ruxton, G. D. and Johnsen, S. *Proc. R. Soc. B* 2016; 283:20161463; Torrens, H. *British Journal for the History of Science* 1995; 28:257 − 84.

5　Danise, S. and Holland, S. M. *Palaeontology* 2017; 60:213 − 32; Scotese, C. R. *Palaeo3* 1991; 87:493 − 501; Sellwood, B. W. and Valdes, P. J. *Proceedings of the Geologists' Association* 2008; 119:5 − 17; Vo"ro"s, A. and Escarguel, G. *Lethaia* 2020; 53:72 − 90.

6　Gill, G. A. & others. *Sedimentary Geology* 2004; 166:311 − 34; Hosseinpour, M. & others. *International Geology Review* 2016; 58:1616 − 45; Korte, C. & others. *Nature Communications* 2015; 6; Maffione, M. and van Hinsbergen, D. J. J. *Tectonics* 2018; 37:858 − 87; Scotese, C. R. *Palaeo3* 1991; 87:493 − 501.

7　Armstrong, H. A. & others. *Paleoceanography* 2016; 31:1041 − 53; Korte, C. & others. *Nature Communications* 2015; 6.

8　Morton, N. *Episodes* 2012; 35:328 − 32.

9　Ereskovsky, A. V. and Dondua, A. K. *Zoologischer Anzeiger* 2006; 245:65 − 76; Lavrov, A. I. and Kosevich, I. A. *Russ. J. Dev. Biol.* 2014; 45:205 − 23; Leinfelder, R. R. 'Jurassic Reef Ecosystems'. In: Stanley, G. D., ed. *The History and Sedimentology of Ancient Reef Systems.* Boston, MA, USA: Springer; 2001; Ludeman, D. A. & others. *BMC Evol. Biol.* 2014; 14; Reitner, J. and Mehl, D. *Geol. Palaeont.* 1995. Mitt. Innsbruck: Helfried Mostler Festschrift; 335 − 47.

10　Leys, S. P. *Integrative and Comparative Biology* 2003; 43: 19-27; Leys S. P. & others. *Advances in Marine Biology*, Vol. 52 2007; 52:1 − 145; Muller, W. E. G. & others. *Chemistry of Materials* 2008; 20:4703 − 11.

11　Colombie, C. & others. *Global and Planetary Change* 2018; 170:126 − 45; Leinfelder, R. R. 'Jurassic Reef Ecosystems'. In: Stanley, G. D., ed. *The History and Sedimentology of Ancient Reef Systems.* Boston, MA, USA: Springer; 2001.

12　Tompkins-MacDonald, G. J. and Leys. S. P. *Marine Biology* 2008; 154:973 − 84; Vogel,

S. *PNAS* 1977; 74:2069 – 71; Yahel, G. & others. *Limnology and Oceanography* 2007; 52:428 – 40.

13    Krautter, M. & others. *Facies* 2001; 44: 265-282; Pisera, A. *Palaeontologia Polonica* 1997; 57:3 – 216.

14    Brunetti, M. & others. *J. Palaeogeography-English* 2015; 4:371 – 83; Krautter, M. & others. *Facies* 2001; 44:265 – 82; Leinfelder, R. R. 'Jurassic Reef Ecosystems'. In: Stanley, G. D., ed. *The History and Sedimentology of Ancient Reef Systems*. Boston, MA, USA: Springer; 2001.

15    Dommergues, J. L. & others. *Paleobiology* 2002; 28:423 – 34; Landois, H. *Jahresb. Des Westfalischen Provinzial-Vereins fur Wissenschaft und Kunst* 1895; 23:99 – 108.

16    Inoue, S. and Kondo, S. *Sci. Reports* 2016; 6:33489; Lukeneder, A. and Lukeneder, S. *Acta Palaeontologica Polonica* 2014; 59:663 – 80; Stahl, W. and Jordan, R. *Earth and Planetary Science Letters* 1969; 6:173; Ward, P. *Paleobiology* 1979; 5:415 – 22.

17    Kastens, K. A. and Cita, M. B. *Bull. Geol. Soc. Am.* 1981; 92:845 – 57; Schweigert, G. & others. *Zitteliana* 2005; B26:87 – 95; Sole, M. & others. *Biology Open* 2018; 7:bio033860; Zhang, Y. & others. *Integrated Zoology* 2015; 10:141 – 51.

18    Allain, R. *J. Vert. Paleo.* 2005; 25:850 – 58; Mazin, J. M. & others. *Geobios* 2016; 49:211 – 28; Meyer, C. A. and Thuring, B. *Comptes Rendus Palevol* 2003; 2:103 – 17; Moreau, J. D. & others. *Bulletin de la Societe Geologique de France* 2016; 187:121 – 7; Owen R. *Rep. Brit. Ass. Adv. Sci* 1842; 11:32 – 7; Wellnhofer, P. *Palaeontographica A* 1975; 149:1 – 30; Witton, M. P. *Zitteliana* 2008; 28:143 – 59.

19    Elliott, G. F. *Geology Today* 1986; Jan-Feb: 20 – 23; Schweigert, G. and Dietl, G. *Jb. Mitt. Oberrhein Geol. Ver. NF* 2003; 85:473 – 83; Schweigert, G. & others. *Zitteliana* 2005; B26:87 – 95; Uhl, D. & others. *Palaeobiodiversity and Palaeoenvironments* 2012; 92:329 – 41.

20    Mazin, J. M. and Pouech, P. *Geobios* 2020; 58:39 – 53; Unwin, D. M. *Geological Society of London Special Publications* 2003; 217:139 – 90.

21    Bennett, S. C. . *Neues Jahrbuch fur Geologie und Palaontologie-Abhandlungen* 2013; 267:23 – 41.

22    Bennett, S. C. *J. Paleontology* 1995; 69:569 – 80; Bennett, S. C. *J. Vert. Paleo.* 1996;

16:432 − 44; Bennett, S. C. *J. Paleontology* 2018; 92:254 − 71; Black, R. 'A Flock of Flaplings'. *Laelaps: Scientific American* ; 2017; Lu, J. C. & others. *Science* 2011; 331:321 − 4; Prondvai, E. & others. *PLoS One* 2012; 7:e31392; Unwin, D. and Deeming, C. *Proc. R. Soc. B* 2019; 286:20190409.

23 Frey, E. and Tischlinger, H. *PLoS One* 2012; 7 e31945; Hoffmann, R. & others. *Sci. Reports* 2020; 10:1230.

24 Briggs, D. E. G. & others. *Proc. R. Soc. B* 2005; 272:627 − 32; Klug, C. & others. *Lethaia* 2010; 43:445 − 56; Mazin, J. M. and Pouech, P. *Geobios* 2020; 58:39 − 53; Mazin, J. M. & others. *Proc. R. Soc. B* 2009; 276:3881 − 6.

25 Hoffmann, R. & others. *J. Geol. Soc.* 2020; 177:82 − 102; Knaust, D. and Hoffmann, R. *Papers in Palaeontology* 2020; https://doi.org/10.1002/spp2.1311; Mehl, J. *Jahresberichte der Wetterauischen Gesellschaft fur Naturkunde* 1978; 85 − 9; Schweigert, G. *Berliner Palaobiologische Abhandlungen* 2009; 10:321 − 30; Vallon, L. *New Mexico Museum of Natural History and Science Bulletin* 2012; 57:131 − 5.

26 Baumiller, T. K. *Annual Review of Earth and Planetary Science*s 2008; 36:221 − 49; Macurda, D. B. and Meyer, D. L. *Nature* 1974; 247:394 − 6; Matzke, A. T. and Maisch M. W. *Neues Jahrbuch fur Geologie und Palaontologie-Abhandlungen* 2019; 291:89 − 107.

27 Thiel, M and Gutow, L. 'The Ecology of Rafting in the Marine Environment I: The Floating Substrata'. In: Gibson, R. N. and others, eds. *Oceanography and Marine Biology: An Annual Review.* Volume 42. London: CRC Press; 2004. P. 432.

28 Hunter, A. W. & others. *Royal Society Open Science* 2020; 7:200142; McGaw, I. J. and Twitchit, T. A. *Comparative Biochemistry and Physiology A* 2012; 161:287 − 95; Robin, N. & others. *Palaeontology* 2018; 61:905 − 18; Seilacher, A. and Hauff, R. B. *PALAIOS* 2004; 19:3 − 16.

29 Camerini, J. R. *Isis* 1993; 84: 700-727; Hunter, A. W. & others. *Paleontological Research* 2011; 15:12 − 22; Philippe, M. & others. *Review of Palaeobotany and Palynology* 2006; 142:15 − 32.

## 第九章　偶然——三疊紀

1 Levis, C. & others. *Science* 2017; 355:925; Lloyd, G. T. & others. *Biology Letters*

2016; 12:20160609; Moisan, P. & others. *Review of Palaeobotany and Palynology* 2012; 187:29 – 37; Shcherbakov, D. E. *Alavesia* 2008; 2:113 – 24; Voigt, S. & others. *Terrestrial Conservation Lagerstatten* 2017; 65 – 104.

2    Li, H. T. & others. *Nature Plants* 2019; 5:461 – 70; Pole, M. & others. *Palaeo3* 2016; 464:97 – 109.

3    Biffin, E. & others. *Proc. R. Soc. B* 2012; 279:341 – 8; Dobruskina, I. A. *Bulletin of the New Mexico Museum of Natural History and Science* 1995; 5:1 – 49.

4    Dobruskina, I. A. *Bulletin of the New Mexico Museum of Natural History and Science* 1995; 5:1 – 49; Fedorenko, O. A. and Miletenko, N. V. *Atlas of Lithology-Paleogeographical, Structural, Palinspastic, and Geoenvironmental Maps of Central Eurasia.* Almaty: YUGGEO; 2002; Marler, T. E. *Plant Signaling and Behavior* 2012; 7:1484 – 7; Moisan, P. and Voigt S. *Review of Palaeobotany and Palynology* 2013; 192:42 – 64; Shcherbakov, D. E. *Alavesia* 2008; 2:113 – 24; Shcherbakov, D. E. *Alavesia* 2008; 2:125 – 31; Voigt, S. & others. *Terrestrial Conservation Lagerstatten* 2017; 65 – 104.

5    Burtman, V. S. *Russian J. Earth Sciences* 2008; 10:ES1006; Dobruskina, I. A. *Bulletin of the New Mexico Museum of Natural History and Science* 1995; 5:1 – 49; Konopelko, D. & others. *Lithos* 2018; 302:405 – 20; Moisan, P. & others. *Review of Palaeobotany and Palynology* 2012; 187:29 – 37; Nevolko P. A. & others. *Ore Geology Reviews* 2019; 105:551 – 71; Shcherbakov, D. E. *Alavesia* 2008; 2:113 – 124.

6    Dyke, G. J. & others. *J. Evol. Biol.* 2006; 19:1040 – 43; Ericsson, L. E. *J. Aircraft* 1999; 36:349 – 56; Gans, C. & others. *Paleobiology* 1987; 13:415 – 26; Sharov, A. G. *Akad. Nauk. SSSR. Trudy Paleont. Inst.* 1971; 130:104 – 13.

7    Dzik, J. and Sulej, T. *Acta Palaeontologica Polonica* 2016; 61:805 – 23.

8    Butler, R. J. & others. *Biology Letters* 2009; 5:557 – 60; Chatterjee, S. and Templin, R. J. *PNAS* 2007; 104:1576 – 80; Fraser, N. C. & others. *J. Vert. Paleo.* 2007; 27:261 – 5; Simmons, N. B. & others. *Nature* 2008; 451:818 – U6; Xu, X. & others. *Nature* 2015; 521:70 – U131; Zhou, Z. H. and Zhang, F. C. *PNAS* 2005; 102:18998 – 19002.

9    Bi, S. D. & others. *Nature* 2014; 514:579; King, B. and Beck, R. M. D. *Proc. R. Soc. B* 2020; 287:20200943; Lucas, S. G. and Luo, Z. *J. Vert. Paleo.* 1993; 13:309 – 34; Luo, Z. X. *Nature* 2007; 450:1011 – 19; Ruta, M. & others. *Proc. R. Soc. B* 2013;

280:20131865.

10  Bajdek, P. & others. *Lethaia* 2016; 49:455－77; Bown, T. M. and Kraus, M. J. 'Origin of the tribosphenic molar and metatherian and eutherian dental formulae'. In: Lillegraven, J. A. and others, eds. *Mesozoic Mammals: The First Two-Thirds of Mammalian History*. Berkeley: University of California Press; 1979. Pp. 172－81; Chudinov, P. K. 'The skin covering of therapsids'. In: Flerov, K. K., ed. *Data on the Evolution of Terrestrial Vertebrates*. Moscow: Nauka; 1970. Pp. 45－50; Maier, W. & others. *J. Zoological Systematics and Evolutionary Research* 1996; 34:9－19; Oftedal, O. T. *Journal of Mammary Gland Biology and Neoplasia* 2002; 7:225－52; Oftedal, O. T. *Journal of Mammary Gland Biology and Neoplasia* 2002; 7:253－66; Tatarinov, L. P. *Paleontological Journal* 2005; 39:192－8.

11  De Ricqles, A. & others. *Annales de Paleontologie* 2008; 94:57－76; Foth, C. & others. *BMC Evol. Biol.* 2016; 16.

12  Pritchard, A. C. and Sues, H. D. *J. Syst. Palaeo.* 2019; 17:1525－45; Renesto, S. & others. *Rivista Italiana Di Paleontologia E Stratigrafia* 2018; 124:23－33; Spiekman, S. N. F. & others. *Curr. Biol.* 2020; 30:3889－95; Wild, R. *Schweizerische Palaontologische Abhandlungen* 1973; 95:1－162.

13  Alifanov, V. R. and Kurochkin, E. N. *Paleontological Journal* 2011; 45:639－47; Goncalves, G. S. and Sidor, C. A. *PaleoBios* 2019; 36:1－10.

14  Buatois, L. A. & others. *The Mesozoic Lacustrine Revolution. Trace-Fossil Record of Major Evolutionary Events, Vol. 2: Mesozoic and Cenozoic* 2016; 40:179－263; Dobruskina, I. A. *Bulletin of the New Mexico Museum of Natural History and Science* 1995; 5:1－49; Voigt, S. and Hoppe, D. *Ichnos* 2010; 17:1－11.

15  Dobruskina, I. A. *Bulletin of the New Mexico Museum of Natural History and Science* 1995; 5:1－49; Moisan P. & others. *Review of Palaeobotany and Palynology* 2012; 187:29－37; Schoch, R. R. & others. *PNAS* 2020; 117:11584－8; Shcherbakov, D. E. *Alavesia* 2008; 2:113－124; Wagner, P. & others. *Paleontological Research* 2018; 22:57－63.

16  Gawin, N. & others. *BMC Evol. Biol.* 2017; 17; Hengherr, S. and Schill, R. O. *J. Insect Physiology* 2011; 57:595－601; Shcherbakov, D. E. *Alavesia* 2008; 2:113－24.

17  Moser, M. and Schoch, R. R. *Palaeontology* 2007; 50:1245 – 66; Schoch, R. R. & others. *Zoo. J. Linn. Soc.* 2010; 160:515 – 30; Tatarinov, L. P. *Seymouriamorphen aus der Fauna der UdSSR.* In: Kuhn, O., ed. *Encyclopedia of Paleoherpetology*, Part 5B: Batrachosauria (Anthracosauria) Gephyrostegida-Chroniosuchida. Stuttgart: Gustav Fischer; 1972. P. 80; Voigt, S. & others. *Terrestrial Conservation Lagerstatten* 2017; 65 – 104; Lemanis, R. & others. *PeerJ Preprints* 2019; 7:e27476v1.

18  Buchwitz, M. and Voigt, S. *J. Vert. Paleo.* 2010; 30:1697 – 708; Buchwitz, M. & others. *Acta Zoologica* 2012; 93:260 – 80; Schoch, R. R. & others. *Zoo. J. Linn. Soc.* 2010; 160:515 – 30.

19  Fischer J. & others. *Palaontologie, Stratigraphie, Fazies* 2007; 15:41 – 6; Nakaya K. & others. *Sci. Reports* 2020; 10:12280; Vorobyeva, E. I. *Paleontological Journal* 1967; 4:102 – 1.

20  Fischer, J. & others. *J. Vert. Paleo.* 2011; 31:937 – 53; Rees, J. and Underwood, C. J. *Palaeontology* 2008; 51:117 – 47.

21  Kukalovapeck, J. *Can. J. Zool.* 1983; 61:1618 – 69; Pringle, J. W. S. *Phil. Trans. R. Soc. B* 1948; 233:347; Shcherbakov, D. E. & others. *International J. Dipterological Research* 1995; 6:76 – 115; Sherman, A. and Dickinson, M. H. *J. Exp. Biol.* 2003; 206:295 – 302.

22  Bethoux, O. *Arthropod Systematics and Phylogeny* 2007; 65:135 – 56; Frost, S. W. *Insect Life and Natural History.* New York, USA: Dover Publications; 1959; Gorochov, A. V. *Paleontological Journal* 2003; 37:400 – 406; Grimaldi, D. and Engel, M. S. *Evolution of the Insects.* Cambridge, UK: Cambridge University Press; 2005; Huang, D. Y. & others. *J. Syst. Palaeo.* 2020; 18:1217 – 22; Vishnyakova, V. N. *Paleontological Journal* 1998:69 – 76; Voigt, S. & others. *Terrestrial Conservation Lagerstatten* 2017; 65 – 104.

23  Buchwitz, M. and Voigt, S. *Palaeontologische Zeitschrift* 2012; 86: 313-331; Unwin, D. M. & others. 'Enigmatic small reptiles from the Middle-Late Triassic of Kirgizstan'. In: Benton, M. J. and others, eds. *The Age of Dinosaurs in Russia and Mongolia.* Cambridge, UK: Cambridge University Press; 2000. Pp. 177 – 86.

24  Alroy, J. *PNAS* 2008; 105:11536 – 42; Erwin, D. H. *Annual Review of Ecology and Systematics* 1990; 21:69 – 91; Foth, C. & others. *BMC Evol. Biol.* 2016; 16; Monnet, C. & others. 'Evolutionary trends of Triassic ammonoids'. In: Klug, C. and others, eds.

*Ammonoid Paleobiology: From macroevolution to paleogeography*. Dordrecht: Springer. Pp. 25－50.

25　Button, D. J. & others. *Nature Communications* 2017; 8; Halliday, T. J. D. & others. 'Leaving Gondwana: the changing position of the Indian Subcontinent in the global faunal network'. In: Prasad, G. V. and Patnaik, R., eds. *Biological Consequences of Plate Tectonics: New Perspectives on Post-Gondwanan Break-up － A Tribute to Ashok Sahni, Vertebrate Paleobiology and Paleoanthropology*. Switzerland: Springer; 2020. Pp. 227－49.

26　Behrensmeyer, A. K. & others. *Paleobiology* 2000; 26:103－47; Burtman, V. S. *Russian J. Earth Science*s 2008; 10:ES1006; Padian, K. and Clemens, W. A. 'Terrestrial vertebrate diversity: episodes and insights'. In: Valentine, J., ed. *Phanerozoic Diversity Patterns: Profiles in Macroevolution*. Guildford: Princeton University Press; 1985. Pp. 41－86; Shcherbakov, D. E. *Alavesia* 2008; 2:113－24.

## 第十章　季節——二疊紀

1　Kato, K. M. & others. *Phil. Trans. R. Soc. B* 2020; 375:20190144; Tabor, N. J. & others. *Palaeo3* 2011; 299:200－213; Tsuji, L. A. & others. *J. Vert. Paleo.* 2013; 33:747－63.

2　Bendel, E. M. & others. *PLoS One* 2018; 13:e0207367; Kermack, K. A. *Phil. Trans. R. Soc. B* 1956; 240:95－133; Smiley, T. M. & others. *J. Vert. Paleo.* 2008; 28:543－7; Whitney, M. R. & others. *Jama Oncology* 2017; 3:998－1000.

3　Araujo, R. & others. *PeerJ* 2017; 5; Smith, R. M. H. & others. *Palaeo3* 2015; 440:128－41; Tabor, N. J. & others. *Palaeo3* 2011; 299:200－213.

4　Bernardi, M. & others. *Earth-Science Reviews* 2017; 175:18－43; Blakey, R. C. *Carboniferous-Permian paleogeography of the assembly of Pangaea*. 2003; Utrecht, Netherlands. Pp. 443－56; Scotese, C. R. & others. *J. Geology* 1979; 87:217－77; Tabor, N. J. & others. *J. Vert. Paleo.* 2017; 37:240－53; Vai, G. B. *Palaeo3* 2003; 196:125－55; Wu, G. X. & others. *Annales Geophysicae* 2009; 27:3631－44.

5　Chandler, M. A. & others. *Bull. Geol. Soc. Am.* 1992; 104:543－59; Kutzbach, J. E and Gallimore, R. G. *J. Geophysical Research* 1989; 94:3341－57; Shields, C. A. and Kiehl, J. T. *Palaeo3* 2018; 491:123－36.

6　Smith, R. M. H. & others. *Palaeo3* 2015; 440:128－41.

7     Looy, C. V. & others. *Palaeo3* 2016; 451:210 – 26.

8     Blob, R. W. *Paleobiology* 2001; 27:14 – 38; Brink, A. S. and Kitching, J. W. *Palaeontologica Africana* 1953; 1:1 – 28; Eloff, F. C. *Koedoe* 1973; 16:149 – 54; Kammerer, C. F. *PeerJ* 2016; 4; Kluever, B. M. & others. *Curr. Zool.* 2017; 63:121 – 9; Kummell, S. B. and Frey, E. *PLoS One* 2014; 9:e113911; Smith, R. M. H. & others. *Palaeo3* 2015; 440:128 – 41.

9     Boitsova, E. A. & others. *Biol. J. Linn. Soc.* 2019; 128:289 – 310; Tabor, N. J. & others. *Palaeo3* 2011; 299:200 – 213; Tsuji, L. A. & others. *J. Vert. Paleo.* 2013; 33:747 – 63; Turner, M. L. & others. *J. Vert. Paleo.* 2015; 35:e994746; Valentini M. & others. *Neues Jahrbuch fur Geologie und Palaontologie-Abhandlungen* 2009; 251:71 – 94.

10    Biewener, A. A. *Science* 1989; 245:45 – 8; Ford, D. P. and Benson, R. B. *J. Nature Ecology & Evolution* 2020; 4:57; Fuller, P. O. & others. *Zoology* 2011; 114:104 – 12; Langman, V. A. & others. *J. Exp. Biol.* 1995; 198:629 – 32; VanBuren, C. S. and Bonnan, M. *PLoS One* 2013; 8:e74842.

11    Cecil, C. B. *International J. Coal Geology* 2013; 119:21 – 31; Ferner, K. and Mess, A. *Respiratory Physiology & Neurobiology* 2011; 178:39 – 50; Gervasi, S. S. and Foufopoulos, J. *Functional Ecology* 2008; 22:100 – 108; Wolkers, W. F. & others. *Comparative Biochemistry and Physiology A* 2002; 131:535 – 43.

12    Laurin, M. and de Buffrenil, V. *Comptes Rendus Palevol* 2016; 15:115 – 27; Pyron, R. A. *Syst. Biol.* 2011; 60:466 – 81.

13    Damiani, R. & others. *J. Vert. Paleo.* 2006; 26:559 – 72; Liu, N. J. & others. *Zoomorphology* 2016; 135:115 – 20; Marjanović, D. and Laurin, M. *PeerJ* 2019; 6; Sidor, C. A. *Comptes Rendus Palevol* 2013; 12:463 – 72; Sidor, C. A. & others. *Nature* 2005; 434:886 – 9; Stewart, J. R. 'Morphology and evolution of the egg of oviparous amniotes'. In: Sumida, S. and Martin, K., eds. *Amniote Origins – Completing the Transition to Land*. London: Academic Press; 1997. Pp. 291 – 326; Steyer, J. S. & others. *J. Vert. Paleo.* 2006; 26:18 – 28.

14    Brocklehurst, N. *PeerJ* 2017; 5; Hugot, J. P. & others. *Parasites & Vectors* 2014; 7; Modesto, S. P. & others. *J. Vert. Paleo.* 2019; 38:e1531877; O'Keefe, F. R. & others. *J. Vert. Paleo.* 2005; 25:309 – 19; Reisz, R. R. and Sues, H. D. 'Herbivory in Late

Paleozoic and Triassic Terrestrial Vertebrates'. In: Sues, H. D., ed. *Evolution of Herbivory in Terrestrial Vertebrates*. Cambridge, UK: Cambridge University Press; 2000. Pp. 9－41; Watanabe, H. and Tokuda, G. *Cellular and Molecular Life Science*s 2001; 58:1167－78.

15  LeBlanc, A. R. H. & others. *Sci. Reports* 2018; 8:3328; Smith, R. M. H. & others. *Palaeo3* 2015; 440:128－41.

16  Looy, C. V. & others. *Palaeo3* 2016; 451:210－26; Smith, R. M. H. & others. *Palaeo3* 2015; 440:128－41.

17  Dixon, S. J. and Sear, D. A. *Water Resources R*esearch 2014; 50:9194－210; Kelley, D. B. & others. *Southeastern Archaeology* 1996; 15:81－102; Watson, J. *East Texas Historical Journal* 1967; 5:104－11.

18  Frobisch, J. *Early Evolutionary History of the Synapsida* 2014:305－19; Frobisch, J. and Reisz, R. R. *Proc. R. Soc. B* 2009; 276:3611－18; Sennikov, A. G. and Golubev, V. K. *Paleontological Journal* 2017; 51:600－611.

19  Chandra, S. and Singh, K. J. *Review of Palaeobotany and Palynology* 1992; 75:183－218; Prevec, R. & others. *Review of Palaeobotany and Palynology* 2009; 156:454－93; Tsuji, L. A. & others. *J. Vert. Paleo.* 2013; 33:747－63.

20  Feder, A. & others. *J. Maps* 2018; 14:630－43; Looy, C. V. & others. *Palaeo3* 2016; 451:210－26; Tfwala, C. M. & others. *Agricultural and Forest Meteorology* 2019; 275:296－304.

21  Grasby, S. E. & others. *Nature Geoscience* 2011; 4:104－7.

## 第十一章　燃料——石炭紀

1  Berner, R. A. & others. *Science* 2007; 316:557－8; Clements, T. & others. *J. Geol. Soc.* 2019; 176:1－11; Phillips, T. L. & others. *International J. Coal Geology* 1985; 5:43; Potter, P. E. and Pryor, W. A. *Geol. Soc. Am.* 1961; 72:1195－249.

2  Andrews, H. N. and Murdy, W. H. *American J. Botany* 1958; 45:552－60; DiMichele, W. A. and DeMaris, P. J. *PALAIOS* 1987; 2:146－57; Evers, R. A. *American J. Botany* 1951; 38:7317; Thomas, B. A. *New Phytologist* 1966; 65:296－303.

3  Baird, G. C. & others. *PALAIOS* 1986; 1: 271-285; DiMichele, W. A. and DeMaris, P. J. *PALAIOS* 1987; 2:146－57; Thomas B. A. & others. *Geobios* 2019; 56:31－48.

4    Brown, R. *J. Geol. Soc.* 1848; 4:46 – 50; Eggert, D. A. and Kanemoto, N. Y. *Botanical Gazette* 1977; 138:102 – 11; Hetherington, A. J. & others. *PNAS* 2016; 113:6695 – 700.

5    Banfield, J. F. & others. *PNAS* 1999; 96:3404 – 11; Davies, N. S. and Gibling, M. R. *Nature Geoscience* 2011; 4:629 – 33; Gibling, M. R. and Davies, N. S. *Nature Geoscience* 2012; 5:99 – 105; Gibling, M. R. & others. *Proceedings of the Geologists Association* 2014; 125:524 – 33; Le Hir, G. & others. *Earth and Planetary Science Letters* 2011; 310:203 – 12; Pierret, A. & others. *Vadose Zone Journal* 2007; 6:269 – 81; Quirk, J. & others. *Biology Letters* 2012; 8:1006 – 11; Song, Z. L. & others. *Botanical Review* 2011; 77:208 – 13; Ulrich, B. 'Soil acidity and its relations to acid deposition'. In: Ulrich, B., and Pankrath, J., eds. 1982; Gottingen: Springer. Pp. 127 – 46.

6    Baird, G.C. & others. *PALAIOS* 1986; 1:271 – 85; Kuecher, G. J. & others. *Sedimentary Geology* 1990; 68:211 – 21; Phillips, T. L. & others. *International J. Coal Geology* 1985; 5:43; Potter, P. E. and Pryor, W. A. *Geol. Soc. Am.* 1961; 72:1195 – 249.

7    Armstrong, J. and Armstrong, W. *New Phytologist* 2009; 184:202 – 15; DiMichele, W. A. and DeMaris, P. J. *PALAIOS* 1987; 2:146 – 57; DiMichele, W. A. and Phillips, T. L. *Palaeo3* 1994; 106:39 – 90; Falcon-Lang, H. J. *J. Geol. Soc.* 1999; 156:137 – 48; Potter, P. E. and Pryor, W. A. *Geol. Soc. Am.* 1961; 72:1195 – 249.

8    Berner, R. A. & others. *Science* 2007; 316:557 – 8; Came, R. E. & others. *Nature* 2007; 449:198 – U3; Glasspool, I. J. & others. *Frontiers in Plant Science* 2015; 6; He, T. H. and Lamont, B. B. National *Science Review* 2018; 5:237 – 54; Viegas, D. X. and Simeoni, A. *Fire Technology* 2011; 47:303 – 20.

9    Fonda, R. W. *Forest Science* 2001; 47:390 – 96; Keeley, J. E. & others. *Trends in Plant Science* 2011; 16:406 – 11; Thanos, C. A. and Rundel, P. W. *J. Ecology* 1995; 83:207 – 16.

10   Bethoux, O. *J. Paleontology* 2009; 83:931 – 7; Brockmann, H. J. & others. *Animal Behaviour* 2018; 143:177 – 91; Fisher, D. C. *Mazon Creek Fossils* 1979; 379 – 447; Mundel, P. *Mazon Creek Fossils* 1979:361 – 78; Tenchov, Y. G. *Geologia Croatica* 2012; 65:361 – 6.

11   Aslan, A. and Behrensmeyer, A. K. *PALAIOS* 1996; 11:411 – 21; Behrensmeyer, A. K. & others. *Paleobiology* 2000; 26:103 – 47; Clements, T. & others. *J. Geol. Soc.* 2019;

176:1－11; Coombs, W. P. and Demere, T. A. *J. Paleontology* 1996; 70:311－26; Foster, M. W. *Mazon Creek Fossils* 1979; 191－267; Jablonski, N. G. & others. *Hist. Biol.* 2012; 24:527－36; Kjellesvig-Waering, E. N. *State of Illinois Scientific Papers* 1948; 3:1－48; Mann, A. and Gee, B. M. *J. Vert. Paleo.* 2020:39;e1727490; Pfefferkorn, H. W. *Mazon Creek Fossils* 1979; 129－42; Shabica, C. *Mazon Creek Fossils* 1979; 13－40.

12　Boyce, C. K. and DiMichele, W. A. *Review of Palaeobotany and Palynology* 2016; 227:97－110; DiMichele, W. A. and DeMaris, P. J. *PALAIOS* 1987; 2:146－57; Poorter, L. & others. *J. Ecology* 2005; 93:268－78.

13　Beattie, A. *The Danube: A Cultural History*. Oxford, UK: Oxford University Press; 2010; Castendyk, D. N. & others. *Global and Planetary Change* 2016; 144:213－27; Fagan, W. E. & others. *American Naturalist* 1999; 153:165－82; Harris, L. D. *Conservation Biology* 1988; 2:330－32; McLaughlin, F. A. & others. *J. Geophysical Research* 1996; 101:1183－97; Partch, E. N. and Smith, J. D. *Estuarine and Coastal Marine Science* 1978; 6:3－19.

14　Wedel, M. *J. Morphology* 2007; 268:1147.

15　Clements, T. & others. *Nature* 2016; 532:500; Foster, M. W. *Mazon Creek Fossils* 1979:269－301; Johnson, R. G. and Richardson, E. S. *J. Geology* 1966; 74:626－31; Johnson, R. G. and Richardson, E. S. *Fieldiana Geol* 1969; 12:119－49; Rauhut, O. W. M. & others. *PeerJ* 2018; 6; McCoy, V. E. & others. *Nature* 2016; 532:496.

16　Coad, B. *Encyclopedia of Canadian Fishes*. Waterdown, Ontario: Canadian Museum of Nature: Canadian Sportfishing Productions; 1995; Delamotte, I. and Burkhardt, D. *Naturwissenschaften* 1983; 70:451－61; Herring, P. J. *J. of the Marine Biological Association of the United Kingdom* 2007; 87:829－42; Moser, H. G. 'Morphological and functional aspects of marine fish larvae'. In: Lasker, R., ed. *Marine Fish Larvae: Morphology, Ecology, and Relation to Fisheries*. Washington: Sea Grant Program; 1981. Pp. 90－131; Sallan, L. & others. *Palaeontology* 2017; 60:149－57.

17　Clements, T. & others. *J. Geol. Soc.* 2019; 176:1－11.

18　Cascales-Minana, B. and Cleal, C. J. *Terra Nova* 2014; 26:195－200; Dunne, E. M. & others. *Proc. R. Soc. B* 2018; 285:20172730; Feulner, G. *PNAS* 2017; 114:11333－7; Nelsen, M. P. & others. *PNAS* 2016; 113:2442－7; Robinson, J. M. *Geology* 1990;

18:607 – 10; Weng, J. K. and Chapple, C. *New Phytologist* 2010; 187:273 – 85.

# 第十二章　合作——泥盆紀

1　Gabrielsen, R. H. & others. *J. Geol. Soc.* 2015; 172:777 – 91; Hall, A. M. *Trans. R. Soc. Edinburgh – Earth Sciences* 1991; 82:1 – 26; Miller, S. R. & others. *Earth and Planetary Science Letters* 2013; 369:1 – 12; Rast N. & others. *Geological Society Special Publications* 1988; 38:111 – 22.

2　Burg, J. P. and Podladchikov, Y. *International J. Earth Science*s 1999; 88:190 – 200; Dewey, J. F. 'The geology of the southern termination of the Caledonides'. In: Nairn, A. E. M. and Stehli, F. G., eds. *The Ocean Basins and Margins: vol 2 The North Atlantic.* Boston, MA, USA: Springer; 1974. Pp. 205 – 31; Dewey, J. F. and Kidd, W. S. F. *Geology* 1974; 2:543 – 6; Fossen, H. & others. *Geology* 2014; 42:791 – 4; Gee, D. G. & others. *Episodes* 2008; 31:44 – 51; Hacker, B. R. & others. *Annual Review of Earth and Planetary Sciences* 2015; 43:167 – 205; Johnson, J. G. & others. *Bull. Geol. Soc. Am.* 1985; 96:567 – 87; Lehtovaara, J. *Bull. Geol. Soc. Finland* 1989; 61:189 – 95; Mueller, P. A. & others. *Gondwana Research* 2014; 26:365 – 73; Nance R. D. & others. *Gondwana Research* 2014; 25:4 – 29; Pickering, K. T. & others. *Trans. R. Soc. Edinburgh–Earth Science*s 1988; 79:361 – 82; Redfern, R. *Origins: The Evolution of Continents, Oceans, and Life.* University of Oklahoma Press; 2001; Stone, P. *Journal of the Open University Geological Society* 2012; 33:29 – 36; Ziegler, P. A. *CSPG Special Publications* ; 1988. Pp. 15 – 48.

3　Charlesworth, J. K. *Proc. R. Irish Acad. B* 1921; 36:174 – 314; Chew, D. M. and Strachan, R. A. *New Perspectives on the Caledonides of Scandinavia and Related Areas* 2014; 390:45 – 91; Lehtovaara, J. J. *Fennia* 1985; 163:365 – 8; Lehtovaara, J. *Bull. Geol. Soc. Finland* 1989; 61:189 – 95.

4　Dahl, T. W. & others. *PNAS* 2010; 107:17911 – 15; Hastie, A. R. & others. *Geology* 2016; 44:855 – 8.

5　Edwards, D. & others. *Phil. Trans. R. Soc. B* 2018; 373:20160489; Mark, D. F. & others. *Geochimica Et Cosmochimica Acta* 2011; 75:555 – 69; Trewin, N. H. and Rice, C. M. *Scottish J. Geology* 1992; 28:37 – 47.

6　Rice, C. M. & others. *J. Geol. Soc.* 2002; 159:203－14; Strullu-Derrien, C. & others. *Curr. Biol.* 2019; 29:461; Wellman, C. H. & others. *Palz* 2019; 93:387－93.

7　Burt, R. M. *The geology of Ben Nevis, south-west Highlands, Scotland* : University of St Andrews; 1994; Moore, I. and Kokelaar, P. *J. Geol. Soc.* 1997; 154:765－8; Rice, C. M. & others. *J. Geol. Soc.* 1995; 152:229－50; Trewin, N. H. *Earth and Environmental Science Transactions of the Royal Society of Edinburgh* 1993; 84:433－42; Trewin, N. H. *Evolution of Hydrothermal Ecosystems on Earth (and Mars?)* 1996; 202:131－49; Trewin, N. H. & others. *Can. J. Earth Sci.* 2003; 40:1697－712.

8　Channing, A. *Phil. Trans. R. Soc. B* 2018; 373:20160490; Wellman, C. H. *Phil. Trans. R. Soc. B* 2018; 373:20160491.

9　Cox, A. & others. *Chemical Geology* 2011; 280:344－51; Gorlenko, V. & others. *Int. J. Syst. Evol. Microbiol.* 2004; 54: 739-743; Nugent, P. W. & others. *Applied Optics* 2015; 54:B128－B139; Saiki, T. & others. *Agricultural and Biological Chemistry* 1972; 36:2357－66.

10　Krings, M. and Sergeev, V. N. *Review of Palaeobotany and Palynology* 2019; 268:65－71; Sompong, U. & others. *Fems Microbiology Ecology* 2005; 52:365－76; Sugiura, M. & others. *Microbes and Environments* 2001; 16:255－61.

11　Channing, A. and Edwards, D. *Plant Ecology & Diversity* 2009; 2:111－43; Edgecombe, G. D. & others. *PNAS* 2020; 117:8966－72; Powell, C. L. & others. *Geological Society of London Special Publications* 2000; 180:439－57; Trewin, N. H. *Evolution of Hydrothermal Ecosystems on Earth (and Mars?)* 1996; 202:131－49.

12　Channing, A. and Edwards, D. *Trans. R. Soc. Edinburgh－ Earth Sciences* 2004; 94:503－21.

13　Berbee, M. L. and Taylor, J. W. *Mol. Biol. Evol.* 1992; 9:278－84; Harrington, T. C. & others. *Mycologia* 2001; 93:111－36; Honegger, R. & others. *Phil. Trans. R. Soc. B* 2018; 373:20170146; Hueber, F. M. *Review of Palaeobotany and Palynology* 2001; 116:123－58; O'Donnell, K. & others. *Mycologia* 1997; 89:48－65; Retallack, G. J. and Landing E. *Mycologia* 2014; 106:1143－58; Taylor, J. W. & others. *Syst. Biol.* 1993; 42:440－57.

14　Nash, T. H. *Lichen Biology*. Cambridge, UK: Cambridge University Press; 1996.

15 Boyce, C. K. & others. *Geology* 2007; 35:399 – 402; Hueber, F. M. *Review of Palaeobotany and Palynology* 2001; 116:123 – 58; Labandeira, C. *Insect Science* 2007; 14:259 – 75; Retallack, G. J. and Landing E. *Mycologia* 2014; 106:1143 – 58.

16 Ahmadjian, V. *The Lichen Symbiosis*. New York: John Wiley and Sons; 1993; Friedl, T. *Lichenologist* 1987; 19:183 – 91; Jones, G. P. *J. Experimental Marine Biology and Ecology* 1992; 159:217 – 35; Karatygin, I. V. & others. *Paleontological Journal* 2009; 43:107 – 14; Offenberg, J. *Behavioral Ecology and Sociobiology* 2001; 49:304 – 10; Rytter, W. and Shik, J. Z. *Animal Behaviour* 2016; 117:179 – 86; Taylor T. N. & others. *American J. Botany* 1997; 84:992 – 1004; Schneider, S. A. *The meat-farming ants: predatory mutualism between* Melissotarsus *ants (Hymenoptera: Formicidae) and armored scale insects (Hemiptera: Diaspididae)*. Amherst: UM Amherst; 2016.

17 Edwards, D. S. *Bot. J. Linn. Soc.* 1986; 93:173 – 204; Remy, W. & others. *PNAS* 1994; 91:11841 – 3; Schusler, A. & others. *Mycological Research* 2001; 105:1413 – 21.

18 Haig, D. *Botanical Review* 2008; 74:395 – 418.

19 Brown, R. C. and Lemmon, B. E. *New Phytologist* 2011; 190:875 – 81.

20 Gambardella, R. *Planta* 1987; 172:431 – 8; Mascarenhas, J. P. *Plant Cell* 1989; 1:657 – 64; Rosenstiel, T. N. & others. *Nature* 2012; 489:431 – 3.

21 Remy, W. and Hass, H. *Review of Palaeobotany and Palynology* 1996; 90:175 – 93.

22 Babikova, Z. & others. *Ecology Letters* 2013; 16:835 – 43; Daviero-Gomez, V. & others. *International J. Plant Science*s 2005; 166:319 – 26.

23 Hetherington, A. J. and Dolan L. *Current Opinion in Plant Biology* 2019; 47:119 – 26; Kerp, H. & others. *International J. Plant Science*s 2013; 174:293 – 308; Roth-Nebelsick, A. & others. *Paleobiology* 2000; 26:405 – 18; Wilson, J. P. and Fischer, W. W. *Geobiology* 2011; 9:121 – 30.

24 Ahlberg, P. E. *Zoo. J. Linn. Soc.* 1998; 122:99 – 141; Smithson T. R. & others. *PNAS* 2012; 109:4532 – 7; Taylor T. N. & others. *Mycologia* 2004; 96:1403 – 19.

25 Dunlop, J. A. and Garwood, R. J. *Phil. Trans. R. Soc. B* 2018; 373:20160493; Jezkova, T. and Wiens, J. J. *American Naturalist* 2017; 189:201 – 12; Wendruff, A. J. & others. *Sci. Reports* 2020; 10:20441; Zhao F. C. & others. *Science China* 2010; 53:1784 – 99.

26 Davies, W. M. *Quarterly J. Microscopical Science* 1927; 71:15 – 30; Freitas, L. & others.

*J. Evol. Biol.* 2018; 31:1623－31; Whalley, P. and Jarzembowski, E. A. *Nature* 1981; 291:317－17.

27  Kim, H. Y. & others. *Physical Review Fluids* 2017; 2:100505.

28  Claridge, M. F. and Lyon, A. G. *Nature* 1961; 191:1190－91; Dunlop, J. A. and Garwood, R. J. *Phil. Trans. R. Soc. B* 2018; 373:20160493; Dunlop, J. A. & others. *Zoomorphology* 2009; 128:305－13.

29  Fayers, S. R. and Trewin, N. H. *Trans. R. Soc. Edinburgh* 2003; 93:355－82; Scourfield, D. J. *Phil. Trans. R. Soc. B* 1926; 214:153－87; Womack, T. & others. *Palaeo3* 2012; 344:39－48.

30  Kelman, R. & others. *Trans. R. Soc. Edinburgh* 2004; 94:445－55; Strullu-Derrien, C. & others. *PLoS One* 2016; 11:e0167301; Taylor, T. N. & others. *Mycologia* 1992; 84:901－10.

31  Karling, J. S. *American J. Botany* 1928; 15:485－U7; Taylor, T. N. & others. *Nature* 1992; 357:493－4.

32  Kerp, H. & others. 'New data on *Nothia aphylla* Lyon 1964 ex El-Saadawy et Lacey 1979, a poorly known plant from the Lower Devonian Rhynie chert'. In: Gensel, P. G. and Edwards, D., eds. *Plants Invade the Land － Evolutionary and Environmental Perspectives.* New York, NY, USA: Columbia University Press; 2001. Pp. 52－82; Krings, M. & others. *New Phytologist* 2007; 174:648－57; Poinar, G. & others. *Nematology* 2008; 10:9－14; Krings, M. & others. *Plant Signaling and Behaviour* 2007:125－6.

## 第十三章　深度——志留紀

1  Graening, G. O. and Brown, A. V. *J. the American Water Resources Association* 2003; 39:1497－507; Noltie, D. B. and Wicks, C. M. *Environmental Biology of Fishes* 2001; 62:171－194; Ramsey, E. E. *J. Comparative Neurology* 1901; 11:40－47.

2  Broek, H. W. *J. Physical Oceanography* 2005; 35:388－94; del Giorgio, P. A. and Duarte, C. M. *Nature* 2002; 420:379－84; Lee, Z. & others. *J. Geophysical Research-Oceans* 2007; 112:C03009; Lorenzen, C. J. *ICES J. Marine Science* 1972; 34:262－7; Morita, T. *Annals of the New York Academy of Sciences* 2010; 1189:91－4; Saunders, P. M. *J. Physical Oceanography* 1981; 11:573－4.

3    Clough, L. M. & others. *Deep-Sea Research Part II-Topical Studies in Oceanography* 1997; 44:1683 – 704; Lonsdale, P. *Deep-Sea Research* 1977; 24:857; Scheckenbach, F. & others. *PNAS* 2010; 107:115 – 20.

4    Bazhenov, M. L. & others. *Gondwana Research* 2012; 22:974 – 91; Brewer, P. G. and Hester, K. *Oceanography* 2009; 22:86 – 93; Dziak, R. P. & others. *Oceanography* 2017; 30:186 – 97; Filippova, I. B. & others. *Russian J. Earth Sciences* 2001; 3:405 – 26; Maslennikov, V. V. & others. *The trace element zonation in vent chimneys from the Silurian Yaman-Kasy VHMS deposit in the Southern Ural, Russia: insights from laser ablation inductively coupled plasma mass-spectrometry (LA-ICP-MS).* Eliopoulous, D. G., ed. Netherlands: Millpress; 2003. Pp. 151–4. Ryazantsev, A. V. & others. *Geotectonics* 2016; 50: 553-578; Seltmann, R. & others. *J. Asian Earth Sciences* 2014; 79:810 – 41; Simonov, V. A. & others. *Geology of Ore Deposits* 2006; 48:369 – 83.

5    Beatty, J. T. & others. *PNAS* 2005; 102:9306 – 10; Van Dover, C. L. & others. *Geophysical Research Letters* 1996; 23:2049 – 52.

6    Burle, S. 04/06. Flood Map (www.floodmap.net). Accessed 2020 04/06; Charette, M. A. and Smith, W. H. F. *Oceanography* 2010; 23:112 – 14; Haq, B. U. and Schutter, S. R. *Science* 2008; 322:64 – 8.

7    Maslennikov, V. V. & others. *The trace element zonation in vent chimneys from the Silurian Yaman-Kasy VHMS deposit in the Southern Ural, Russia: insights from laser ablation inductively coupled plasma mass-spectrometry(LA-ICP-MS).* Eliopoulous, D. G., ed. Netherlands: Millpress; 2003. Pp. 151–4. 151 – 4; Zaikov V. V. & others. *Geology of Ore Deposits* 1995; 37:446 – 63.

8    Georgieva, M. N. & others. *J. Systematic Palaeontology* 2019; 17:287 – 329; Little, C. T. S. & others. *Palaeontology* 1999; 42:1043 – 78; Ravaux, J. & others. *Cahiers de Biologie Marine* 1998; 39:325 – 6; Schulze, A. *Zoologica Scripta* 2003; 32:321 – 42.

9    Allen, J. F. F. & others. *Trends in Plant Science* 2011; 16:645 – 55; McFadden, G. I. *Plant Physiology* 2001; 125:50 – 53; Pfannschmidt, T. *Trends in Plant Science* 2003; 8:33 – 41; Raven, J. A. and Allen, J. F. *Genome Biology* 2003; 4:209.

10   Breusing, C. & others. *PLoS One* 2020; 15:e0227053; Bright, M. and Sorgo, A. *Invertebrate Biology* 2003; 122:347 – 68; Cowart, D. A. & others. *PLoS One* 2017;

12:e0172543; Forget, N. L. & others. *Marine Ecology* 2015; 36:35 − 44; Georgieva, M. N. & others. *Proc. R. Soc. B* 2018; 285:20182004; Miyamoto, N. & others. *PLoS One* 2013; 8:e55151; Zal, F. & others. *Cahiers de Biologie Marine* 2000; 41:413 − 23.

11 Maslennikov, V. V. & others. *The trace element zonation in vent chimneys from the Silurian Yaman-Kasy VHMS deposit in the Southern Ural, Russia: insights from laser ablation inductively coupled plasma mass-spectrometry(LA-ICP-MS)*. Eliopoulous, D. G., ed. Rotterdam, Netherlands: Millpress; 2003. Pp. 151–4. Nakamura, R. & others. *Angewandte Chemie* 2010; 49:7692 − 4; Novoselov, K. A. & others. *Mineralogy and Petrology* 2006; 87:327 − 349.

12 Belka, Z .and Berkowski, B. *Acta Geologica Polonica* 2005; 55:1 − 7; Little, C. T. S. and Vrijenhoek R. C. *Trends in Ecology & Evolution* 2003; 18:582 − 8.

13 Adams, D. K. & others. *Oceanography* 2012; 25:256 − 68; Levins, R. *Bull. Entomol. Soc. Am.* 1969; 15:237 − 40; Sylvan, J. B. & others. *mBio* 2012; 3: e00279-11; Vrijenhoek, R. C. *Molecular Ecology* 2010; 19:4391 − 411.

14 Finnegan, S. & others. *Proc. R. Soc. B* 2016; 283:20160007; Finnegan, S. & others. *Biology Letters* 2017; 13:20170400; Little, C. T. S. & others. *Palaeontology* 1999; 42:1043 − 78; Rong, J. Y. and Shen, S. Z. *Palaeo3* 2002; 188:25 − 38; Sheehan, P. M. and Coorough, P. J. *Palaeozoic Palaeogeography and Biogeography* 1990; 12:181 − 7; Sutton, M. D. & others. *Nature* 2005; 436:1013 − 15.

15 Jollivet, D. *Biodiversity and Conservation* 1996; 5:1619 − 53; Little, C. T. S. & others. *Nature* 1997; 385:146 − 8; Vrijenhoek, R. C. *Deep-Sea Research* Part II-*Topical Studies in Oceanography* 2013; 92:189 − 200.

16 Ashford, O. S. & others. *Proc. R. Soc. B* 2018; 285:20180923; Stratmann, T. & others. *Limnology and Oceanography* 2018; 63: 2140- − 53; Tsurumi, M. *Global Ecology and Biogeography* 2003; 12:181 − 90; Van Dover, C. L. *Biological Bulletin* 1994; 186:134 − 5.

17 McNichol, J. & others. *PNAS* 2018; 115:6756 − 61; Nagano, Y. and Nagahama, T. *Fungal Ecology* 2012; 5:463 − 71; Orcutt, B. N. & others. *Frontiers in Microbiology* 2015; 6.

18 Bonnett, A. *Off the Map: Lost Space, Invisible Cities, Forgotten Islands, Feral Places, and What They Tell Us about the World.* London: Aurum Press; 2014; Jutzeler, M. & others. *Nature Communications* 2014; 5; Maschmeyer, C. H. & others. *Geosciences* 2019; 9:245;

Maslennikov, V. V. & others. *The trace element zonation in vent chimneys from the Silurian Yaman-Kasy VHMS deposit in the Southern Ural, Russia: insights from laser ablation inductively coupled plasma mass-spectrometry(LA-ICP-MS)*. Eliopoulous, D. G., ed. Millpress, Rotterdam, Netherlands: Millpress; 2003. Pp. 151–4.

19　Lindberg, D. R. *Evolution: Education and Outreach* 2009; 2:191 ‒ 203; Little, C. T. S. & others. *Palaeontology* 1999; 42:1043 ‒ 78.

20　Gubanov, A. P. and Peel, J. S. *American Malacological Bulletin* 2000; 15:139 ‒ 45; Hilgers, L. & others. *Mol. Biol. Evol.* 2018; 35:1638 ‒ 52.

21　Fara, E. *Geological Journal* 2001; 36:291 ‒ 303; Lemche, H. *Nature* 1957; 179:413 ‒ 16; Lindberg, D. R. *Evolution: Education and Outreach* 2009; 2:191 ‒ 203; Lu, J. & others. *Nature Communications* 2017; 8; Smith J. L. B. *Trans. R. Soc. S. Afr.* 1939; 27:47 ‒ 50; Zhu, M. and Yu, X. B. *Biology Letters* 2009; 5:372 ‒ 5.

22　Van Roy, P. & others. *J. Geol. Soc.* 2015; 172:541 ‒ 9.

23　Faure, G. *Origin of Igneous Rocks: The Isotopic Evidence*. Berlin: Springer; 2001; Folinsbee, R. E. & others. *Geochimica Et Cosmochimica Acta* 1956; 10:60 ‒ 68; Lancelot, J. & others. *Earth and Planetary Science Letters* 1976; 29:357 ‒ 66; Larsen, E. S. & others. *Bull. Geol. Soc. Am.* 1952; 63:1045 ‒ 52.

24　Tomczak, M. and Godfrey, J. S. *Regional Oceanography: an Introduction*. Pergamon; 1994; Webb, P. *Introduction to Oceanography*. Roger Williams University; 2019.

25　Jedlovszky, P. and Vallauri, R. *J. Chemical Physics* 2001; 115:3750 ‒ 62; Moore, G. T. & others. *Geology* 1993; 21:17 ‒ 20; Sanchez-Vidal, A. & others. *PLoS One* 2012; 7:e30395.

26　Duval, S. & others. *Interface Focus* 2019; 9:20190063; Lane, N. *Bioessays* 2017; 39:1600217; Lane, N. & others. *BioEssays* 2010; 32:271 ‒ 80; Martin, W. and Russell, M. J. *Phil. Trans. R. Soc. B* 2007; 362:1887 ‒ 925.

27　Lipmann, F. *Advances in Enzymology and Related Subjects of Biochemistry* 1941; 1:99 ‒ 162.

## 第十四章　轉變──奧陶紀

1　Blignault, H. J. and Theron, J. N. *S. Afr. J. Geol.* 2010; 113:335 ‒ 60; Bromwich, D. H.

*Bull. Am. Meteorological Soc.* 1989; 70:738 – 49; Gabbott, S. E. & others. *Geology* 2010; 38:1103 – 6; Naumann, A. K. & others. *Cryosphere* 2012; 6:729 – 41; Sansiviero, M. & others. *J. Marine Systems* 2017; 166:4 – 25.

2    Fountain, A. G. & others. *International J. Climatology* 2010; 30:633 – 42; Gabbott, S. E. & others. *Geology* 2010; 38:1103 – 6; Leroux, C. and Fily, M. *J. Geophysical Research–Planets* 1998; 103:25779 – 88; Smalley, I. J. *J. Sedimentary Research* 1966; 36:669 – 76.

3    Bindoff, N. L. & others. *Papers and Proceedings of the Royal Society of Tasmania* 2000; 133:51 – 6; Cordes, E. E. & others. *Oceanography* 2016; 29:30 – 31; Lappegard, G. & others. *J. Glaciology* 2006; 52:137 – 48; Parsons, D. R. & others. *Geology* 2010; 38:1063 – 6; Urbanski, J. A. & others. *Sci. Reports* 2017; 7:43999; Vrbka, L. and Jungwirth, P. *J. Molecular Liquids* 2007; 134:64 – 70.

4    Blignault, H. J. and Theron, J. N. *S. Afr. J. Geol.* 2010; 113:335 – 60; Deane, G. B. & others. *Acoustics Today* 2019; 15:12 – 19; Muller, C. & others. *Science* 2005; 310:1299; Pettit, E. C. & others. *Geophysical Research Letters* 2015; 42:2309 – 16; Scholander, P. F. and Nutt, D. C. *J. Glaciology* 1960; 3:671 – 8; Severinghaus, J. P. and Brook, E. J. *Science* 1999; 286:930 – 34.

5    Leu, E. & others. *Progress in Oceanography* 2015; 139:151 – 70; Lovejoy, C. & others. *Aquatic Microbial Ecology* 2002; 29:267 – 78; Moore, G. W. K. & others. *J. Physical Oceanography* 2002; 32:1685 – 98; Price, P. B. *Science* 1995; 267:1802 – 4.

6    Bassett, M. G. & others. *J. Paleontology* 2009; 83:614 – 23; Gabbott, S. E. *Palaeontology* 1998; 41:631 – 67; Gabbott, S. E. & others. *Geology* 2010; 38:1103 – 6; Moore, G. W. K. & others. *J. Physical Oceanography* 2002; 32: 1685- 1698; Smith, R. E. H. & others. *Microbial Ecology* 1989; 17:63 – 76; von Quillfeldt, C. H. *J. Marine Systems* 1997; 10:211 – 40.

7    Clarke, A. and North, A. W. 'Is the growth of polar fish limited by temperature?' In: di Prisco, G. and others, eds. *Biology of Antarctic Fish*. Berlin: Springer; 1991. Pp. 54 – 69; Kim, S. & others. *Integrative and Comparative Biology* 2010; 50:1031 – 40.

8    Blignault, H. J. and Theron, J. N. *S. Afr. J. Geol.* 2010; 113:335 – 60; Gabbott, S. E. & others. *J. Geol. Soc.* 2017; 174:1 – 9; Harper, D. A. T. *Palaeo3* 2006; 232:148 – 66; Le Heron, D. P. & others. 'The Early Palaeozoic Glacial Deposits of Gondwana: Overview,

Chronology, and Controversies'. *Past Glacial Environments*, 2nd edition 2018; 47 – 73; Pohl, A. & others. *Paleoceanography* 2016; 31:800 – 821; Rohrssen, M. & others. *Geology* 2013; 41:127 – 30; Servais, T. & others. *Palaeo3* 2010; 294:99 – 119; Sheehan, P. M. *Annual Review of Earth and Planetary Sciences* 2001; 29:331 – 64; Summerhayes, C. P. 'Measuring and Modelling CO2 Back Through Time: CO2, temperature, solar luminosity, and the Ordovician Glaciation'. *Paleoclimatology: From Snowball Earth to the Anthropocene* : John Wiley and Sons Ltd; 2020. Pp. 204 – 15.

9   Finlay, A. J. & others. *Earth and Planetary Science Letters* 2010; 293:339 – 48; Ling, M. X. & others. *Solid Earth Sciences* 2019; 4:190 – 98; Patzkowsky, M. E. & others. *Geology* 1997; 25:911 – 14; Servais, T. & others. *Palaeo3* 2019; 534; Sheehan, P. M. *Annual Review of Earth and Planetary Sciences* 2001; 29:331 – 64; Shen, J. H. & others. *Nature Geoscience* 2018; 11:510.

10  Chiarenza, A. A. & others. *PNAS* 2020:1 – 10; Lindsey, H. A. & others. *Nature* 2013; 494:463 – 7; Reichow, M. K. & others. *Earth and Planetary Science Letters* 2009; 277:9 – 20; Zou, C. N. & others. *Geology* 2018; 46:535 – 8.

11  Gabbott, S. E. *Palaeontology* 1999; 42:123 – 48; Gabbott, S. E. & others. *Proceedings of the Yorkshire Geological Society* 2001; 53:237 – 44; Gough, A. J. & others. *J. Glaciology* 2012; 58:38 – 50; Price, P. B. *Science* 1995; 267:1802 – 4.

12  Cocks, L. R. M. and Fortey, R. A. *Geological Magazine* 1986; 123:437 – 44; Gabbott, S. E. *Palaeontology* 1999; 42:123 – 48; Goudemand, N. & others. *PNAS* 2011; 108:8720 – 24; Lovejoy, C. & others. *Aquatic Microbial Ecology* 2002; 29:267 – 78; Price, P. B. *Science* 1995; 267:1802 – 4; Rohrssen, M. & others. *Geology* 2013; 41:127 – 30; Whittle, R. J. & others. *Palaeontology* 2009; 52:561 – 7; Williams, A. & others. *Phil. Trans. R. Soc. B* 1992; 337:83 – 104.

13  Klug, C. & others. *Lethaia* 2015; 48:267 – 88; LoDuca, S. T. & others. *Geobiology* 2017; 15:588 – 616; Rohrssen, M. & others. *Geology* 2013; 41:127 – 30; Seilacher, A. *Palaeo3* 1968; 4:279.

14  Braddy, S. J. & others. *Palaeontology* 1995; 38:563 – 81; Braddy, S. J. & others. *Biology Letters* 2008; 4:106 – 9; Lamsdell, J. C. & others. J. *Systematic Palaeontology* 2010; 8:49 – 61.

15 Braddy, S. J. & others. *Palaeontology* 1995; 38:563 – 81; Budd, G. E. *Nature* 2002; 417:271 – 5; Hughes, C. L. & others. *Evolution & Development* 2002; 4:459 – 99.

16 Aldridge, R. J. & others. 'The Soom Shale'. In: Briggs, D. E. G. and Crowther, P. R., eds. *Palaeobiology II* : Blackwell Science Ltd; 2001. Pp. 340 – 42.

17 Aldridge, R. J. & others. *Phil. Trans. R. Soc. B* 1993; 340:405 – 21; Bergstrom, S. M. and Ferretti, A. *Lethaia* 2017; 50:424 – 39; Chernykh, V. V. & others. *J. Paleontology* 1997; 71:162 – 4; Ellison, S. P. *AAPG Bulletin* 1946; 30:93 – 110; Yin, H. F. & others. *Episodes* 2001; 24:102 – 14.

18 Aldridge, R. J. & others. *Phil. Trans. R. Soc. B* 1993; 340:405 – 21; George, J. C. and Stevens, E. D. *Environmental Biology of Fishes* 1978; 3:185 – 91; Nishida, J. and Nishida, T. *British Poultry Science* 1985; 26:105 – 15; Pridmore, P. A. & others. *Lethaia* 1996; 29:317 – 28; Suman, S. P. and Joseph, P. *Annual Review of Food Science and Technology*, Vol. 4 2013; 4:79 – 99.

19 Gabbott, S. E. & others. *Geology* 2010; 38:1103 – 6.

20 Blignault, H. J. and Theron, J. N. *S. Afr. J. Geol.* 2010; 113:335 – 60; Clark, J. A. *Geology* 1976; 4:310 – 12.

21 Allegre, C. J. & others. *Nature* 1984; 307:17 – 22; Barth, G. A. and Mutter J. C. *J. Geophysical Research-Solid Earth* 1996; 101:17951 – 75; Chambat, F. and Valette, B. *Physics of the Earth and Planetary Interiors* 2001; 124:237 – 53; Shennan, I. & others. *J. Quaternary Science* 2006; 21:585 – 99.

22 Bradley, S. L. & others. *J. Quaternary Science* 2011; 26:541 – 52; de Geer, G. *Geologiska Foreningen i Stockholm Forhandlingar* 1924; 46:316 – 24.

23 Ross, J. R. and Ross, C. A. 'Ordovician sea-level fluctuations'. In: Webby, B. D. and Laurie, J. R., eds. *Global Perspectives on Ordovician Geology*. Rotterdam: A. Balkema; 1992. Pp. 327 – 35; Saupe, E. E. & others. *Nature Geoscience* 2020; 13:65.

24 Saupe, E. E. & others. *Nature Geoscience* 2020; 13:65; Scotese, C. R. & others. *J. African Earth Sciences* 1999; 28:99 – 114; Smith, R. E. H. & others. *Microbial Ecology* 1989; 17:63 – 76; Wiens, J. J. & others. *Ecology Letters* 2010; 13:1310 – 24.

25 Bennett, M. M. and Glasser, N. F. *Glacial Geology: Ice Sheets and Landforms*. 2nd ed. Oxford, UK: John Wiley and Sons; 2009. P. 385; Blignault, H. J. and Theron, J. N. *S.*

*Afr. J. Geol.* 2010; 113: 335-360; Blignault, H. J. and Theron, J. N. *S. Afr. J. Geology* 2017; 120:209 – 22; Goldstein, R. M. & others. *Science* 1993; 262:1525 – 30; Ragan, D. M. *The J. Geology* 1969; 77:647 – 67.

## 第十五章　消費者——寒武紀

1　Berner, R. A. and Kothavala, Z. *American J. Science* 2001; 301:182 – 204; Han, J. & others. *Gondwana Research* 2008; 14: 269-276; Hearing, T. W. & others. *Science Advances* 2018; 4:eaar5690; Hou, X. and Bergstrom, J. *Paleontological Research* 2003; 7:55 – 70; Labandeira, C. C. *Trends in Ecology & Evolution* 2005; 20:253 – 62; National Research Council of the United States – Committee on Toxicology. *Carbon Dioxide. Emergency and continuous exposure guidance levels for selected submarine contaminants.* Volume 1. Washington, DC, USA: The National Academies Press; 2007. Pp. 46 – 66.

2　Daczko, N. R. & others. *Sci. Reports* 2018; 8:8371; Dott, R. H. *Geology* 1974; 2:243 – 46; Haq, B. U. and Schutter, S. R. *Science* 2008; 322:64 – 8; Hou, X. and Bergstrom, J. *Paleontological Research* 2003; 7:55 – 70.

3　Hou, X. and Bergstrom, J. *Paleontological Research* 2003; 7:55 – 70; MacKenzie, L. A. & others. *Palaeo3* 2015; 420:96 – 115; Peters, S. E. and Loss, D. P. *Geology* 2012; 40:511 – 14.

4　Bergstrom, J. & others. *GFF* 2008; 130:189 – 201; Briggs, D. E. G. *Phil. Trans. R. Soc. B* 1981; 291:541 – 84; Hou, X. G. & others. *Zoologica Scripta* 1991; 20:395 – 411; Zhang, X. L. & others. *Alcheringa* 2002; 26:1 – 8.

5　Chen, A. L. & others. *Palaeoworld* 2015; 24:46 – 54; Hou, X. G. & others. *Zoologica Scripta* 1991; 20:395 – 411; Hu, S. X. & others. *Acta Geologica Sinica* 2008; 82:244 – 8; Huang, D. Y. & others. *Palaeo3* 2014; 398:154 – 64; Ou, Q. & others. *PNAS* 2017; 114:8835 – 40; Vannier, J. and Martin, E. L. O. *Palaeo3* 2017; 468:373 – 87; Zhang, X. G. & others. *Geological Magazine* 2006; 143:743 – 8; Zhang, Z. F. & others. *Acta Geologica Sinica* 2003; 77:288 – 93; Zhang, Z. F. & others. *Proc. R. Soc. B* 2010; 277:175 – 81.

6　Budd, G. E. and Jackson, I. S. C. *Phil. Trans. R. Soc. B* 2016; 371:20150287; Conci, N. & others. *Genome Biology and Evolution* 2019; 11:3068 – 81; Landing, E. & others.

*Geology* 2010; 38:547 – 50; Ortega-Hernandez, J. *Biological Reviews* 2016; 91:255 – 73; Paterson, J. R. & others. *PNAS* 2019; 116:4394 – 9; Satoh, N. & others. *Evolution & Development* 2012; 14:56 – 75.

7　Akam, M. *Cell* 1989; 57:347 – 9; Akam, M. *Phil. Trans. R. Soc. B* 1995; 349:313 – 19; Jezkova, T. and Wiens, J. J. *American Naturalist* 2017; 189:201 – 12.

8　Hughes, N. C. *Integrative and Comparative Biology* 2003; 43:185 – 206; Parat, A. *Les Grottes de la Cure cote d'Arcy XXI. Bull. Soc. Sci. Hist. & Nat. de l'Yonne* 1903, 1 – 53; Shu, D. G. & others. *Nature* 1999; 402:42 – 6; *The Illustrated London News*, September 22nd, 1949, pages 190, 201, 204; Vannier, J. & others. *Sci. Reports* 2019; 9:14941.

9　Dai, T. and Zhang, X. L. *Alcheringa* 2008; 32:465 – 8; Hou, X. G. & others; *Earth and Environmental Science* Transactions of the Royal Society of Edinburgh 2009; 99:213 – 23.

10　Bromham, L. and Penny, D. *Nature Reviews Genetics* 2003; 4:216 – 24.

11　Dos Reis, M. & others. *Curr. Biol.* 2015; 25:2939 – 50.

12　Kaldy, J. & others. *Genes* 2020; 11:753.

13　Erwin, D. H. *Palaeontology* 2007; 50:57 – 73.

14　Budd, G. E. and Jackson, I. S. C. *Phil. Trans. R. Soc. B* 2016; 371:20150287.

15　Dunne, J. A. & others. *PLoS Biology* 2008; 6:693 – 708; Penny, A. M. & others. *Science* 2014; 344:1504 – 6.

16　Laderach, P. & others. *Climatic Change* 2013; 119:841 – 54; Lagad, R. A. & others. *Analytical Methods* 2013; 5:1604 – 11; Potrel, A. & others. *J. Geol. Soc.* 1996; 153:507 – 10; Wooldridge, S. W. and Smetham, D. J. *The Geographical Journal* 1931; 78:243 – 65; Wright, J. B. & others. *Geology and Mineral Resources of West Africa.* Netherlands: Springer; 1985; Zhao, F. C. & others. *Geological Magazine* 2015; 152:378 – 82.

17　Bryson, B. *A Short History of Nearly Everything.* London: Black Swan; 2004; Koren, I. & others. *Environmental Research Letters* 2006; 1:014005.

18　Chen, J. Y. and Zhou, G. Q. *Collection and Research* 1997; 10:11 – 105; Dunne, J. A. & others. *PLoS Biology* 2008; 6:693 – 708; Han, J. & others. *Alcheringa* 2006; 30:1 – 10; Han, J. A. & others. *PALAIOS* 2007; 22: 691-694; Hou, X. G. & others. *GFF* 1995;

117:163 – 83.

19  Baer, A. and Mayer, G. *J. Morphology* 2012; 273:1079 – 88; Barnes, A. and Daniels, S. R. *Zoologica Scripta* 2019; 48:243 – 62; Dunne, J. A. & others. *PLoS Biology* 2008; 6:693 – 708; Morris, S. C. *Palaeontology* 1977; 20:623 – 40; Hou, X. G. & others. *Zoologica Scripta* 1991; 20:395 – 411; Ramskold, L. *Lethaia* 1992; 25:221 – 4; Smith, M. R. and Ortega-Hernandez, J. *Nature* 2014; 514:363.

20  Liu, J. N. & others. *Gondwana Research* 2008; 14:277 – 83; Smith, M. R. and Caron, J. B. *Nature* 2015; 523:75; Vannier, J. & others. *Nature Communications* 2014; 5.

21  Fenchel, T. *Microbiology UK* 1994; 140:3109 – 16; Galvao, V. C. and Fankhauser, C. *Current Opinion in Neurobiology* 2015; 34:46 – 53; Jury, S. H. & others. *J. Experimental Marine Biology and Ecology* 1994; 180:23 – 37; Magnuson, J. J. & others. *American Zoologist* 1979; 19:331 – 43; Mollo, E. & others. *Natural Product Reports* 2017; 34:496 – 513; Murayama, T. & others. *Curr. Biol.* 2013; 23:1007 – 12; Nordzieke, D. E. & others. *New Phytologist* 2019; 224:1600 – 1612; Rozhok, A. *Orientation and Navigation in Vertebrates*. Berlin: Springer; 2008.

22  Galvao, V. C. and Fankhauser, C. *Current Opinion in Neurobiology* 2015; 34:46 – 53; Ma, X. Y. & others. *Arthropod Structure & Development* 2012; 41:495 – 504.

23  Clarkson, E. N. K. and Levi-Setti, R. *Nature* 1975; 254:663 – 7; Clarkson, E. & others. *Arthropod Structure & Development* 2006; 35:247 – 59; Gal, J. & others. *Hist. Biol.* 2000; 14:193 – 204; Ma, X. Y. & others. *Nature* 2012; 490:258; Richdale, K. & others. *Optometry and Vision Science* 2012; 89:1507 – 11.

24  Hou, X. G. & others. *Geological Journal* 2006; 41:259 – 69; Ortega-Hernandez, J. *Biological Reviews* 2016; 91:255 – 73; University of Bristol Press Release. 2016. https://www.bristol.ac.uk/news/2016/september/penisworm.html; Vinther, J. & others. *Palaeontology* 2016; 59:841 – 9.

25  Chen, J. Y. and Zhou, G. Q. *Collection and Research* 1997; 10:11 – 105; Chen, J. Y. & others. *Lethaia* 2004; 37:3 – 20; Tanaka, G. & others. *Nature* 2013; 502:364.

26  Duan, Y. H. & others. *Gondwana Research* 2014; 25:983 – 90; Fu, D. J. & others. *BMC Evol. Biol.* 2018; 18; Shu, D. G. & others. *Lethaia* 1999; 32:279 – 98.

27  Promislow, D. E. L. and Harvey, P. H. *J. Zool.* 1990; 220:417 – 37.

28　Gabbott, S. E. & others. *Geology* 2004; 32:901－4; Zhu, M. Y. & others. *Acta Palaeontologica Sinica* 2001; 40:80－105.

29　Cuthill, J. F. H. and Han, J. *Palaeontology* 2018; 61:813－23.

## 第十六章　緊急情況——埃狄卡拉紀

1　Fujioka, T. & others. *Geology* 2009; 37:51－4; Giles, D. & others. *Tectonophysics* 2004; 380: 27–41; Haines, P. W. and Flottmann T. *Australian J. Earth Science*s 1998; 45:559－70; MacKellar, D. *My Country. The Witch-Maid and Other Verses.* London: J. M. Dent and Sons; 1914. P. 29; Williams, P. J. *Economic Geology and the Bulletin of the Society of Economic Geologists* 1998; 93:1120－31.

2　Glansdorff, N. & others. *Biology Direct* 2008; 3; Goin, F. J. & others. *Revista de la Asociacion Geologica Argentina* 2007; 62:597－603; Hamm, G. & others. *Nature* 2016; 539:280; Hiscock, P. & others. *Australian Archaeology* 2016; 82:2－11; Palci, A. & others. *Royal Society Open Science* 2018; 5:172012; Wells, R. T. and Camens, A. B. *PLoS One* 2018; 13:e0208020.

3　Jenkins, R. J. F. & others. *J. Geol. Soc.* Australia 1983; 30:101－19.

4　Ielpi, A. & others. *Sedimentary Geology* 2018; 372:140－72; Kamber, B. S. and Webb, G. E. *Geochimica Et Cosmochimica Acta* 2001; 65:2509－25; Santosh, M. & others. *Geoscience Frontiers* 2017; 8:309－27.

5　Abuter, R. & others. *Astronomy & Astrophysics* 2019; 625; Bond, H. E. & others. *Astrophysical Journal* 2017; 840:70; Che, X. & others. *Astrophysical Journal* 2011; 732:68; Dolan, M. M. & others. *Astrophysical Journal* 2016; 819:7; Garcia-Sanchez, J. & others. *Astronomy & Astrophysics* 2001; 379:634－59; Hummel, C. A. & others. *Astronomy & Astrophysics* 2013; 554; Innanen, K. A. & others. *Astrophysics and Space Science* 1978; 57:511－15; Nagataki, S. & others. *Astrophysical Journal* 1998; 492:L45－L48; Przybilla, N. & others. *Astronomy & Astrophysics* 2006; 445:1099－126; Quillen, A. C. and Minchev, I. *Astronomical Journal* 2005; 130:576－85; Rhee, J. H. & others. *Astrophysical Journal* 2007; 660:1556－71; Tetzlaff, N. & others. *Monthly Notices of the Royal Astronomical Society* 2011; 410:190－200; Voss, R. & others. *Astronomy & Astrophysics* 2010; 520; Wielen, R. & others. *Astronomy & Astrophysics* 2000; 360:399－410; Zasche,

P. & others. *Astronomical Journal* 2009; 138:664 – 79; Zorec, J. & others. *Astronomy & Astrophysics* 2005; 441:235 – U120.

6   Stevenson, D. J. and Halliday, A. N. *Phil. Trans. R. Soc. A* 2014; 372:20140289; Williams, G. E. *Reviews of Geophysics* 2000; 38:37 – 59.

7   Cloud, P. *Economic Geology* 1973; 68:1135 – 43; Godderis, Y. & others. *Geological Record of Neoproterozoic Glaciations* 2011; 36:151 – 61; Hoffman, P. F. and Schrag, D. P. *Terra Nova* 2002; 14:129 – 55; Johnson, B. W. & others. *Nature Communications* 2017; 8; Luo, G. M. & others. *Science Advances* 2016; 2:e1600134; Tashiro, T. & others. *Nature* 2017; 549:516.

8   Brocks, J. J. & others. *Nature* 2017; 548:578; Lechte M. A. & others. *PNAS* 2019; 116:25478 – 83; Herron, M. D. & others. *Sci. Reports* 2019; 9:2328; Sahoo, S. K. & others. *Geobiology* 2016; 14:457 – 68; Wood, R. & others. *Nature Ecology & Evolution* 2019; 3:528 – 38.

9   Gibson, T. M. & others. *Geology* 2018; 46:135 – 8; Tang, Q. & others. *Nature Ecology and Evolution* 2020; 4:543 – 9.

10   Ispolatov, I. & others. *Proc. R. Soc. B* 2012; 279:1768 – 76; Maliet, O. & others. *Biology Letters* 2015; 11:20150157.

11   Cocks, L. R. M. and Fortey, R. A. *Geological Society of London Special Publications* 2009; 325:141 – 55; of Monmouth, G. *The History of the Kings of Britain.* 1136 (Penguin edition, 1966).

12   Clapham, M. E. & others. *Paleobiology* 2003; 29:527 – 44; Shen, B. & others. *Science* 2008; 319:81 – 4.

13   Jenkins, R. J. F. & others. *J. Geol. Soc. Australia* 1983; 30:101 – 19; Zhu, M. Y. & others. *Geology* 2008; 36:867 – 70.

14   Gehling, J. G. *PALAIOS* 1999; 14:40 – 57; Jenkins, R. J. F. & others. *J. Geol. Soc. Australia* 1983; 30:101 – 19; Lemon, N. M. *Precambrian Research* 2000; 100:109 – 20; Noffke, N. & others. *Geology* 2006; 34:253 – 6; Schneider, D. & others. *PLoS One* 2013; 8:e66662.

15   Droser, M. L. & others. *Australian J. Earth Sciences* 2018; 67:915 – 21; Feng, T. & others. *Acta Geologica Sinica* 2008; 82: 27-34; Gehling, J. G. and Droser, M. L. *Episodes*

2012; 35:236 – 46; Tang, F. & others. *Evolution & Development* 2011; 13:408 – 14; Wang, Y. & others. *Paleontological Research* 2020; 24:1 – 13; Welch, V. L. & others. *Curr. Biol.* 2005; 15:R985 – R986; Zhao, Y. & others. *Curr. Biol.* 2019; 29:1112.

16  Dunn, F. S. & others. *Biological Reviews* 2018; 93:914 – 32; Dunn, F. S. & others. Papers in *Palaeontology* 2019; 5:157 – 76; Fedonkin, M. A. 'Vendian body fossils and trace fossils'. In: Bengtson, S., editor. *Early Life on Earth*. New York: Columbia University Press; 1994. Pp. 370 – 88; Ford, T. D. *Yorkshire Geological Society Proceedings* 1958; 31:211 – 17; Liu, A. G. and Dunn, F. S. *Curr. Biol.* 2020; 30:1322 – 8; Mason, R. 'The discovery of *Charnia masoni*'. In: *Leicester's fossil celebrity:* Charnia *and the evolution of early life*. Leicester Literary and Philosophical Society Section C Symposium, 10th March 2007; Narbonne, G. M. and Gehling, J. G. *Geology* 2003; 31:27 – 30; Nedin, C. and Jenkins, R. J. F. *Alcheringa* 1998; 22:315 – 16; Sprigg, R. C. *Trans. Roy. Soc. S. Aust.* 1947; 72:212 – 24.

17  Droser, M. L. and Gehling, J. G. *Science* 2008; 319:1660 – 62; Gibson, T. M. & others. *Geology* 2018; 46:135 – 8; Hartfield, M. *J. Evol. Biol.* 2016; 29:5 – 22; Normark, B. B. & others. *Biol. J. Linn. Soc.* 2003; 79:69 – 84; Pence, C. H. and Ramsey, G. *Philosophy of Science* 2015; 82:1081 – 91; Smith, J. M. *J. Theor. Biol.* 1971; 30:319.

18  Bobrovskiy, I. & others. *Science* 2018; 361:1246; Dunn, F. S. & others. *Biological Reviews* 2018; 93:914 – 32; Evans, S. D. & others. *PLoS One* 2017; 12:e0176874; Gehling, J. G. & others. *Evolving Form and Function: Fossils and Development* 2005:43 – 66; Sperling, E. A. and Vinther, J. *Evolution & Development* 2010; 12:201 – 9.

19  Chen, Z. & others. *Science Advances* 2018; 4:eaao6691; Evans, S. D. & others. *PNAS* 2020; 117: 7845-7850; Gehling, J. G. and Droser, M. L. *Emerging Topics in Life Science* 2018; 2:213 – 22.

20  Clites, E. C. & others. *Geology* 2012; 40:307 – 10; Coutts, F. J. & others. *Alcheringa* 2016; 40:407 – 21; Droser, M. L. and Gehling, J. G. *PNAS* 2015; 112:4865 – 70; Gehling, J. G.and Droser, M. L. *Episodes* 2012; 35: 236-246; Joel, L. V. & others. *J. Paleontology* 2014; 88:253 – 62; Mitchell, E. G. & others. *Ecology Letters* 2019; 22:2028 – 38.

21  Wade, M. *Lethaia* 1968; 1:238 – 67; Zhu, M. Y, & others. *Geology* 2008; 36:867 – 70.

22  Ivantsov, A. Y. *Paleontological Journal* 2009; 43:601 – 11.

23  Fedonkin, M. A. & others. *Geological Society of London Special Publications* 2007; 286:157 – 79.

24  Budd, G. E. and Jensen, S. *Biological Reviews* 2017; 92:446 – 73; Erwin, D. H. and Tweedt, S. *Evolutionary Ecology* 2012; 26:417 – 33; Shu, D. G. & others. *Science* 2006; 312:731 – 4.

25  Dunn, F. & others. *5th International Paleontological Congress*. Paris 2018. P. 289.

26  Medina, M. & others. *Int. J. Astrobiol.* 2003; 2:203 – 11; Xiao, S. H. & others. *American J. Botany* 2004; 91:214 – 27.

27  Burns, B. P. & others. *Env. Microbiol.* 2004; 6:1096 – 101; Lowe, D. R. *Nature* 1980; 284:441 – 3; Puchkova, N. N. & others. *Int. J. Syst. Evol. Microbiol.* 2000; 50:1441–7.

## 結語　一個叫希望的小鎮

1  Mills, W. J. *Hope Bay. Exploring Polar Frontiers: A Historical Encyclopedia*. Santa Barbara, California, USA: ABC Clio; 2003. Pp. 308 – 9.

2  Birkenmajer, K. *Polish Polar Research* 1992; 13:215 – 40; de Souza Carvalho, I. & others. *Ichnos* 2005; 12:191 – 200; Erwin, D. H. *Annual Review of Ecology and Systematics* 1990; 21:69 – 91.

3  De Souza Carvalho, I. & others. *Ichnos* 2005; 12:191 – 200; Hays, L. E. & others. *Palaeoworld* 2007; 16:39 – 50; Penn, J. L. & others. 2018; 362:1130; Xiang, L. & others. *Palaeo3* 2020; 544; Zhang, G. J. & others. *PNAS* 2017; 114:1806 – 10.

4  Keeling, R. F. and Garcia, H. E. *PNAS* 2002; 99:7847 – 53; Ren, A. S. & others. *Sci. Reports* 2018; 8:7290; Schmidtko, S. & others. *Nature* 2017; 542:335.

5  Breitburg, D. & others. *Science* 2018; 359:46.

6  Jurikova, H. & others. *Nature Geoscience* 2020; 13:745 – 50.

7  Feely, R. A. & others. *Sci. Brief* April 2006:1 – 3; Hoegh-Guldberg, O. & others. *Frontiers in Marine Science* 2017; 4; Kleypas J. A. & others. *Impacts of Ocean Acidification on Coral Reefs and Other Marine Calcifiers: A Guide for Future Research* 2006. National Science Foundation Report; van Woesik, R. & others. *PeerJ* 2013; 1:e208.

8  Fillinger, L. & others. *Curr. Biol.* 2013; 23:1330 – 34; Leys, S. P. & others. *Marine*

*Ecology Progress Series* 2004; 283:133 – 49; Maldonado, M. & others. 'Sponge grounds as key marine habitats: a synthetic review of types, structure, functional roles, and conservation concerns'. In: *Marine Animal Forests: The Ecology of Benthic Biodiversity Hotspots* (Rossi, S. and others, eds.) Berlin: Springer, 2017. Pp. 145 – 83; Saito, T. & others. *J. Mar. Biol. Ass.* UK 2001; 81:789 – 97.

9    Clem, K. R. & others. *Nature Climate Change* 2020; 10:762 – 70; Zhang, L. & others. *Earth-Science Reviews* 2019; 189:147 – 58.

10   Kim, B. M. & others. *Nature Communications* 2014; 5:4646; Overland, J. E. and Wang, M. *International Journal of Climatology* 2019; 39:5815 – 21; Robinson, S. A. & others. *Global Change Biology* 2020; 26:3178 – 80.

11   Meehl, G. A. & others. *Science* 2005; 307:1769 – 72; Meehl, G. A. & others. 'Global Climate Projections'. In: *Climate Change* 2007: *The Physical Science Basis. Contribution of Working Group I to the Fourth Assessment Report of the Intergovernmental Panel on Climate Change* (Solomon, S. and others, eds.). Cambridge UK: Cambridge University Press; 2007; O'Brien, C. L. & others. *PNAS* 2020; 117:25302 – 9.

12   Pugh, T. A. M. & others. *PNAS* 2019; 116:4382 – 7; Scott, V. & others. *Nature Climate Change* 2015; 5:419 – 23; Terrer, C. & others. *Nature Climate Change* 2019; 9:684 – 9.

13   Couture, N. J. & others. *Journal of Geophysical Research Biogeosciences* 2018; 123:406 – 22; Friedlingstein, P. & others. *Earth Syst Sci Data* 2019; 11:1783 – 838; Nichols, J. E. and Peteet, D. M. *Nature Geoscience* 2019; 12:917 – 21.

14   Fujii, K. & others. *Arctic Antarctic and Alpine Research* 2020; 52:47 – 59; Olid, C. & others. *Global Change Biology* 2020; 26:5886 – 98.

15   Bolch, T. & others. 'Status and change of the cryosphere in the extended Hindu Kush Himalaya region'. In: Wester, P. and others, eds., *The Hindu Kush Himalaya Assessment.* Cham: Springer; 2019 Church, J. A. & others. *Journal of Climate* 1991; 4:438 P.56; Kulp, S. A. and Strauss, B. H. *Nature Communications* 2019; 10; Loo, Y. Y. & others. *Geoscience Frontiers* 2015; 6:817 P.23; Nepal, S and Shrestha, A. B. *International Journal of Water Resources Development* 2015; 31:201 P.18; Yi, S. & others. *The Cryosphere Discussions* 2019. https://doi.org/10.5194/tc-2019 – 211.

16   Muntean, M. & others. *Fossil CO2 emissions of all world countries.* Publications Office of

the European Union 2018. DOI: 10.2760/30158.

17   Friends of the Earth. *Overconsumption? Our use of the world's natural resources.* 2009. 1 – 36.

18   Avery-Gomm, S. & others. *Marine Pollution Bulletin* 2013; 72:257 – 9; Beaumont, N. J. & others. *Marine Pollution Bulletin* 2019; 142:189 – 95.

19   Russell, J. R. & others. *Applied and Environmental Microbiology* 2011; 77:6076 – 84; Tanasupawat, S. & others. *Int. J. Syst. Evol. Microbiol.* 2016; 66:2813 – 18; Taniguchi, I. & others. *Acs Catalysis* 2019; 9:4089 – 105.

20   Polito, M. J. & others. *American Geophysical Union Fall Meeting 2018.* Abstract #PP13C – 1340.

21   Habel, J. C. & others. 'Review refugial areas and postglacial colonizations in the Western Palearctic'. In: Habel, J. C. & others, eds. *Relict Species.* 2010. Springer, Berlin, Heidelberg: Pp. 189 – 97; Roberts, C. P. & others. *Nature Climate Change* 2019; 9:562.

22   Cardoso, G. C. and Atwell, J. W. *Animal Behaviour* 2011; 82:831 – 6; Martin, J. and Lopez, P. *Functional Ecology* 2013; 27:1332 – 40; Owen, M. A. & others. *J. Zool.* 2015; 295:36 – 43.

23   Bar-On, Y. M. & others. *PNAS* 2018; 115:6506 – 11; Bennett, C. E. & others. *Royal Society Open Science* 2018; 5:180325; Elhacham, E. & others. *Nature* 2020; doi. org/10.1038/s41586-020-3010-5; Giuliano, W. M. & others. *Urban Ecosystems* 2004; 7:361 – 70; WWF. *Living Planet Report – 2018: Aiming Higher.* Grooten, M. and Almond, R. E. A., eds. Gland, Switzerland: WWF; 2018.

24   Kleinen, T. & others. *Holocene* 2011; 21:723 – 34; Summerhayes, G. R. *IPPA Bulletin* 2009; 29:109 – 23.

25   Abate, R. S. and Kronk, E. A. *Climate change and Indigenous peoples: The search for legal remedies.* 2013. Cheltenham UK: Edward Elgar; 2013; Ahmed, N. *Entangled Earth.* Third Text 2013; 27:44 – 53.

26   Associated Press in St Petersburg, Florida. 'Hurricane Iota is 13th hurricane of record-breaking Atlantic season'. *Guardian,* 15 November 2020; Gonzalez-Aleman, J. J. & others. *Geophysical Research Letters* 2019; 46:1754 – 64; Knutson, T. R. & others. *Nature Geoscience* 2010; 3:157 – 63.

27  Hodbod, J. & others. *Ambio* 2019; 48:1099－115; Michaelson, R. ' "It'll cause a water war": divisions run deep as filling of Nile dam nears'. *Guardian*, 23 April 2020; Spohr, K. 'The race to conquer the Arctic － the world's final frontier'. *New Statesman*, 12 March 2018.

28  UK Environment Agency. *TE2100 5 Year Review Non-technical Summary.* 2016:1－7; Secretariat of the Multilateral Fund for the Implementation of the Montreal Protocol on Substances that Deplete the Ozone Layer. *Creating a real change for the environment.* 2007:1－24.

29  Henley, J. 'Iceland holds funeral for first glacier lost to climate change'. *Guardian*, 22 July 2019.

鷹之眼 11

昨日世界：
古生物學家帶你逆行遊獵五億年前的世界，16 個滅絕生態系之旅
Otherlands: A World in the Making

| | |
|---|---|
| 作　　　者 | 湯瑪斯·哈利迪 Thomas Halliday |
| 編　　　者 | 林麗雪 |

| | |
|---|---|
| 副 總 編 輯 | 成怡夏 |
| 責 任 編 輯 | 成怡夏 |
| 行 銷 總 監 | 蔡慧華 |
| 行 銷 企 劃 | 張意婷 |
| 封 面 設 計 | 莊謹銘 |
| 內 頁 排 版 | 宸遠彩藝 |

| | |
|---|---|
| 出　　　版 | 遠足文化事業股份有限公司 鷹出版 |
| 發　　　行 | 遠足文化事業股份有限公司（讀書共和國出版集團） |
| | 231 新北市新店區民權路 108 之 2 號 9 樓 |
| 客 服 信 箱 | gusa0601@gmail.com |
| 電　　　話 | 02-2218-1417 |
| 傳　　　真 | 02-8661-1891 |
| 客 服 專 線 | 0800-221-029 |

| | |
|---|---|
| 法 律 顧 問 | 華洋法律事務所 蘇文生律師 |
| 印　　　刷 | 成陽印刷股份有限公司 |

| | |
|---|---|
| 初　　　版 | 2022 年 10 月 |
| 初 版 二 刷 | 2023 年 09 月 |
| 定　　　價 | 600 元 |

| | |
|---|---|
| I S B N | 9786269613731（紙本） |
| | 9786269613755（EPUB） |
| | 9786269613748（PDF） |

國家圖書館出版品預行編目 (CIP) 資料

昨日世界：古生物學家帶你逆行遊獵五億年前的世界,16
個滅絕生態系之旅 / 湯瑪斯 . 哈利迪 (Thomas Halliday) 作；
林麗雪譯 . -- 初版 . -- 新北市 : 遠足文化事業股份有限公司
鷹出版 : 遠足文化事業股份有限公司發行 , 2022.10
面；  公分 . -- ( 鷹之眼；11)
譯自：Otherlands : A World in the Making
ISBN 978-626-96137-3-1( 平裝 )
1. 古生態學    2. 化石
359.18                                          111014774